工业和信息化精品系列教材

PHP
基础案例与项目开发

微课版

唐乾林 黎现云 ◉ 主编
梁雪梅 汤建国 ◉ 副主编

PHP PROJECT
DEVELOPMENT

人 民 邮 电 出 版 社
北 京

图书在版编目（CIP）数据

PHP基础案例与项目开发 ： 微课版 / 唐乾林， 黎现云主编. -- 北京 ： 人民邮电出版社， 2023.9
工业和信息化精品系列教材
ISBN 978-7-115-62384-3

Ⅰ. ①P… Ⅱ. ①唐… ②黎… Ⅲ. ①PHP语言－程序设计－教材 Ⅳ. ①TP312.8

中国国家版本馆CIP数据核字(2023)第136495号

内 容 提 要

本书由高校教师和企业高级工程师合作编写，以项目开发为主导，按照项目开发流程和学生的认知规律，由浅入深、循序渐进地将 PHP 程序设计的理论知识和关键技术融入各个任务中。通过一个个具体任务的完成到最终整个项目的完整实现，学生能够快速掌握 PHP 程序设计开发的相关理论知识和职业技能，能够独立开发电子商务系统、微信小程序以及各种信息管理系统。

本书共 10 个项目，包括搭建 PHP 开发环境、设计 Office 题库智能处理程序、设计趣味抽奖程序、设计简单的购物车程序、制作员工档案管理系统、制作新闻系统模板解析、新闻系统开发、实现新闻系统登录验证功能、电子商务系统开发和微信小程序开发。

本书既可作为高职高专院校、本科院校相关专业 PHP 程序设计课程的教材，也可作为 PHP 工程师以及自学者的参考书。

◆ 主　　编　唐乾林　黎现云
副 主 编　梁雪梅　汤建国
责任编辑　马小霞
责任印制　王　郁　焦志炜

◆ 人民邮电出版社出版发行　　北京市丰台区成寿寺路 11 号
邮编　100164　　电子邮件　315@ptpress.com.cn
网址　https://www.ptpress.com.cn
北京市艺辉印刷有限公司印刷

◆ 开本：787×1092　1/16
印张：15.75　　2023 年 9 月第 1 版
字数：487 千字　　2023 年 9 月北京第 1 次印刷

定价：59.80 元

读者服务热线：(010)81055256　印装质量热线：(010)81055316
反盗版热线：(010)81055315
广告经营许可证：京东市监广登字 20170147 号

前言 PREFACE

PHP 是一门应用范围很广的编程语言，特别是在网络程序开发方面。一般来说，PHP 代码大多在服务器端执行，生成网页供浏览器读取。PHP 也可以用来开发命令行脚本程序（PHP-CLI）以及 GUI 应用程序（PHP-UI）。PHP 代码可以在各种服务器、平台上执行，也可以和多种数据库系统相结合。

本书共 10 个项目，项目 1 介绍了搭建 PHP 开发环境，包括 IIS10+MySQL8.0+PHP8.1 的开发环境搭建等；项目 2 介绍了 PHP 语法基础，包括数据类型、常量、变量、数组和函数的使用等；项目 3 介绍了 PHP 流程控制，包括条件控制语句、循环控制语句、跳转控制语句以及包含函数的使用等；项目 4 介绍了 PHP 开发基础，包括表单、正则表达式、Cookie 和 Session 的使用等；项目 5 介绍了 MySQL 数据库操作，包括使用命令行和图形化管理工具操作 MySQL 数据库等；项目 6 是制作新闻系统模板解析，包括模板解析原理和语法等；项目 7 介绍了新闻系统开发，包括新闻系统的功能设计、数据库设计、后台管理系统设计、管理员管理、新闻分类管理和新闻信息管理等；项目 8 介绍了面向对象编程基础，包括类和对象、接口、重要关键字、特性集合类、匿名类和魔术方法等；项目 9 介绍了电子商务系统开发，包括电子商务系统的功能设计、数据库设计、后台管理系统设计、网站栏目管理、新闻信息管理、商品管理、购物车设置、前台显示系统设计、在线支付和会员订单管理等；项目 10 介绍了微信小程序开发，包括微信小程序开发准备工作和微信小程序开发基础等。

本书的编写特色如下。

（1）落实立德树人根本任务

党的二十大报告强调“育人的根本在于立德。全面贯彻党的教育方针，落实立德树人根本任务，培养德智体美劳全面发展的社会主义建设者和接班人。”本书在每个项目中提炼素质目标，培养学生德技并修、匠心报国的品质，激发学生的爱国热情，使学生心中有信念、人生有追求、学习有榜样、职业有坚守。

（2）产教融合、校企合作开发

本书内容由有多年教学经验的教师和专业的企业合作开发，将真实企业项目转化为适用于教学的项目，基于职业岗位要求安排知识技能点，帮助学生在项目开发中掌握综合的职业技能。

（3）案例与项目—任务式结合

本书采用“案例”+“项目—任务式”的方式组织教学内容。基础部分采用理论够用、案例演示的形式来强化学生对基础技能的运用；综合部分通过真实企业项目开发，让学生掌握开发系统的流程并提高综合开发能力。

（4）在项目开发中引入主流技术

本书在项目开发中引入模板解析技术提高项目开发效率，引入面向对象开发技术提升项目深度，引入微信小程序开发扩展项目宽度，围绕核心项目电子商务系统进行整合，使该系统在 PC 端和移动端都能运行，实现多终端、多网合一，给用户提供方便、快捷的浏览体验，拓展了商机。

（5）丰富的教学资源

本书配套的教学资源包括完整的源代码、PPT 课件、教案、授课计划、课程标准以及习题答案等，可登录人邮教育社区（www.ryjiaoyu.com）下载。

本书由重庆电子工程职业学院唐乾林、重庆迎圭科技有限公司黎现云担任主编，重庆电子工程职业学院梁雪梅、汤建国担任副主编，赵怡、周璐璐和汪江桦担任参编。其中项目 1 和项目 3 由汤建国编写，项目 2 由梁雪梅编写，项目 4 由汪江桦编写，项目 5 由周璐璐编写，项目 6 由赵怡编写，项目 7、项目 8 由唐乾林编写，项目 9、项目 10 由黎现云编写。全书设计与统稿由唐乾林负责，重庆迎圭科技有限公司提供了大量的案例，在此表示感谢。

由于编者水平有限，书中难免有疏漏之处，敬请广大读者提出宝贵意见。

编者

2023 年 5 月

目录 CONTENTS

项目 7

项目 8

项目 9

项目1 搭建PHP开发环境

01

【项目导入】

云林科技是一家成立不久的公司，需要开发一些软件系统来开展业务，公司唐经理和技术部汤工程师（以下简称汤工）对目前流行的语言做了比较，并结合公司自身的情况，决定采用页面超文本预处理器（Page Hypertext Preprocessor，PHP）语言来开发相关软件系统，因为 PHP 语言比较流行，具有语法简单、上手容易、跨平台、功能强大、使用成本低等优点。想要使用 PHP 语言，首先就要搭建 PHP 语言的运行环境并安装编辑器，搭建成功后，PHP 运行环境测试页如图 1-1 所示。

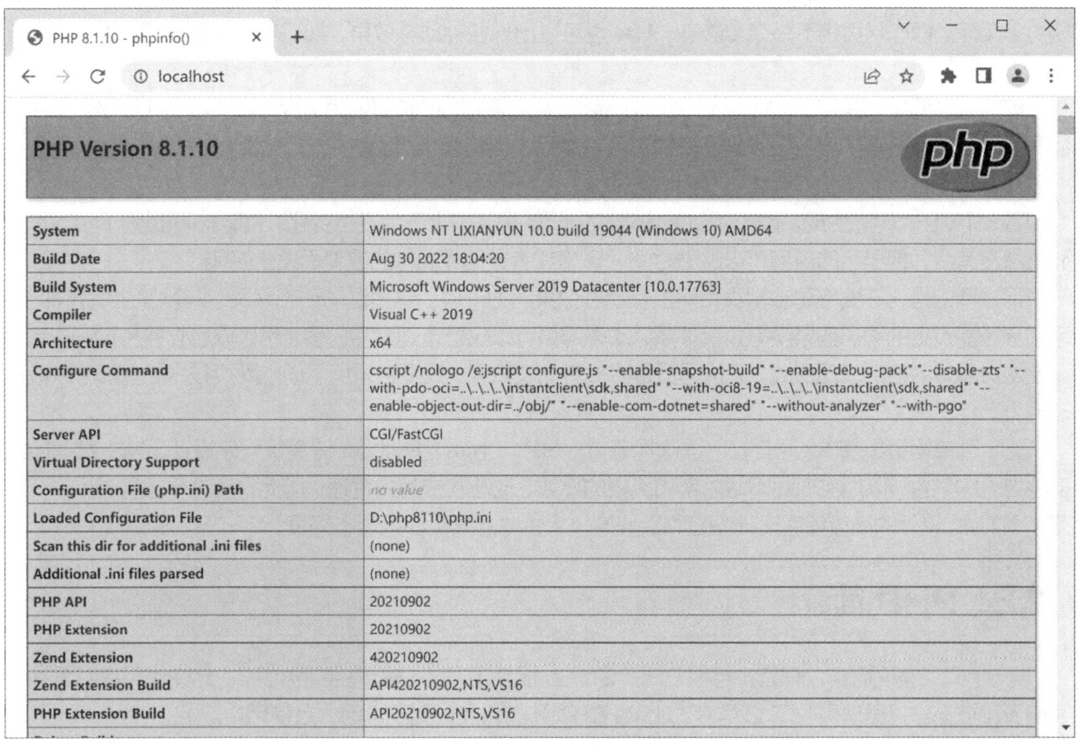

图 1-1　PHP 运行环境测试页

【项目分析】

想要完成此项目，就要掌握 PHP 语言的基础知识和搭建运行环境的方法。本项目将学习静态网页和动态网页的区别、PHP 语言的特点、搭建 PHP 语言的运行环境和常用的 PHP 编辑器等知识，为开发相关系统做好准备。

【知识目标】
- 熟悉静态网页和动态网页的区别。
- 掌握 PHP 语言的特点。

【能力目标】
- 能够搭建 PHP 的运行环境。
- 能够编写简单的 PHP 程序。

【素质目标】
培养工匠精神、精益求精的精神。

【知识储备】

1.1 静态网页和动态网页

网站是由网页组成的，网页可分为静态网页和动态网页。

1. 静态网页

静态网页是网站建设的基础，早期的网站一般都是由静态网页组成的。静态网页是相对于动态网页而言的，是指没有后台数据库、不含程序和不可交互的网页。静态网页更新起来相对比较麻烦，适用于更新较少的展示型网站。容易被误解的是，静态网页都是由超文本标记语言（Hypertext Markup Language，HTML）制作的网页。实际上静态网页也不是完全静态，其中也可以出现各种动态效果，如 GIF 格式的动画、Flash、滚动字幕等。

目前的静态网页都是用 HTML、CSS、JavaScript 等编写的扩展名为.htm 或.html 的 HTML 文件。静态网页部署在服务器端，服务器收到客户的访问请求后，会将整个页面的内容下载到客户端的浏览器运行。

2. 动态网页

随着 HTML 代码的生成，静态网页的内容和显示效果基本上不会发生变化。而动态网页则不然，其页面代码虽然没有变，但显示的内容可以随着时间、环境或者数据库操作的改变而发生变化。

值得强调的是，不要将动态网页和网页有动态效果混为一谈。这里说的动态网页，与网页上的各种动画、滚动字幕等视觉上的动态效果没有直接关系，动态网页可以仅包含纯文字内容，也可以包含各种动画内容，这些只是网页具体内容的表现形式，无论网页是否具有动态效果，只要它采用了动态网页技术，就都可以被称为动态网页。

总之，动态网页是基本的 HTML 语法规范与 PHP、Java、Python 等高级程序设计语言、数据库技术等多种技术的融合，以期实现对网站内容和风格的高效、动态和交互式管理。因此，从这个意义上来讲，凡是采用了 HTML 以外的高级程序设计语言和数据库技术生成的网页都是动态网页。

1.2 PHP 简介

PHP 是开源编程语言，其官方组织 PHP Group 提供了 PHP 解释器的源代码，允许使用者对其进行修改、编译和扩充。其语法吸收了 C 语言、Java 和 Perl 的特点，利于学习，且使用广泛。

1.2.1 PHP 的发展历史和特点

PHP 于 1994 年由拉斯马斯·勒德尔夫（Rasmus Lerdorf，也称为“PHP 之父”）创建，为了维护个人网页，他用 Perl 语言编写了一个用来显示个人履历以及统计网页流量的程序，后来他又用 C 语言重新编写了此程序，增加了访问数据库等功能。他将这些程序和一些表单编译器整合起来，称为 PHP/FI（专为个人主页 / 表单提供解释程序的程序）。

1. PHP 的发展

勒德尔夫在 1995 年 6 月 8 日将 PHP/FI 公开发布，并发布了 PHP/FI 的源代码，以便每个人都可以使用它，同时也都可以修正它的错误并且改进它的源代码。此版本已经有今日 PHP 的一些雏形，像是类似 Perl 的变量命名方式、表单处理功能，以及嵌入 HTML 中执行的能力。其语法也类似 Perl 的，有较多的限制，不过相比 Perl 更简单、更有弹性。后来越来越多的网站使用 PHP，网站开发人员强烈要求 PHP 能增加一些特性，比如循环语句和数组变量等，在社群新的成员加入开发行列之后，1995 年，PHP 2.0 发布了。第二版定名为 PHP/FI 2.0。PHP/FI 2.0 加入了对 MySQL 的支持，从此建立了 PHP 在动态网页开发上的地位。到了 1996 年年底，有 15 000 个网站使用 PHP/FI 2.0；1997 年，使用 PHP/FI2.0 的网站数量超过 50 000。1997 年，PHP 第三版的开发计划启动，并于 1998 年 6 月正式发布 PHP 3.0。2000 年 5 月，PHP 4.0 问世，其除具备更高的性能以外，还包含一些关键功能，比如支持更多的 Web 服务器、HttpSession、输出缓冲、更安全的用户输入、面向对象编程以及一些新的语言结构。2004 年 7 月，PHP 5.0 正式发布，其核心是 Zend 引擎 2 代，引入了新的对象模型和大量的新功能。2015 年 12 月 3 日，PHP 7.0 正式发布，对比 PHP 5.6，其性能整整提升了 2 倍，并且引入了类型声明，支持匿名类。2020 年 11 月 26 日，PHP 8.0 正式发布，它对各种变量判断和运算采用更严格的验证判断模式，支持即时编译，新增 static 类型、mixed 类型、命名参数和注释等。

2. PHP 的特点

无论是用于开发中小型项目还是大型项目，PHP 都是一门十分合适的高级编程语言。对于较大的和较复杂的项目，若采用 PHP-FPM 编程模式，最简单的方案就是及时升级版本，比如 PHP 7.4 提供的 Preloading（预加载）机制实现了部分程序常驻内存，获得了不错的性能提升；PHP 8 又提供了高效的准时生产（Just-In-Time，JIT）运算支持。另外，可以转向难度更高的 PHP-CLI 编程模式，它能解决大部分的系统性能问题，可以在 TCP（Transmission Control Protocol，传输控制协议）/UDP（User Datagram Protocol，用户数据报协议）服务、高性能 Web、WebSocket 服务、物联网、实时通信、游戏、微服务等非 Web 领域进行系统研发。

PHP 之所以应用广泛，受到大众欢迎，是因为它具有很多突出的特点，具体如下。

（1）开源、免费

PHP 遵循 GNU 计划，开放源代码，所有的 PHP 源代码都可以获取到，和其他语言相比，PHP 本身就是免费的。另外，Linux + Apache/Nginx + MySQL + PHP 是非常经典的安装部署方式，相关软件全部是开源、免费的，因此使用 PHP 可以节约大量的授权费用。

（2）快捷、高效

PHP 的内核是用 C 语言编写的，基础好、效率高，可用 C 语言开发高性能的扩展组件。PHP 的内核包含数量众多的内置函数，功能应有尽有，非常全面，程序代码简洁。PHP 数组支持动态扩容，支持以数字、字符串或者数字和字符串混合键名的关联数组，能大幅提高开发效率。

（3）性能提升

PHP 版本越高，它的整体性能越强。

（4）常驻内存

在 PHP-CLI 编程模式下，可以实现程序常驻内存，各种变量和数据库连接均能长久保存在内存以实现资源复用，可以结合 Swoole 组件编写 CLI（Command Line Interface，命令行界面）框架，高效实现大型项目。

（5）跨平台性

PHP 的跨平台性很好，用它编写的程序方便移植，在 UNIX、Linux、Android 和 Windows 平台上都可以运行。

（6）图像处理能力强

PHP 提供了丰富的图像处理函数，有强大的图像处理能力。PHP 处理图像默认使用 GD（图像处理库），GD 库是 PHP 处理图像的扩展库，提供了一系列用来处理图片的函数，可以处理图片、生成图片或给图片添加水印等。GD 库可以从官方网站下载使用。如果使用的是 PHP 集成开发环境（如 phpStudy、WampServer 等），就不需要下载，因为在集成开发环境下，GD 函数库已经被加载，可以直接使用。

（7）支持多种数据库

由于 PHP 支持开放式数据库互连（Open Database Connectivity，ODBC）、数据库抽象层、PHP 数据对象（PHP Data Objects，PDO），因此 PHP 几乎可以连接任何数据库。其中 PHP 与 MySQL 是“最佳搭档”，使用得最多。

（8）面向对象

PHP 提供了类和对象的特征。用 PHP 开发程序时，可以选择面向对象编程，因此 PHP 完全可以用来开发大型商业程序。

1.2.2 PHP 的工作原理

静态网页的工作原理是：当用户在浏览器地址栏里输入要访问的静态网页网址并按“Enter”键后，会向服务器端提出一个浏览网页的请求，服务器端接收到请求后，会寻找用户要浏览的静态网页文件，然后直接发给用户。

PHP 的所有应用程序都是通过 Web 服务器（如 IIS 或 Apache）和 PHP 引擎解释执行完成的，其工作过程如图 1-2 所示。

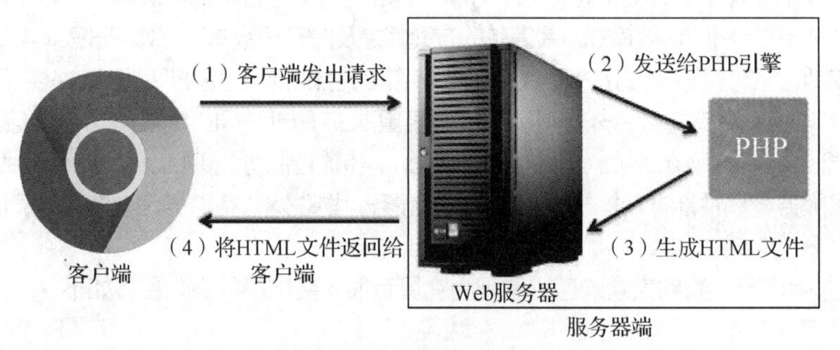

图 1-2 PHP 的工作过程

（1）用户在浏览器地址栏中输入要访问的 PHP 页面文件名，按“Enter”键后会触发这个 PHP 请求，并将请求发送给支持 PHP 的 Web 服务器。

（2）Web 服务器接收这个请求，并根据其扩展名进行判断。如果是一个 PHP 请求，Web 服务器就从硬盘或内存中取出用户要访问的 PHP 应用程序，并将其发送给 PHP 引擎。

（3）PHP 引擎将对 Web 服务器传送过来的文件进行从头到尾的扫描，并根据命令从后台读取和处理数据，动态生成相应的 HTML 文件。

（4）PHP 引擎将生成的 HTML 文件返回给 Web 服务器，Web 服务器再将 HTML 文件返回给客户端。

【项目实现】搭建 PHP 开发环境

汤工分析了目前常用的 PHP 运行环境搭建方式，决定采取一种专业的方式来搭建 PHP 运行环境，总体上把此项目分成两个任务来实现：在 Windows 系统上手动搭建 PHP 开发环境和编写测试程序。

任务一 手动搭建 PHP 开发环境

1. 任务分析

搭建 PHP 开发环境的方式很多，这里介绍一种专业的在 Windows 的互联网信息服务（Internet Information Services，IIS）上搭建 PHP 开发环境的方式，目的是在此服务器上不仅可以运行 PHP 程序，而且可以运行.NET 程序，比较方便、实用。另外，可以选择 PHP 以及 MySQL 的具体版本，以满足开发需求。

2. 实现步骤

下面介绍在 Windows 10 下安装并配置 IIS 10+MySQL 8.0+PHP 8.1 的过程。

第一步：安装 IIS 10

Windows 10 自带 IIS 10，但默认情况下是没有安装的，需要手动安装。

（1）单击“开始”按钮，从弹出的菜单中单击“Windows 系统”选项，再单击“控制面板”选项，从弹出的窗口中选择“程序和功能”选项，单击左侧的“启用或关闭 Windows 功能”选项，从弹出的“Windows 功能”窗口中选中“Internet Information Services”复选框，如图 1-3 所示。

（2）单击“Internet Information Services”前面的加号，按图 1-4 所示选取 IIS 必要的功能。

图 1-3　选中“Internet Information Services”复选框

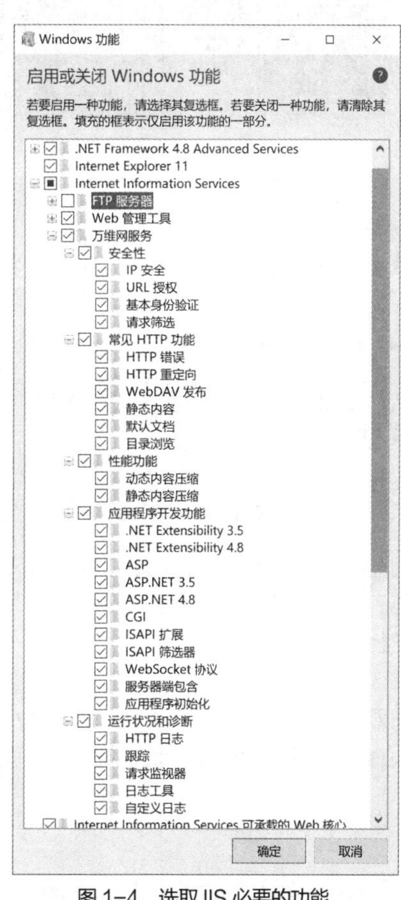

图 1-4　选取 IIS 必要的功能

（3）选取完成后，单击“确定”按钮开始安装，完成后其窗口会自动关闭。打开浏览器，访问 http://localhost 后能看到图 1-5 所示的页面，就表示 IIS 安装成功了。

第二步：安装 MySQL 8.0

大家可到 MySQL 官网下载适合自己操作系统版本的 MySQL，这里下载 Windows 64 位的版本：mysql-installer-community-8.0.30.0.msi。若没有账户，则用有效电子邮箱注册一个即可。

（1）MySQL 8.0 正常运行需要 VC++ 2019（Visual C++ 2019），可通过 PHP 官网下载页面上的链接下载微软官方的版本。双击下载好的文件“VC_redist.x64.exe”开始进行安装，如图 1-6 所示，按提示进行操作即可完成安装。

（2）选中下载好的文件“mysql-installer-community-8.0.30.0.msi”，单击鼠标右键，在弹出的快捷菜单中选择“管理员取得所有权”命令，这样可使安装程序具有足够的运行权限，防止由于权限不足而出现错误。双击文件“mysql-installer-community-8.0.30.0.msi”，若出现图 1-7 所示的提示，则说明缺少安装程序必需的开发环境，需要安装 Microsoft .NET Framework 4.5.2。

图 1-5　IIS 的测试页

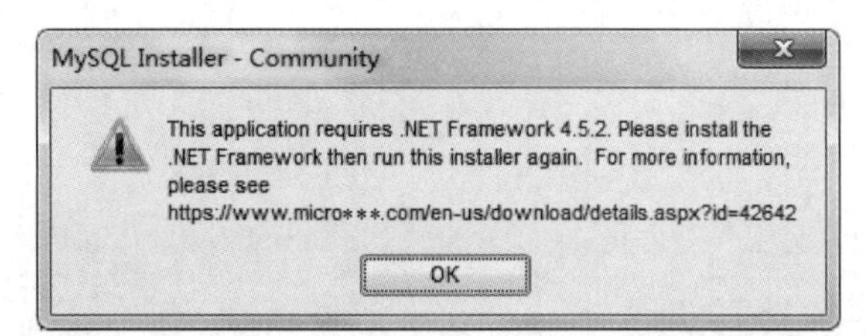

图 1-6　安装 VC++ 2019　　　　图 1-7　缺少 Microsoft .NET Framework 4.5.2 的提示

访问图 1-7 所示的网址，进入页面后单击“Download”按钮，就可以开始下载文件。双击下载好的“NDP452-KB2901907-x86-x64-AllOS-ENU.exe”文件开始安装，如图 1-8 所示，按提示进行操作即可完成安装。

至此，MySQL 8.0 的运行环境安装完成。

（3）双击“mysql-installer-community-8.0.30.0.msi”文件开始安装 MySQL 8.0，在弹出的窗口中选择“Custom”单选按钮表示定制安装，如图 1-9 所示。

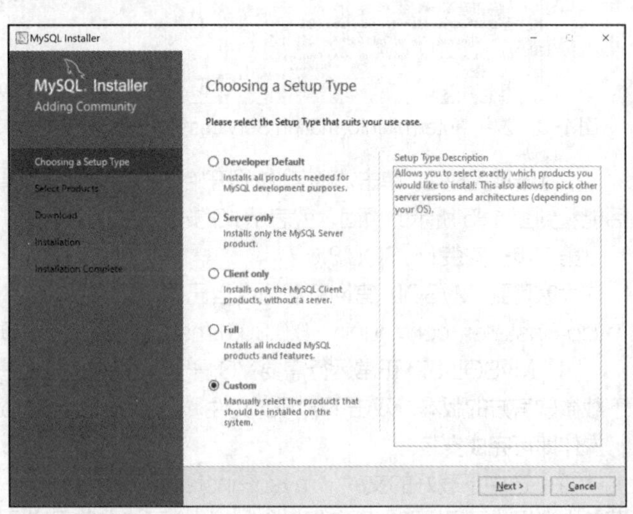

图 1-8　Microsoft .NET Framework 4.5.2 的安装　　　　图 1-9　选择“Custom”单选按钮

（4）单击“Next”按钮，在“Available Products”列表框中单击“MySQL Servers”选项，在展开的下拉列表中选中“MySQL Server 8.0.30 - X64”选项，单击向右的箭头，以安装所需的组件，如图 1-10 所示。

（5）选中“Products To Be Installed”列表框中的“MySQL Server 8.0.30 - X64”选项，其下面会出现一个超链接“Advanced Options”，单击该超链接，出现图 1-11 所示的对话框，在此可选择安装路径。

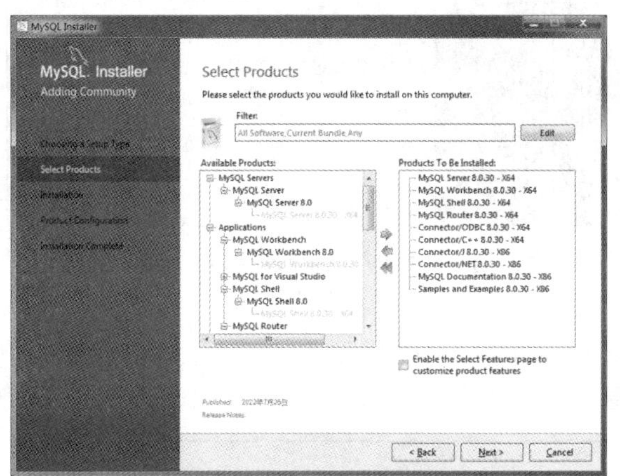

图 1-10　选中安装所需的组件

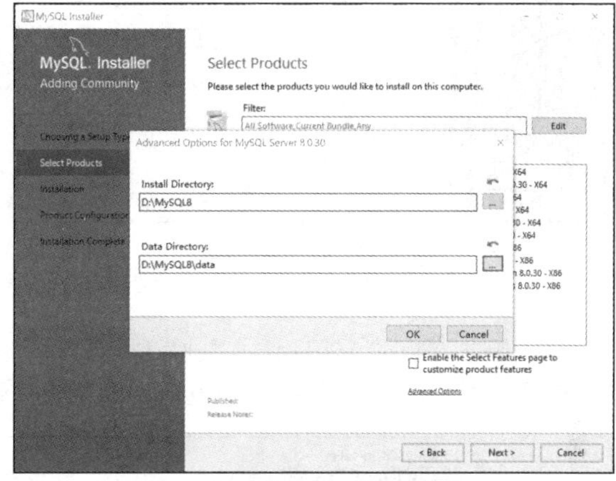

图 1-11　选择 MySQL 的安装路径

（6）单击“OK”按钮，在出现的界面中选中“Enable the Select Features page to customize product features”复选框，再单击“Next”按钮，弹出一个确认安装列表的界面，如图 1-12 所示。

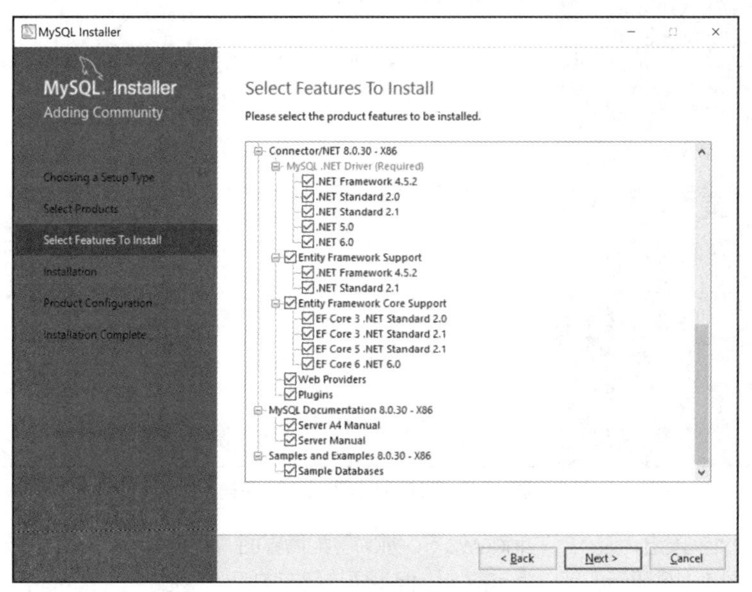

图 1-12　确认安装列表的界面

继续单击“Next”按钮，然后单击“Execute”按钮开始进行安装，如图 1-13 所示。

（7）安装初步完成，连续单击“Next” 按钮，在“Config Type”下拉列表中选择“Server Computer”选项，选中“Show Advanced and Logging Options”复选框（见图 1-14），若默认端口“3306”被占用，则其旁边会有标记，并且“Next”按钮是灰色的，不可单击，需关闭占用该端口的程序或者输入新的端口，“Next”按钮才会变为正常状态。

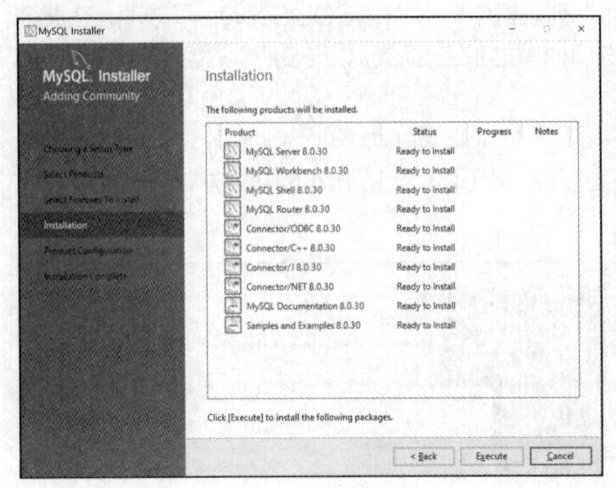

图 1-13　开始进行安装

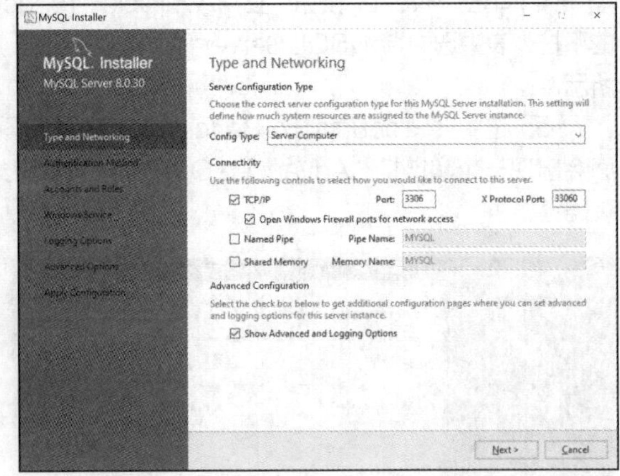

图 1-14　选中“Show Advanced and Logging Options”复选框

（8）单击“Next”按钮，选中“Use Legacy Authentication Method(Retain MySQL 5.x Compatibility)”单选按钮，再单击“Next”按钮，设置 MySQL 的登录密码（一定要牢记密码），如图 1-15 所示。

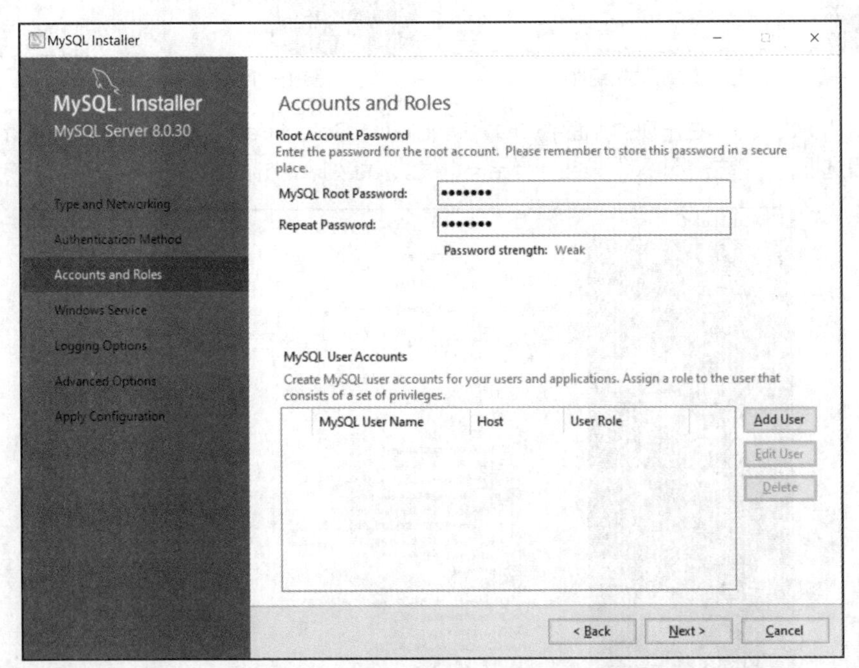

图 1-15　设置 MySQL 的登录密码

（9）单击“Next”按钮，进入“Windows Service”配置界面，安装 Windows 服务，其服务名默认为“MySQL80”，如图 1-16 所示，可以为其改名，但不要与已有的服务重名。

（10）单击“Next”按钮，随后出现的一系列界面都使用默认设置，直接单击“Next”按钮即可，直到出现“Apply Configuration”界面，这时单击“Execute”按钮执行配置程序，最后单击“Finish”按钮完成安装，如图 1-17 所示。

至此，MySQL 8.0 成功安装，由于还选择了安装 MySQL 路由以及实例，所以后续还需要几步才能完成：对于路由，可以暂时不启用，直接单击“Finish”按钮即可；对于实例，输入超级用户账号与刚才设置的密码，配置完成即可。

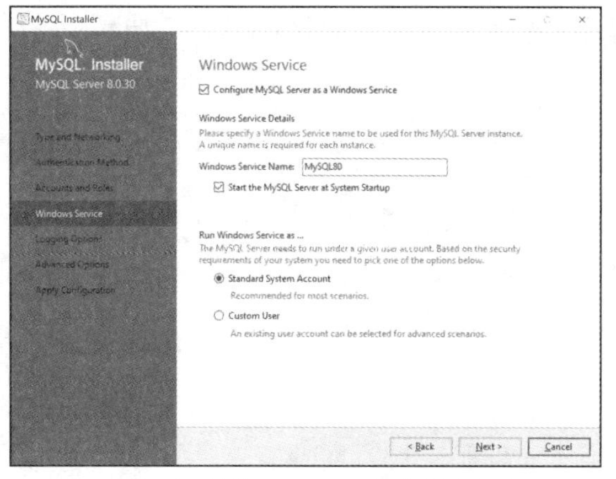

图 1-16 “Windows Service”配置界面

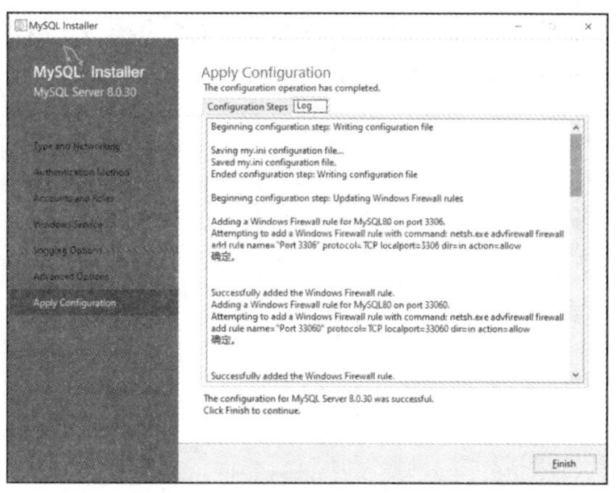

图 1-17 MySQL 8.0 配置完成

第三步：安装 PHP 8

大家可以到 PHP 官网下载最新版本的 PHP，这样可以充分体验 PHP 的最新功能，也可根据实际项目的需求下载特定的版本，如 PHP 8.1.10。

（1）到 PHP 官网下载 PHP 8，选择适合自己操作系统的版本，这里选择“VS16 x64 Non Thread Safe”，下载后得到压缩包“php-8.1.10-nts-Win32-vs16-x64.zip”，把它解压缩到某个文件夹，如“D:\php8110”。打开此文件夹，复制文件“php.ini-production”并改名为“php.ini”。打开“php.ini”，做如下修改。

① 将“include_path = ".;c:\php\includes"”前的分号删掉，并且改为“include_path = ".;D:\php8110;D:\php8110\ext "”。

② 将“extension_dir = "ext"”前的分号删掉，并且改为“extension_dir = "D:\php8110\ext"”。

③ 将下列配置项前面的分号删掉。

```
extension=php_bz2
extension=php_curl
extension=php_fileinfo
extension=php_gd
extension=php_gettext
extension=php_intl
extension=php_mbstring
extension=php_exif
extension=php_mysqli
extension=php_openssl
extension=php_pdo_mysql
extension=php_pdo_odbc
extension=pdo_sqlite
extension=php_sockets
extension=sqlite3
extension=php_xsl
```

（2）系统变量的增加与更改。

单击“开始”按钮，从弹出的菜单中单击“Windows 系统”选项，再单击“控制面板”选项，从弹出的窗口中单击“系统”选项，从弹出的窗口中单击“高级系统设置”选项，从弹出的对话框中单击“环境变量”按钮，单击“系统变量”下的“新建”按钮，如图 1-18 所示，在弹出的“新建系统变量”对话框中，变量名输入“PHPRC”，变量值输入“D:\php8110”，单击“确定”按钮即可完成增加系统变量“PHPRC”。再单击系统变量“Path”，单击“编辑”按钮，在弹出的“编辑环境变量”对话框中先单击“新建”按钮，在文本框中输入“D:\php8110”后按“Enter”键确认，再单击“新建”按钮，输入“D:\php8110\ext”后按“Enter”键确认，最后单击“确定”按钮确认。

图 1-18　增加和修改系统变量

第四步：配置 IIS 10

（1）单击“开始”按钮，从弹出的菜单中单击“Windows 系统”选项，再单击“控制面板”选项，从弹出的窗口中单击“管理工具”选项，从弹出的窗口中双击应用程序“Internet Information Services (IIS)管理器”，进入 IIS 10 管理主界面，如图 1-19 所示。

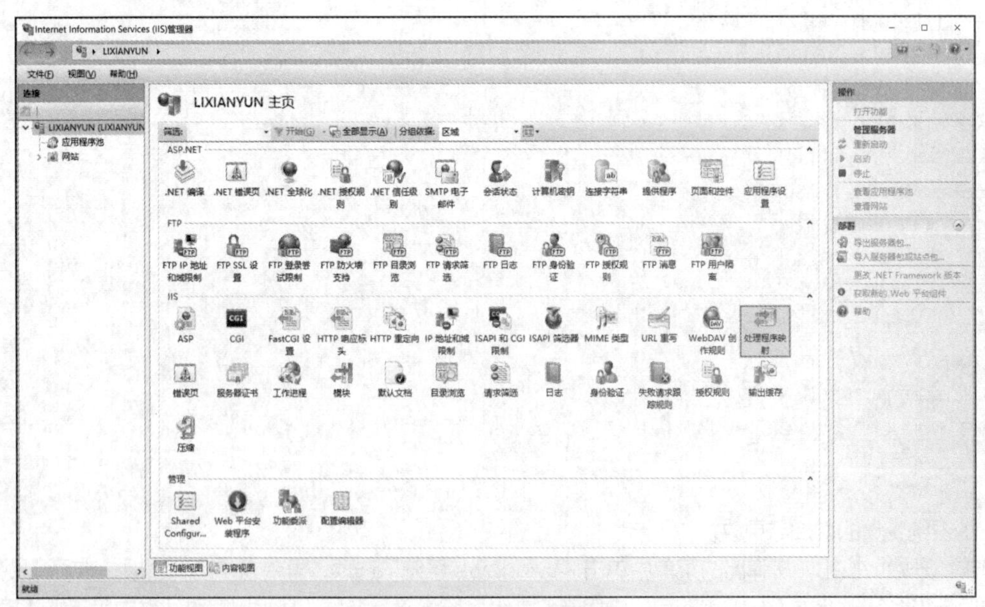

图 1-19　IIS 10 管理主界面

在 IIS 10 管理主界面中双击“IIS”模块中的“处理程序映射”，在其右侧单击“添加模块映射”选项，弹出图 1-20 所示的对话框，输入或者选择相关项目后单击“确定”按钮，在弹出的对话框中单击“是”按钮。

（2）返回 IIS 10 管理主界面，双击“IIS”模块中的“FastCGI 设置”，选中“D: \php8110\php-cgi.exe”并单击鼠标右键，在弹出的快捷菜单中选择“编辑”命令，在弹出的对话框的“监视对文件所做的更改”中添加“php.ini”的路径，如图 1-21 所示。

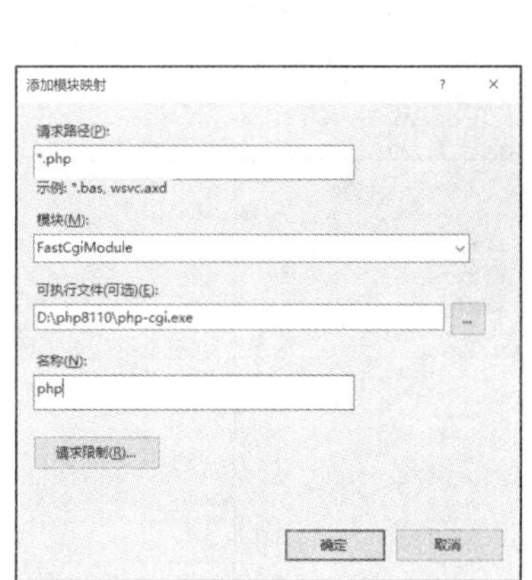

图 1-20 “添加模块映射”对话框

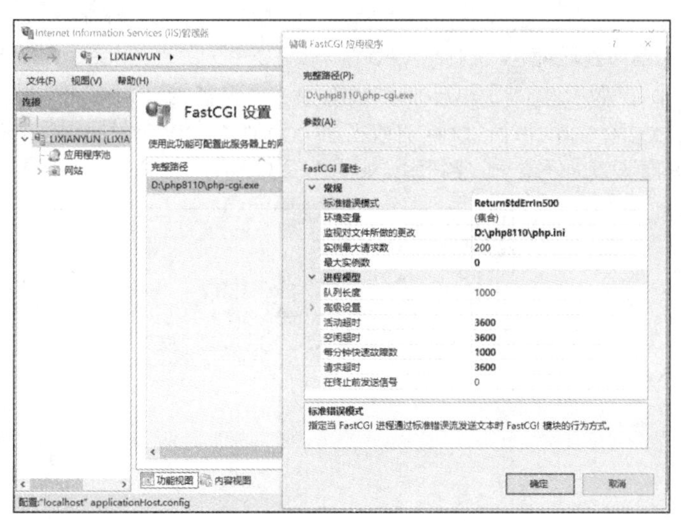

图 1-21 FastCGI 设置

（3）返回 IIS 10 管理主界面，双击“IIS”模块中的“默认文档”，单击“添加”按钮，在弹出的对话框中添加默认文档“index.php”。

（4）将 IIS 10 默认站点的物理路径指向“D:\PHP”，保存后重启 IIS 10。

（5）进行测试。

新建一个文件“D:\PHP\index.php”，用记事本打开后输入如下内容。

```
<?php
phpinfo();
?>
```

保存后打开浏览器，在地址栏中访问 http://localhost，可看到图 1-22 所示的页面，表示 PHP 8 安装成功。

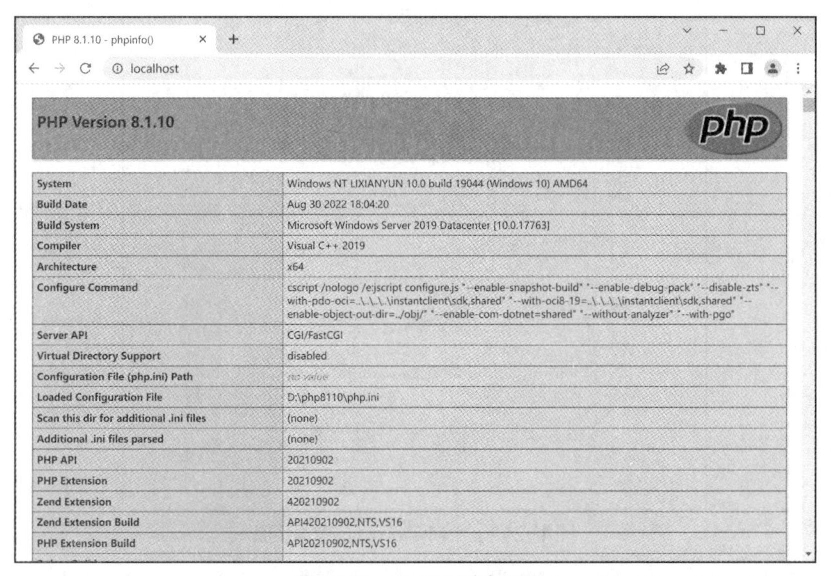

图 1-22 PHP 8 测试页面

第五步：下载并安装 PHP 管理工具 phpMyAdmin

phpMyAdmin 是一个以 PHP 为基础，以 Web-Base 方式架构在网站主机上的 MySQL 的数据库管理工具，让管理者可以用 Web 接口管理 MySQL 数据库。

（1）登录 phpMyAdmin 官网，单击页面上的“Download 5.2.0”按钮即可下载 phpMyAdmin。下载完毕得到压缩包“phpMyAdmin-5.2.0-all-languages.zip”，解压缩到 IIS 的根目录下，并将文件夹“phpMyAdmin-5.2.0-all-languages”改名为“phpMyAdmin5_2_0”。打开此文件夹，复制文件“config.sample.inc.php”并改名为“config.inc.php”，然后用写字板打开此文件，将“$cfg['blowfish_secret']”的值设置为任意一个字符串，如图 1-23 所示。

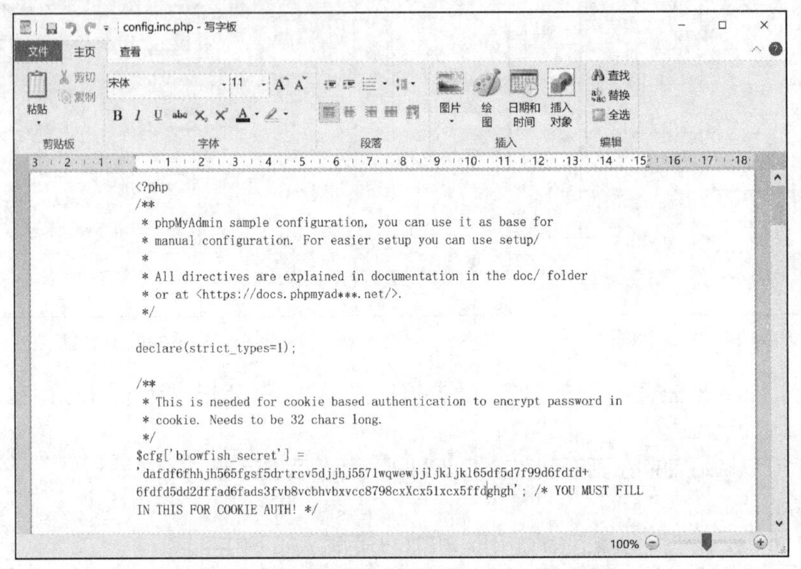

图 1-23　设置“$cfg['blowfish_secret']”的值

（2）在浏览器地址栏中输入 http://localhost/phpMyAdmin5_2_0 并按“Enter”键，出现登录页面，在“用户名”文本框中输入“root”，在“密码”文本框中输入前面设置过的 MySQL 密码，如图 1-24 所示。

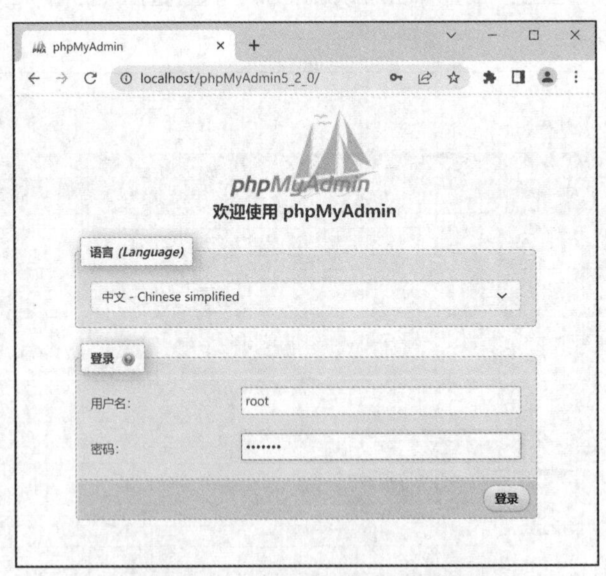

图 1-24　phpMyAdmin 的登录页面

（3）单击“登录”按钮，即可进入数据库管理首页，如图 1-25 所示。

图 1-25　数据库管理首页

至此，IIS 10+ MySQL 8.0+PHP 8.1 全部的安装设置成功完成。

这种搭建 PHP 开发环境的方式比较专业，但因为步骤较多而略显烦琐。初学者可以选用集成化的开发环境 phpStudy 2016 或 phpStudy 2018 来搭建 PHP+MySQL 的运行环境，不过其版本都不是最新的。另外，为了正常调试本书配套的所有源程序，phpStudy 需要切换到 PHP 7.0 以上版本，可以自己手动添加更高的版本，如 PHP 8.1.10。

任务二　编写测试程序

1. 任务分析

工欲善其事，必先利其器。一个好的编辑器或开发工具能够极大地提高程序开发效率，这里选择 Sublime Text，Sublime Text 是一个文本编辑器（收费软件，可以无限期试用），同时也是一个先进的代码编辑器。

编写一个简单的 PHP 程序，显示当前时间来测试 PHP 运行环境。

2. 代码实现

打开 Sublime Text 编辑器，新建文件“D:\php\ch01\test.php”，输入以下代码并保存。

```
<?php
header("Content-type:text/html;charset=utf-8");          //设置页面编码
date_default_timezone_set("Asia/Shanghai");              //设置时区
echo "现在的时间是：".date("Y-m-d H:i:s",time());        //格式输出
?>
```

说明：“<?php”和“?>”是 PHP 的标记符，echo 语句是用于输出的语句，可将紧跟其后的字符串、变量、常量的值显示在页面中。

3. 运行结果

在浏览器中访问 http://localhost/ch01/test.php，运行结果如图 1-26 所示。

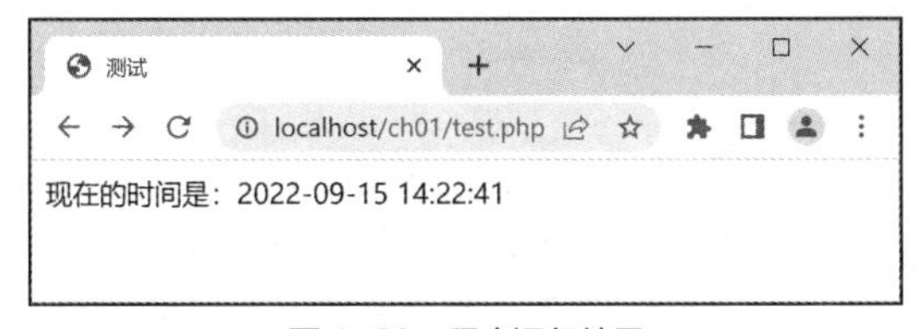

图 1-26　程序运行结果

【小结及提高】

通过对本项目相关知识的学习，读者能够掌握静态网页和动态网页的区别，了解 PHP 的发展和特点，掌握 PHP 的工作原理，能根据需求进行 PHP 运行环境的搭建。

大家在学习过程中要有精益求精的工匠精神。其实对于程序员来说，每天都会在程序中发现很多错误，安装测试软件也要调试多次，直到成功为止。无论做什么事情，想要真正做好，都必须有坚持到底的毅力。

【项目实训】

1. 实训要求

“项目实现”中搭建 PHP 运行环境的方式适用于专业开发的环境，如果想快速搭建开发环境，则可以使用集成环境，这里推荐使用 phpStudy 和 Sublime Text 编辑器。

请在自己的计算机上完成。

微课

项目 1 【项目实训】

2. 实训步骤

（1）访问 phpStudy 的官网，下载、安装 phpStudy 2016，并添加 PHP 8.1.10。

（2）访问 Sublime Text 的官网，下载并安装相关的版本。

习题

一、简答题

1. 请简述静态网页和动态网页的区别。
2. 请简述 PHP 的特点。

二、操作题

1. 请在计算机上搭建 PHP 的运行环境。
2. 请在计算机上安装 Sublime Text 编辑器。
3. 请编写一个简单的 PHP 程序，输出自己的姓名、班级等基本信息。
4. 请自行查询相关资料，给 PHP 启用 GUI 扩展。

项目2
设计Office题库智能处理程序

02

【项目导入】

云林科技拥有大量用于学习的 Office 题库，但是使用不方便，因此需要开发一个 Office 题库智能处理软件，唐经理把任务交给技术部梁工程师（以下简称梁工）来完成，并提出如下需求：首先，要有美观的界面，可以方便地进行各种操作，并且在手机、平板、个人计算机（Personal Computer，PC）等终端均可以正常运行；其次，根据不同的选项来判断答题是否正确，实现自动改卷。Office 题库智能处理程序的界面设计如图 2-1 所示。

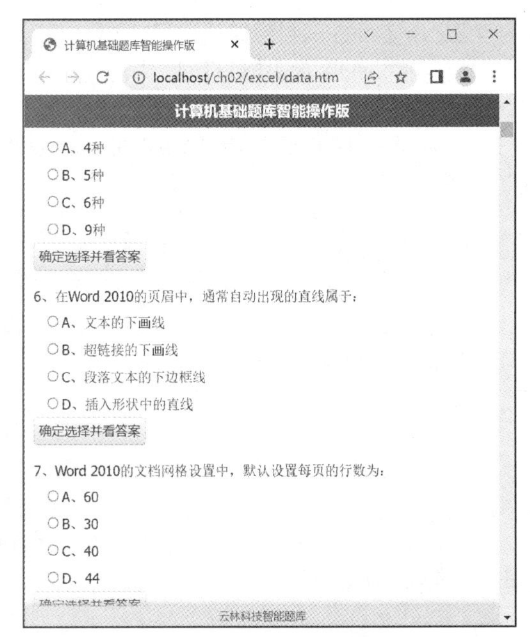

图 2-1　Office 题库智能处理程序的界面设计

【项目分析】

想要完成此项目，仅靠前面项目学习到的基础知识还远远不够。本项目将学习 PHP 基本语法、常量、变量、数组以及数组遍历等知识。再综合运用这些知识来完成云林科技的 Office 题库智能处理程序项目，提高综合编程能力。

【知识目标】

- 熟悉 PHP 的语法基础。
- 掌握 PHP 的数据类型、常量和变量等。
- 掌握 PHP 的函数和数组的使用方法。

【能力目标】

- 能够掌握 PHP 的标记风格、注释、关键字及标识符规则。
- 能够掌握 PHP 的数据类型、运算符及表达式的使用方法。
- 能够掌握 PHP 的函数与数组的定义和使用方法。

【素质目标】

树立正确的劳动观，崇尚劳动、尊重劳动。

【知识储备】

2.1 PHP 语法基础

PHP 是一种服务器端脚本语言，编程时需要使用各种语法基础知识，只有认真从基本语法学起，才能在以后的开发过程中事半功倍。

2.1.1 PHP 基本语法

PHP 基本语法包括 PHP 标记风格、PHP 的注释和 PHP 语句与语句块等。

1. PHP 标记风格

标记符是为了便于与其他内容区分所使用的一种特殊符号，PHP 代码可以嵌入 HTML、JavaScript 等代码中使用，因此需要使用 PHP 标记符对 PHP 代码与 HTML 内容进行识别，当服务器读取该段代码时，会调用 PHP 编译程序进行编译处理。

PHP 支持 2 种标记风格，分别是标准 PHP 标记风格和简短 PHP 标记风格。

【例 1】使用标准 PHP 标记风格。

```
<?php
echo "Welcome to Chongqing! ";          //输出
?>
```

这是标准 PHP 标记风格，也是最普通的嵌入方式之一。使用该标记风格可以增加程序在跨平台使用时的通用度，因此建议使用该标记风格为编写 PHP 代码的默认标记风格。

【例 2】使用简短 PHP 标记风格。

```
<?
echo "Welcome to Chongqing!";
?>
```

这是简短 PHP 标记风格，必须在 php.ini 文件中将 short_open_tag 配置项设置为 on 才能使用这种标记风格。为了保证程序的兼容性，不建议使用这种标记风格。

2. PHP 的注释

注释可以理解为程序中的解释和说明文字，是程序中不可缺少的重要元素。使用注释不仅能够提高程序的可读性，而且有利于程序的后期维护工作。注释不会影响程序的执行，因为在执行时，注释部分的内容不会被解释器执行。在 PHP 程序中添加注释的方法有 3 种，可以混合使用，具体方法如下。

（1）//：C++语言风格的单行注释。

（2）/* …… */：C 语言风格的多行注释。

（3）#：UNIX 的 Shell 语言风格的单行注释。

3. PHP 语句与语句块

PHP 程序由一条或多条 PHP 语句组成，每条语句都以英文分号“;”结束。在编写代码时，一般一条语句占一行。虽然一行上写多条语句或者一条语句占多行也是可以的，但这样会使代码的可读性变差，所以不建议这样做。

如果多条 PHP 语句之间存在着某种联系，则可以使用“{”和“}”将这些语句包含起来形成一个语句块。语句块一般不会单独使用，只有和条件判断语句、循环语句、函数等一起使用时，语句块才有意义。

【案例 2-1】分别使用标准 PHP 标记风格和简短 PHP 标记风格编写程序。

（1）实现代码

打开编辑器，新建文件，在文件中输入以下 PHP 代码。

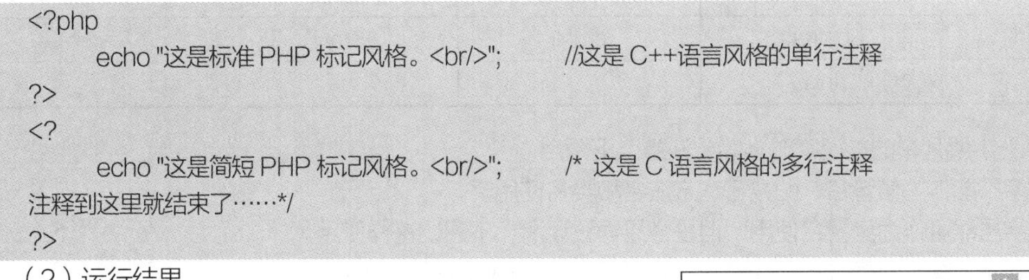

```
<?php
    echo "这是标准 PHP 标记风格。<br/>";        //这是 C++语言风格的单行注释
?>
<?
    echo "这是简短 PHP 标记风格。<br/>";        /* 这是 C 语言风格的多行注释
注释到这里就结束了……*/
?>
```

（2）运行结果

将文件保存到“D:\php\ch02\exp0201.php”中，然后在浏览器中访问 http://localhost/ch02/exp0201.php，运行结果如图 2-2 所示。

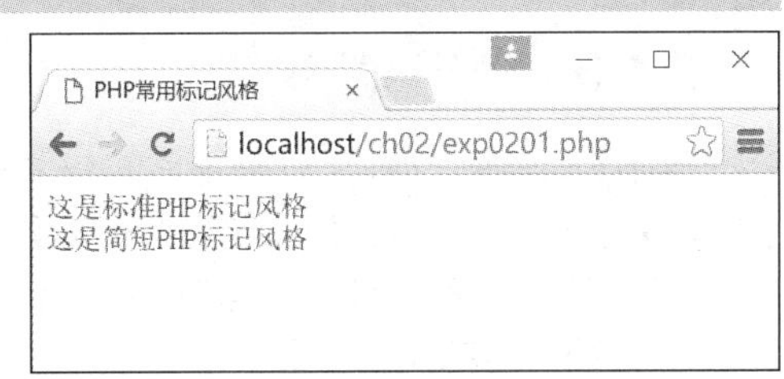

图 2-2　PHP 常用标记风格

PHP 程序的输出语句有 echo 和 print()，输出函数有 printf()、print_r()、var_dump()等，其中常用的是 echo，使用该语句可以输出 PHP 中的常量、变量、表达式运算结果、HTML 标签、CSS 代码以及 JavaScript 代码等任意内容。

2.1.2　标识符与关键字

标识符是用户编程时使用的名字，用于给变量、常量、函数等命名；而关键字是整个编程语言范围内预先保留的标识符。

1．标识符

在系统开发过程中，需要在程序中定义一些符号来标记一些名称，如变量名、函数名、类名、方法名等，这些符号被称为标识符。在 PHP 中，标识符命名要遵循一定的规则，具体如下。

（1）标识符只能由字母、数字和下画线组成。

（2）标识符可以由一个或多个字符组成，且必须以字母或下画线开头。

（3）当标识符用作变量名时，区分大小写。

（4）当标识符由多个单词组成时，应使用下画线进行分隔，如 user_name。

2．关键字

在系统开发过程中还会经常用到关键字。关键字就是编程语言里事先定义好并赋予了特殊含义的单词，也称为保留字。例如，echo 用于输出数据，function 用于定义函数。表 2-1 列举了 PHP 中的所有关键字。

表 2-1　PHP 中的所有关键字

and	or	xor	__FILE__	exception
__LINE__	array()	as	break	case
class	const	continue	declare	default
die()	do	echo	else	elseif
empty()	enddeclare	endfor	endforeach	endif
endswitch	endwhile	eval()	exit()	extends
for	foreach	function	global	if
include	include_once	isset()	list()	new

续表

print	require	require_once	return	static
switch	unset()	use	var	while
__FUNCTION__	__CLASS__	__METHOD__	final	php_user_filter
interface	implements	extends	public	private
protected	abstract	clone	try	catch
throw	this			

在使用表 2-1 所列举的关键字时，需要注意以下两点。

（1）关键字不能作为常量名、函数名、方法名和类名使用。

（2）关键字虽然可作为变量名使用，但是容易导致混淆，不建议这样使用。

2.1.3 PHP 编码规范

编码规范是融合了开发人员长时间积累下来的经验而形成的一种良好、统一的编程风格，这种良好、统一的编程风格会在团队开发或二次开发时起到事半功倍的效果。编码规范是程序编码所要遵循的规则，并不是强制性规则，但从项目长远的发展以及团队效率来考虑，遵守编码规范是十分有必要的。

遵守编码规范的优点如下。

- 开发人员可以了解任何代码，厘清程序的状况。
- 能够提高程序的可读性，有利于相关设计人员交流，提高软件质量。
- 能够防止新接触 PHP 的程序员自创出一套风格并养成习惯。
- 有助于程序的维护，降低软件成本。
- 有利于团队管理，实现团队后备资源的可重用。

常用编码规范如下。

1. 书写规则

常用的一些书写规则如下。

（1）缩进

使用制表符（“Tab”键）缩进，缩进单位为 4 个空格，不要使用空格。

（2）花括号

有两种花括号放置规则：

- 将花括号放到关键字的下方；
- 左花括号与关键字同行，右花括号与关键字同列。

（3）圆括号、关键字、函数、运算符

- 圆括号和函数要紧贴在一起，以便区分关键字和函数。
- 运算符与两边的变量或表达式要有一个空格，字符连接运算符除外。
- 当代码段较长时，上、下应当加入空白行，两个代码块之间只使用一个空白行。
- 尽量不要在 return 语句中使用圆括号。

（4）代码长度

- 请严格控制每行代码在 120 个字符之内。
- 过长的代码会导致有多种分辨率的显示器出现兼容性问题，也会难以阅读和理解。
- 如果代码太长，则请把代码换行。

2. 命名规则

就一般约定而言，类、函数和变量等的名字应该能够见名知意，让读者容易知道它们的含义，避免使用模棱两可的名字。

（1）类命名

- 使用大写字母作为词的分隔，其他的字母均小写。
- 不要使用下画线。

（2）常量命名

常量的名字应该全部使用大写字母，单词之间使用“_”分隔。

（3）变量命名

对于变量的名字，所有字母都小写，使用“_”作为词与词之间的分界。

（4）数组命名

数组是一组数据的集合，它是一个可以存储多个数据的容器。因此在给数组命名时，应尽量使用单词的复数形式。

（5）函数命名

函数的命名规则和变量的命名规则相同。

（6）类文件命名

类文件在命名时都以.class.php 为后缀，文件名和类名相同。

2.2 PHP 的数据类型

数据是计算机程序的核心，计算机程序运行时需要操作各种数据，这些数据在程序运行时临时存储在计算机内存中。定义变量时，系统在计算机内存中开辟了一块空间用于存放这些数据，空间名就是变量名，空间大小则取决于所定义的数据类型。因此应当根据程序的不同需求来使用各种数据类型，以避免浪费内存空间。

2.2.1 数据类型

PHP 支持的数据类型分为 3 类，分别是标量数据类型、复合数据类型和特殊数据类型，如表 2-2 所示。

表 2-2 PHP 数据类型

分类	数据类型	说明
标量数据类型	Integer（整型）	取值范围为整数：正整数、负整数和 0
	Float（浮点型）	用来存储数字，和整型不同的是它有小数位
	Boolean（布尔型）	取值为真（true）或假（false）
	String（字符串型）	连续的字符序列，可以是计算机所能表示的一切字符的集合
复合数据类型	Array（数组）	数组是一组数据的集合
	Object（对象）	存储数据和有关如何处理数据的信息的数据类型
特殊数据类型	Resource（资源）	资源是由专门的函数来建立和使用的
	Null（空值）	null 或 NULL（不区分大小写）

1. 标量数据类型

标量数据类型是数据结构中基本的数据类型，只能存储一种数据。PHP 支持 4 种标量数据类型。

（1）整型。整型的取值范围为整数，包括正整数、负整数和 0。整型数据可以用十进制、八进制和十六进制表示。八进制整数前面必须加 0，十六进制整数前面必须加 0x。字长与操作系统有关，在 32 位操作系统中的有效范围是-2 147 483 648～+2 147 483 647。

【例 3】整型数据的表示，代码如下。

```
$a=666;          //十进制
$b=0666;         //八进制
$c=0x666;        //十六进制
```

（2）浮点型。浮点型可以存储整数和小数。字长与操作系统有关，在 32 位操作系统中的有效范围是 1.7E -308～1. 7E +308。浮点型数据有两种书写格式，分别是标准格式和科学记数法格式。

【例 4】浮点型数据的表示，代码如下。

```
$a1=5.1286       //标准格式
$a2=8.31E+2      //科学记数法格式
```

（3）布尔型。布尔型数据也称为逻辑型数据，其取值为 true 或 false。

【例 5】布尔型数据的表示，代码如下。

```
$a3 = true;
$b4= false;
```

（4）字符串型。字符串是由一系列字符组成的，其中每个字符等同于一个字节。字符串的存储是以一个由字节组成的数组再加上一个整数指明数组长度的方式来实现的。字符串主要有 2 种表达方式。

单引号：定义一个字符串最简单的方法是用单引号把它包围起来。要表达一个单引号自身，则需在它的前面加一个反斜线（\）来转义；要表达一个反斜线自身，则需用两个反斜线（\\）。其他任何形式的反斜线都会被当成反斜线本身。

双引号：如果字符串是包围在双引号中的，则 PHP 将对转义字符进行解析，用来表示被程序语法结构占用的特殊字符。

常见的转义字符如表 2-3 所示。

表 2-3　常见的转义字符

转义字符	描述	转义字符	描述
\n	换行符	\r	回车符
\t	水平制表符	\v	垂直制表符
\e	ASCII 字符集中的 ESC 或 0x1B(27)	\f	换页符
\\	反斜线	\$	美元符号
\"	双引号	\[0-7]{1,3}	以八进制表示的字符
\x[0-9A-Fa-f]{1,2}	以十六进制表示的字符		

【例 6】字符串型数据的表示，代码如下。

```
$a=100;
$b='<h2>你的成绩是$a</h2>';
$c ="<h2>你的成绩是$a</h2>";
```

两者的不同之处是：双引号中包含的变量名会自动被替换成实际变量值，而单引号中包含的变量名或者任何其他的文本都会不经修改地按普通字符串输出。

【案例 2-2】分别输出整型数据、浮点型数据和布尔型数据。

（1）实现代码

打开编辑器，新建文件，在文件中输入以下 PHP 代码。

```
<?php
$a1 =123;        //十进制
$a2=0123;        //八进制
$a3=0x123;       //十六进制
echo "整型数据 123 不同进制的输出结果如下。";
```

```
echo "<br/>十进制的结果是：". $a1;
echo "<br/>八进制的结果是：". $a2;
echo "<br/>十六进制的结果是：". $a3;
$b1=-18.9;
$b2 =32.64E-5;
echo "<br/><br/>下面是浮点型数据的输出。";
echo "<br/>-18.9 的输出：". $b1;
echo "<br/>32.64E-5 的输出：". $b2;
$c1=true;
$c2 =false;
echo "<br/><br/>下面是布尔型数据的输出";
echo "<br/>true 的输出：". $c1;
echo "<br/>false 的输出：". $c2;
?>
```

（2）运行结果

将文件保存到“D:\php\ch02\exp0202.php”中，然后在浏览器中访问 http://localhost/ch02/exp0202.php，运行结果如图 2-3 所示。

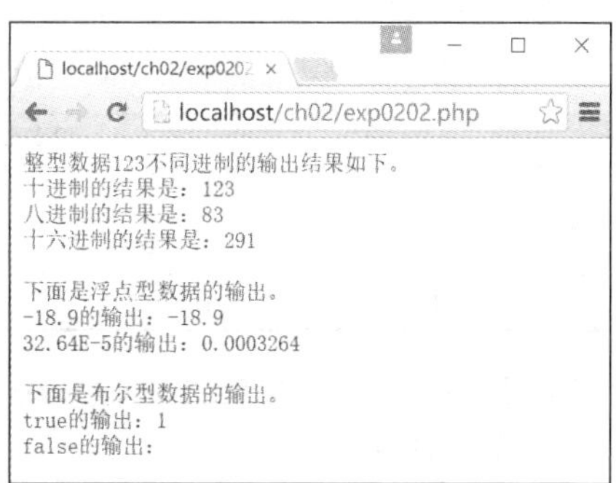

图 2-3　分别输出整型数据、浮点型数据和布尔型数据

2. 复合数据类型

复合数据类型用于将多个相同类型的项聚集起来，表示为一个实体，包括数组和对象。

（1）数组

数组是一组数据的集合，由一组有序变量组成，形成一个可操作的整体。每个变量称为数组元素，每个元素由“键”和“值”构成，每个元素都有唯一的键名，称为下标。元素的下标只能由数据或字符串组成。

有关数组的知识将在本项目后面部分详细讲解。

（2）对象

对于同样一个任务，既可以用面向过程编程实现，也可以用面向对象编程实现。

面向过程编程是一种以过程为中心的编程思想，其原理就是将问题分解成一个一个详细的步骤，然后通过函数实现每一个步骤，并依次调用。

面向对象程序设计方法是尽可能模拟人类的思维方式，使得软件的开发方法与过程尽可能接近人类认识世界、解决现实问题的方法与过程，即使描述问题的问题空间与问题的解决方案空间在结构上尽可能一致，把客观世界中的实体抽象为问题域中的对象。

面向对象程序设计方法以对象为核心，该方法认为程序由一系列对象组成。类是对现实世界的抽象，包括表示静态属性的数据和对数据的操作，对象是类的实例化。对象间通过消息传递相互通信，来模拟现实世界中不同实体间的联系。在面向对象程序设计中，对象是组成程序的基本模块。

面向对象编程和面向过程编程都有其优势，有关对象的知识将在本书后面部分详细讲解。

3. 特殊数据类型

在 PHP 中，有用来专门提供服务或数据的数据类型，它不属于上述标准数据类型中的任意一类，因此被称为特殊数据类型，主要包括资源和空值。

（1）资源

资源是一种特殊数据类型，用于表示一个 PHP 的外部资源，由特定的函数来建立和使用。任何资源在不需要使用时应及时释放。如果程序员忘记释放资源，则 PHP 垃圾回收机制将自动回收资源。

（2）空值

空值表示没有为该变量设置任何值。由于 NULL 不区分大小写，所以 null 和 NULL 是等效的。例如，一个变量尚未被赋值、被赋值为 null 和被 unset ()函数销毁这 3 种情况都表示空值。

2.2.2 数据类型的检测

PHP 中为变量或常量提供了很多用于检测数据类型的函数，有了这些函数，用户就可以对不同类型的数据进行检测。

数据类型检测函数如表 2-4 所示。

表 2-4 数据类型检测函数

函数	说明	示例
is_bool()	检测变量或常量是否为布尔型	bool is_bool($a);
is_string()	检测变量或常量是否为字符串型	bool is_string($a);
is_float()/is_double()	检测变量或常量是否为浮点型	bool is_float($a); bool is_double($a);
is_integer()/is_int()	检测变量或常量是否为整型	bool is_integer($a); bool is_int($a);
is_numeric()	检测变量或常量是否为数字或数字字符串	bool is_numeric($a);
is_null()	检测变量或常量是否为空值	bool is_null($a);
is_array()	检测变量是否为数组	bool is_array($a);
is_object()	检测变量是否为对象	bool is_object($a);

【案例 2-3】数据类型检测函数的使用。

（1）实现代码

打开编辑器，新建文件，在文件中输入以下 PHP 代码。

```
<?php
$a=12345;
$b=false;
$c="重庆欢迎你";
$d='';
echo "变量 a 是否为整型：".is_int($a). "<br/>";
echo "变量 a 是否为布尔型：".is_bool($a). "<br/>";
echo "变量 b 是否为布尔型：".is_bool($b). "<br/>";
echo "变量 c 是否为字符串型：".is_string($c). "<br/>";
echo "变量 d 是否为整型：".is_int($d). "<br/>";
?>
```

（2）运行结果

将文件保存到"D:\php\ch02\exp0203.php"中，然后在浏览器中访问 http://localhost/ch02/exp0203.php，运行结果如图 2-4 所示。

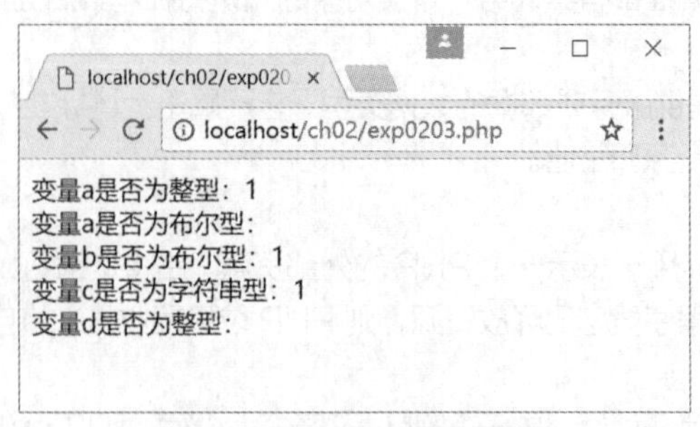

图 2-4 检测变量的数据类型

2.3 PHP 常量

常量是指在程序运行过程中始终保持不变的数据。常量的值被定义后，在程序的整个运行期间，这个值都有效，不需要也不可以再次对该常量进行赋值。PHP 提供两种常量，分别是自定义常量和预定义常量。

2.3.1 自定义常量

程序员在开发过程中不仅可以使用 PHP 预定义常量，还可以自己定义和使用常量。

（1）使用 define ()函数定义常量，语法格式如下。

```
define("常量名称", "常量值", 大小写是否敏感);
```

“大小写是否敏感”为可选参数，指定是否大小写敏感，设定为 true 时表示大小写不敏感，默认大小写敏感，即默认为 false。

【例 7】定义常量 PI，取值为 3.14。

```
define("PI ",3.14);
```

（2）使用 defined ()函数判断常量是否已经被定义，语法格式如下。

```
bool defined (常量名称) ;
```

说明：如果成功则返回 true，失败则返回 false。

2.3.2 预定义常量

PHP 提供了大量预定义常量，用于获取 PHP 中相关系统参数信息，但不能任意更改这些常量的值。有些常量是由扩展库定义的，只有加载了相关扩展库才能使用。常用的 PHP 预定义常量如表 2-5 所示。

表 2-5 常用的 PHP 预定义常量

常量名称	功能
__FILE__	返回当前文件所在的完整路径和文件名
__LINE__	返回代码当前所在行数
PHP_VERSION	返回当前 PHP 程序的版本
PHP_OS	返回 PHP 解释器所在操作系统名称
PHP_SAPI	返回 PHP 的运行模式
TRUE	真值
FALSE	假值
NULL	空值
E_ERROR	指到最近的错误处
E_WARNING	指到最近的警告处
E_PARSE	指到语法有潜在问题处
E_NOTICE	提示发生不寻常问题，但不一定是错误

注意：常量“__FILE__”和“__LINE__”中字母前后分别都是两个下画线符号“_”。

【案例 2-4】使用预定义常量获取 PHP 中相关系统参数信息。

（1）实现代码

打开编辑器，新建文件，在文件中输入以下 PHP 代码。

```
<?php
echo "当前操作系统为：". PHP_OS;
echo "<br/>当前 PHP 版本为：". PHP_VERSION;
echo "<br/>服务器与 PHP 之间的接口为：". PHP_SAPI ;
```

```
echo "<br/>当前行数为：". __LINE__;
echo "<br/>当前行数为：". __LINE__;
?>
```

（2）运行结果

将文件保存到“D:\php\ch02\exp0204.php”中，然后在浏览器中访问 http://localhost/ch02/exp0204.php，运行结果如图 2-5 所示。

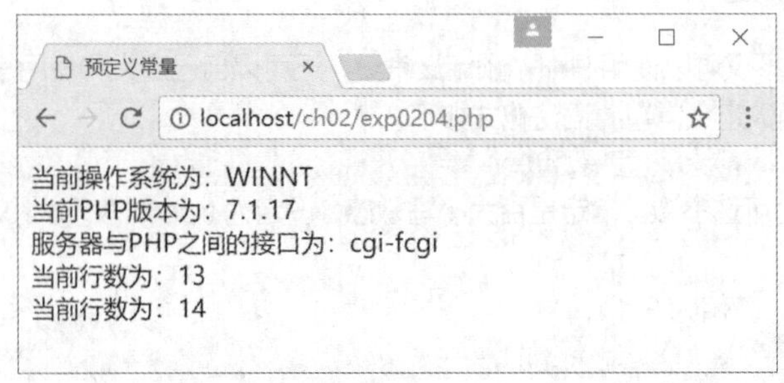

图 2-5　使用预定义常量获取 PHP 中相关系统参数信息

2.4 PHP 变量

变量用于存储临时数据，变量通过变量名来实现内存数据的存取操作。定义变量时，系统会自动为该变量分配一个存储空间来存放变量的值。

2.4.1 变量声明及使用

PHP 中的变量用一个美元符号后面跟变量名来表示，变量名是区分大小写的。变量的命名规则与标识符的相同。由于 PHP 是弱类型语言，所以变量不需要先声明就可以直接进行赋值使用，但有时为了让代码结构更清晰，更有助于阅读程序，也可以进行声明变量。

声明变量的语法格式如下。

```
$变量名=变量值;
```

变量赋值就是为变量赋予具体的数据值。变量赋值有 3 种方式，分别是直接赋值、传值赋值和引用赋值。

1. 直接赋值

直接赋值就是使用赋值运算符“=”直接将数据值赋给某变量。

【例 8】给变量直接赋值。

```
$a=123;                //整型
$b=123.56;             //浮点型
$c="how are you";      //字符串型
$d=true;               //布尔型
```

2. 传值赋值

传值赋值就是使用赋值运算符“=”将一个变量的值赋给另一个变量。值得注意的是，此时修改一个变量的值不会影响到另一个变量。

【例 9】给变量传值赋值。

```
$a=123;
$b=$a;                 //传值赋值
$a=200;
```

3. 引用赋值

引用允许用两个变量来指向同一个内容，引用赋值也称为按地址赋值，使用引用赋值，简单地将一个“&”符号加到将要赋值的变量前来实现将一个变量的地址传递给另一个变量，即两个变量共同指向同一个内存地址，使用的是同一个值。

【案例 2-5】实现变量的引用赋值。

（1）实现代码

打开编辑器，新建文件，在文件中输入以下 PHP 代码。

```
<?php
$a=123;
$b=&$a;          //引用赋值，将变量 a 的地址传递给变量 b
echo "变量 a 的值是：".$a;
echo "<br/>变量 b 的值是：".$b;
$a = 200;
echo "<br/>修改变量 a 之后<br/>";
echo "变量 a 的值是：".$a;
echo "<br/>变量 b 的值是：".$b;
?>
```

（2）运行结果

将文件保存到“D:\php\ch02\exp0205.php”中，然后在浏览器中访问 http://localhost/ch02/exp0205.php，运行结果如图 2-6 所示。

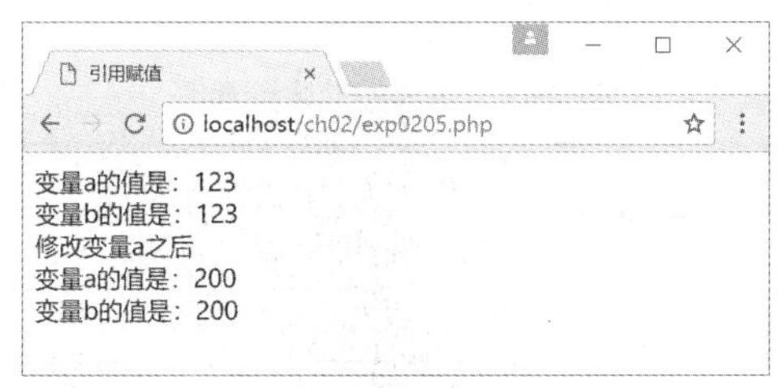

图 2-6　变量引用赋值

2.4.2　变量作用域

在 PHP 程序的任何位置都可以声明变量，但变量是有作用范围的，声明变量的位置会大大影响访问变量的范围，这个可以访问的范围称为作用域。变量的作用域就是指变量在哪些地方可以使用，在哪些地方不能使用。一般情况下，变量的作用域是包含变量的 PHP 程序块。

PHP 中的变量按其作用域的不同主要分为 4 种，分别为局部变量、函数参数、全局变量和静态变量。

1. 局部变量

在函数内部声明的变量就是局部变量，它保存在内存的栈中，所以速度很快。局部变量的作用域是所在函数，即从定义变量的语句开始到函数末尾。局部变量在函数之外无效，而且在函数调用结束后会被系统自动回收。

2. 函数参数

函数参数可以按值传递，也可以按引用传递。任何接收参数的函数都必须在函数首部声明这些参数。

3. 全局变量

全局变量是指在所有函数之外定义的变量，其作用域是整个 PHP 文件，即从定义变量的语句开始到文件末尾，但其在函数内无效。如果要在函数内部访问全局变量，则要使用 global 关键字声明，其语法格式如下。

```
global $变量名;
```

4. 静态变量

无论是全局变量还是局部变量，在调用结束后，该变量值都会失效。但有时仍需要该变量，此时就需要将该变量声明为静态变量。静态变量在函数退出时不会丢失值，并且再次调用此函数时还能保留这个值。声明静态变量只需在变量前加 static 关键字即可，其语法格式如下。

```
static $变量名=变量值;
```

2.5 PHP 运算符

运算符是一些用于将数据按一定规则进行运算的特定符号的集合。运算符所操作的数据被称为操作数，运算符和操作数连接并可运算出结果的式子称为表达式。PHP 运算符分为 8 类，包括算术运算符、字符串运算符、赋值运算符、位运算符、逻辑运算符、比较运算符、条件运算符和错误控制运算符，如表 2-6 所示。

表 2-6 PHP 运算符

运算符名称	运算符	运算符名称	运算符
算术运算符	+、-、*、/、%、++、--	逻辑运算符	&&（and）、||（or）、xor、!（not）
字符串运算符	.	比较运算符	<、>、<=、>=、==、===、!=
赋值运算符	=、+=、-=、*=、/=、%=、.=	条件运算符	?:
位运算符	&、|、^、<<、>>、~	错误控制运算符	@

1. 算术运算符

算术运算符用于处理算术运算操作，PHP 中常用的算术运算符如表 2-7 所示。

表 2-7 常用的算术运算符

运算符	说明	示例
+	加法运算	$a+$b
-	减法运算，也可以作为一元运算符使用，表示负数	-$b
*	乘法运算	$a*$b
/	除法运算	$a/$b
%	求余运算	$a%$b

自增运算符“++”和自减运算符“--”属于特殊的算术运算符，它们用于对整型数据进行操作。不过自增/自减运算符的运算对象是单操作数。自增/自减运算符根据书写位置不同，又分为前置自增/自减运算符和后置自增/自减运算符，如表 2-8 所示。

表 2-8 自增/自减运算符

示例	名称	说明
++$a	前加	$a 的值加 1，然后返回$a
$a++	后加	返回$a，然后$a 的值加 1
--$a	前减	$a 的值减 1，然后返回$a
$a--	后减	返回$a，然后$a 的值减 1

2. 字符串运算符

PHP 中字符串运算符只有一个，就是英文句号“.”，用于将两个字符串连接起来，结合成一个新的字符串。

【例 10】字符串运算符的使用。

```
$c = $a. $b;        //将$a 和$b 连接起来
```

3. 赋值运算符

赋值运算符主要用于处理表达式的赋值操作，先计算右边表达式，再将结果值赋给左边的变量。赋值运算符分为简单赋值运算符和复合赋值运算符，简单赋值运算符为“=”，复合赋值运算符包括+=、-=、*=、/=、%=、.=等，详细说明如表 2-9 所示。

表 2-9　赋值运算符

名称	运算符	说明	示例	完整形式
简单赋值	=	将运算符右边的值赋给左边	$a=12;	$a=12;
加法赋值	+=	将运算符右边的值加到左边	$a+=12;	$a=$a+12;
减法赋值	-=	将运算符右边的值减到左边	$a-=12;	$a=$a-12;
乘法赋值	*=	将运算符右边的值乘以左边	$a*=$b;	$a=$a*$b;
除法赋值	/=	将运算符左边的值除以右边	$a/=$b;	$a=$a/$b;
取余赋值	%=	将运算符左边的值对右边取余数	$a%=$b;	$a=$a%$b;
连接字符	.=	将运算符右边的字符加到左边	$a.=$b;	$a=$a. $b;

4. 位运算符

PHP 中的位运算符主要用于整数的运算，运算时先将整数转换为相应的二进制数，然后对二进制数进行运算。PHP 中的位运算符如表 2-10 所示。

表 2-10　位运算符

运算符	说明	示例	示例说明
&	与运算，按位与	$a & $b	0&0=0, 0&1=0, 1&0=0, 1&1=1
|	或运算，按位或	$a | $b	0|0=0, 0|1=1, 1|0=1, 1|1=1
^	异或运算，按位异或	$a ^ $b	0^0=0, 0^1=1, 1^0=1, 1^1=0
~	非运算，按位取反	~$a	~0=1,~1=0
>>	向右移位	$a >> $b	—
<<	向左移位	$a << $b	—

5. 逻辑运算符

逻辑运算符用于处理逻辑运算操作，对布尔型数据或表达式进行操作，并返回布尔值。PHP 中的逻辑运算符如表 2-11 所示。

表 2-11　逻辑运算符

运算符		示例	示例说明
逻辑与	&&	$m && $n	当$m 和$n 都为 true 时，返回 true，否则返回 false
	and	$m and $n	
逻辑或	||	$m || $n	当$m 和$n 有一个及以上为 true 时，返回 true，否则返回 false
	or	$m or $n	
逻辑异或	xor	$m xor $n	当$m 与$n 中只有一个值为 True 时，返回 true，否则返回 false
逻辑非	!	!$m	当$m 为 true 时，返回 false；当$m 为 false 时，返回 true
逻辑非	not	not$m	当$m 为 true 时，返回 false；当$m 为 false 时，返回 true

6. 比较运算符

比较运算符用于对两个数据或表达式的值进行比较，比较结果是一个布尔值。PHP 中的比较运算符如表 2-12 所示。

表 2-12　比较运算符

运算符	名称	示例	示例说明
<	小于	$a < $b	如果$a 的值小于$b 的值，则返回 true，否则返回 false
>	大于	$a > $b	如果$a 的值大于$b 的值，则返回 true，否则返回 false
<=	小于等于	$a <= $b	如果$a 的值小于或等于$b 的值，则返回 true，否则返回 false
>=	大于等于	$a >= $b	如果$a 的值大于或等于$b 的值，则返回 true，否则返回 false
==	相等	$a == $b	如果$a 的值等于$b 的值，则返回 true，否则返回 false
!=	不相等	$a != $b	如果$a 的值不等于$b 的值，则返回 true，否则返回 false
===	全相等	$a === $b	当$a 和$b 的值相等且数据类型相同时，返回 true，否则返回 false
!==	不全等	$a !== $b	当$a 和$b 的值不相等或数据类型不相同时，返回 true，否则返回 false

7. 条件运算符

条件运算符也称为三元运算符，提供简单的逻辑判断，其语法格式如下。

```
表达式 1? 表达式 2：表达式 3;
```

说明：如果表达式 1 的值为 true，则执行表达式 2，否则执行表达式 3。

【例 11】条件运算符的使用。

```
$c=($a>$b)?$a:$b;
```

说明：判断$a 的值是否大于$b 的值，如果为 true，则将$a 的值赋给$c，否则将$b 的值赋给$c。

8. 错误控制运算符

PHP 支持一个错误控制运算符：@。当将其放置在一个 PHP 表达式之前时，该表达式可能产生的任何错误信息都会被忽略掉。

@运算符只对表达式有效，它的一个简单规则就是：如果能从表达式得到值，就在该表达式的前面加上@运算符。例如，可以把@运算符放在变量、函数、常量等之前。但不能把@运算符放在函数或类的定义之前，也不能用于条件结构，如 if 和 foreach 等。

9. 运算符优先级

在一个表达式中往往会使用多个不同的运算符，当多个不同的运算符同时出现在同一个表达式中时，必须遵循一定的运算顺序进行运算，这就是运算符的优先级，与数学中的四则运算遵循的“先乘除，后加减”是一个道理。

PHP 的运算符在运算中遵循的规则是：优先级高的运算符先执行，优先级低的运算符后执行，同一优先级的运算符按照从左到右的顺序执行。当然，也可以像四则运算那样使用圆括号，括号内的运算符最先执行。

表 2-13 按照优先级从高到低的顺序列出了 PHP 中的运算符，同一行中的运算符具有相同优先级，此时它们的结合方向决定其运算顺序。

表 2-13　运算符的优先级

结合方向	运算符	说明
非结合	new	创建对象
非结合	++、--	自增 / 自减运算符
右结合	!	逻辑运算符
左结合	*、/、%	算术运算符
左结合	+ 、-、.	算术运算符和字符串运算符
左结合	<<、>>	位运算符
非结合	<、<=、>、>= 、	比较运算符

续表

结合方向	运算符	说明
非结合	==、!= 、=== 、!==	比较运算符
左结合	&	位运算符和引用
左结合	^	位运算符
左结合	|	位运算符
左结合	&&	逻辑运算符
左结合	||	逻辑运算符
左结合	? :	条件运算符
左结合	and	逻辑运算符
左结合	xor	逻辑运算符
左结合	or	逻辑运算符

表达式就是由操作数、运算符以及括号等组成的合法序列，即将相同数据类型或不同数据类型的数据（如变量、常量、函数等）用运算符按一定的规则连接起来的、有意义的语句。

根据表达式中运算符类型的不同，可以将表达式分为算术表达式、字符串表达式、赋值表达式、逻辑表达式、比较表达式等。

【案例 2-6】实现从页面取两个数进行加法运算。

（1）实现代码

打开编辑器，新建文件，在文件中输入以下 PHP 代码。

```
<form action="#" method="post">
请输入第一个数：<input type="text" name="txt_num1" /><br/><br/>
请输入第二个数：<input type="text" name="txt_num2" /><br/><br/>
<input type="submit" name="btn_save" value="加法运算" />
</form>
<?php
 if(!empty($_POST['btn_save']))                    //判断“加法运算”按钮是否提交了数据
     {
          if(!empty($_POST['txt_num1']))           //判断是否输入了数据
               {
                    $a=$_POST['txt_num1'];         //定义变量$a 并赋值
                    $b=$_POST['txt_num2'];         //定义变量$b 并赋值
                    echo "<br/>两个数相加结果为：". ($a+$b);
               }
     }
?>
```

（2）运行结果

将文件保存到“D:\php\ch02\exp0206.php”中，然后在浏览器中访问 http://localhost/ch02/exp0206.php，运行结果如图 2-7 所示。

图 2-7　两个数相加

2.6 PHP 函数

在系统开发过程中经常要重复某些操作或处理，如果每次都要重复编写代码，则不仅工作量加大，还会使程序代码冗余、可读性差，项目后期的维护及运行效果也会受到影响，因此引入函数的概念。所谓函数，就是将一些重复使用到的功能写在一个独立的程序块中，在需要时以便单独调用。

PHP 函数分为自定义函数和内置函数两种。PHP 的真正“力量”来自它的内置函数：它拥有超过 1 000 个内置函数。

2.6.1 自定义函数

自定义函数是为了实现某一功能而实现的代码块，定义一次可以多次调用。

1. 函数的定义

定义函数的语法格式如下。

```
function 函数名($str1,$str2,...) {
函数体
return 返回值;
}
```

参数说明如下。

- function：声明自定义函数的关键字，对大小写不敏感。
- $str1 , $str2,...：函数的形式参数列表。

PHP 中的函数在命名时应遵循以下规则。

（1）函数不能与内部函数或 PHP 关键字重名。

（2）函数名不区分大小写，但建议按照大小写规范进行命名和调用。

（3）函数名以字母开头，不能以下画线和数字开头，不能使用“.”和中文字符。

（4）函数名应该能够反映函数所执行的任务。

2. 函数的调用

页面加载时函数不会立即执行，函数只有在被调用时才会执行。函数的调用可以在函数定义之前或之后，调用函数的语法格式如下。

```
函数名(实际参数列表);
```

3. 函数的参数

函数经常需要用到参数，参数可以将数据传递给函数。在调用函数时需要输入与函数的形式参数个数和类型相同的实际参数，实现数据从实际参数到形式参数的传递。参数传递方式有值传递和引用传递 2 种。

值传递是指将实际参数的值复制到对应的形式参数中，然后使用形式参数在被调用函数内部进行运算，运算的结果不会影响到实际参数，即函数调用结束后，实际参数的值不会发生改变。

引用传递也称为按地址传递，就是将实际参数的内存地址传递到形式参数中。此时被调用函数内形式参数的值若发生改变，则实际参数也发生相应改变。引用传递的语法格式是在定义函数时，在形式参数前面加上“&”符号。

4. 函数的返回值

函数将返回值传递给调用者的方式是使用关键字 return。当执行到一个 return 语句时返回，后面的语句不再执行，将终止程序的执行。

【案例 2-7】用自定义函数求两个数的和。

（1）实现代码

打开编辑器，新建文件，在文件中输入以下 PHP 代码。

```
<?php
function add($a,$b)                 //自定义函数
    {
        return $a + $b;             //计算并返回结果
    }
```

```
    $c =add(1029,7220);          //调用函数
    echo "两个数的和是: ".$c;
?>
```

（2）运行结果

将文件保存到“D:\php\ch02\exp0207.php”中，然后在浏览器中访问 http://localhost/ch02/exp0207.php，运行结果如图 2-8 所示。

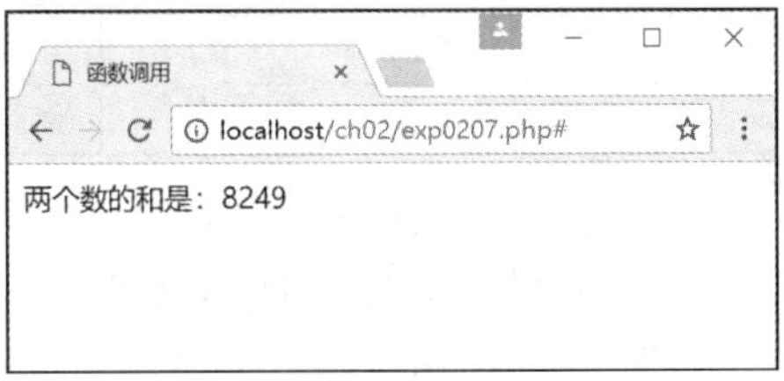

函数调用
localhost/ch02/exp0207.php#
两个数的和是：8249

图 2-8　用自定义函数求两个数的和

2.6.2　内置函数

PHP 内置函数是由 PHP 开发者编写并嵌入 PHP 中的，用户在编写程序时可以直接使用。PHP 内置函数库又可以分为标准函数库和扩展函数库，标准函数库中的函数存放在 PHP 内核中，可以在程序中直接使用；扩展函数库中的函数被封装在相应的 DLL 文件中，使用时需要在 PHP 配置文件中将相应的 DLL 文件包含进来。

1. 变量函数

PHP 提供了一系列变量函数，常用的变量函数如表 2-14 所示。

表 2-14　常用的变量函数

函数	说明	函数	说明
empty()	检测变量是否为空值	isset()	检测变量是否被赋值
gettype()	获取变量的类型	unset()	销毁变量
is_int()	检测变量是否为整数		

2. 字符串函数

PHP 提供了大量的字符串函数，可以帮助用户完成许多复杂的字符串处理工作，在实际开发中有非常重要的作用。常用的字符串函数如表 2-15 所示。

表 2-15　常用的字符串函数

函数	说明
chunk_split()	将字符串分割成小块
chr()	返回指定的字符
echo()	输出一个或多个字符串
explode()	使用一个字符串分割另一个字符串
lcfirst()	使一个字符串的第一个字符小写
ltrim()	删除字符串开头的空白字符（或者其他字符）
money_format()	将数字字符串格式化成货币字符串
parse_str()	将字符串解析成多个变量
printf()	输出格式化字符串
rtrim()	删除字符串末端的空白字符（或者其他字符）
str_repeat()	重复一个字符串
str_replace()	子字符串替换
strlen()	获取字符串长度
strrev()	反转字符串
strtolower()	将字符串转化为小写
strtoupper()	将字符串转化为大写

续表

函数	说明
substr()	返回字符串的子串
md5()	用 MD5 算法对字符串进行加密
trim()	删除字符串首尾处的空白字符（或者其他字符）

3. 日期和时间函数

PHP 提供了实用的日期和时间函数，可以帮助用户完成对日期和时间的各种处理工作。常用的日期和时间函数如表 2-16 所示。

表 2-16　常用的日期和时间函数

函数	说明
checkdate()	验证日期的有效性
date()	格式化一个本地时间或日期
getdate()	取得日期 / 时间信息
gettimeofday()	取得当前时间
localtime()	取得本地时间
time()	返回当前的 UNIX 时间戳

4. 数学函数

PHP 提供了实用的数学函数，可以帮助用户完成对数学运算的各种操作。常用的数学函数如表 2-17 所示。

表 2-17　常用的数学函数

函数	说明	函数	说明
rand()	产生一个随机数	abs()	返回绝对值
max()	比较最大值	ceil()	进一法取整
min()	比较最小值	floor()	舍去法取整

5. 文件及目录函数

PHP 提供了大量的文件及目录函数，可以帮助用户完成对文件及目录的各种处理操作。常用的文件及目录函数如表 2-18 所示。

表 2-18　常用的文件及目录函数

函数	说明
copy()	复制文件到其他目录
file_exists()	判断指定的目录或文件是否存在
basename()	返回路径中的文件名部分
file_put_contents()	将字符串写入指定的文件中
file()	把整个文件读入数组中，数组各元素值对应文件的各行
fopen()	打开本地或远程的某文件，返回该文件的标志指针
fread()	从文件指针所指文件中读取指定长度的数据
fcolse()	关闭一个已打开的文件指针
is_dir()	如果参数为目录路径且该目录存在，则返回 true，否则返回 false
mkdir()	新建一个目录

续表

函数	说明
move_uploaded_file()	将上传的文件移动到新位置
readfile()	读取一个文件，将读取的内容写入输出缓冲
rmdir()	删除指定目录，成功则返回 true，否则返回 false
unlink()	删除指定文件，成功则返回 true，否则返回 false
disk_free_space()	返回指定目录的可用空间
filetype()	获取文件类型
filesize()	获取文件大小

【案例 2-8】使用 rand()函数生成一个随机验证码。

（1）实现代码

打开编辑器，新建文件，在文件中输入以下 PHP 代码。

```
<?php
$num="";                        //定义变量，用于存放随机验证码
  for($i=0; $i<5; $i++)         //循环读取随机数，将循环 5 次，生成 5 个随机数
  {
    $j = rand(0,9);             //每次生成一个 0~9 的随机数
    $num =$num . $j;            //将生成的随机数拼接到变量$num 中
  }
  echo "本次生成的随机验证码是：".$num;     //输出生成的随机验证码
?>
```

（2）运行结果

将文件保存到“D:\php\ch02\exp0208.php”中，然后在浏览器中访问 http://localhost/ch02/exp0208.php，运行结果如图 2-9 所示。

图 2-9　生成 5 位的随机验证码

2.7 PHP 数组

数组是一组相同类型数据连续存储的集合，这一组数据在内存中的空间是相邻的，每个空间存储了一个数组元素。数组中的数据称为数组元素，每个元素包含一个“键”和一个“值”，其中，“键”是数组元素的识别名称，也被称为数组下标，“值”是数组元素的内容。“键”和“值”使用“=>”连接，数组各个元素使用逗号“,”分隔，最后一个元素后面的逗号可以省略。

2.7.1 数组的使用

数组根据下标的数据类型，可分为索引数组和关联数组。索引数组是下标为整型的数组，默认下标从 0 开始，也可以自己指定；而关联数组是下标为字符串的数组。数组下标中只要有一个不是数字，该数组就是关联数组。

1. 定义数组

在使用数组前，首先需要定义数组。PHP 中通常使用如下两种方法定义数组。

（1）使用赋值方式定义数组

使用赋值方式定义数组就是创建一个数组变量，然后使用赋值运算符直接给变量赋值，语法格式如下。

```
$数组名[下标 1]=值 1;
$数组名[下标 2]=值 2;
```

数组下标（键名）可以是数字，也可以是字符串，每个下标都对应数组元素在数组中的位置，元素值可以是任何值。

【例 12】用赋值方式定义数组。

```
$arr[]='PHP';                    //存储结果为：$arr[0]= 'PHP'
$arr[]='HTML';                   //存储结果为：$arr[1]= 'HTML'
$arr[3]= 'CSS';                  //存储结果为：$arr[3]= 'CSS'
$arr['a']= 'Java';               //存储结果为：$arr['a']= 'Java'
$arr[]='ASP';                    //存储结果为：$arr[4]= 'ASP'
```

索引数组的下标默认从 0 开始依次递增；但当其前面有用户自己指定的索引时，会自动将前面最大的整数下标加 1，作为该元素的下标。

（2）使用 array()函数定义数组

使用 array()函数定义数组就是将数组的元素作为参数，“键”和“值”用“=>”连接，各元素用逗号“，”隔开，语法格式如下。

```
$数组名=array(下标 1=>值 1,下标 2=>值 2,...);
```

【例 13】用 array()函数定义数组。

```
$info=array('id'=>001, 'name'='乐乐', 'age'=18, "class'='高三 17 班');
$season=array('春天', '夏天', '秋天', '冬天');
```

在定义数组时，需要注意以下几点。

- 数组元素的下标只有整型和字符串型两种类型，如果有其他类型，则进行类型转换。
- 在 PHP 中，合法的整数下标会自动转换为整型下标。
- 若数组存在相同的下标，则后面的元素值会覆盖前面的元素值。

2. 数组的赋值

索引数组的赋值较简单，根据索引号对数组元素进行赋值和取值。索引号由数字组成，从 0 开始。但关联数组的索引关键字是“键名”，只能根据“键名”对数组元素进行赋值和取值。

3. 遍历数组

遍历数组是指按顺序访问数组中的每个元素，可以使用 foreach 语句和 for 语句遍历数组。

（1）使用 foreach 语句遍历数组

语法格式如下。

```
foreach ($array as $key=>$value){      //方法 1：访问数组元素的键和值
echo "$key-->$value";
}
foreach($array as $value){             //方法 2：访问数组元素值
echo $value;
}
```

$array 为数组名称，$key 为数组键名，$value 为键名对应的值。foreach 语句可以遍历索引数组和关联数组。

（2）使用 for 语句遍历数组

for 语句只能用于索引数组的遍历。先使用 count()函数计算数组元素个数以便作为 for 循环执行的条件，完成数组的遍历，语法格式如下。

```
for($i=0;$i<count($array);$i++){
    echo $array[$i]."<br>";
}
```

$array 为数组名称，函数 count($array)用于计算数组元素个数。由于关联数组的索引关键字不是数字，因此无法使用 for 语句进行遍历。

【案例 2-9】创建索引数组和关联数组并输出内容。

（1）实现代码

打开编辑器，新建文件，在文件中输入以下 PHP 代码。

```
<?php
```

```
        echo "创建索引数组:<br/>";
        $arr = array("春天", "夏天", "秋天", "冬天");
        $arr[0]="昨天";                        //对第一个数组元素赋值
        echo $arr[1];                          //对第二个数组元素取值并输出
        echo "<br/>";
        print_r($arr);                         //输出整个数组
        echo "<br/>";
        for($i=0;$i<count($arr);$i++)          //用 for 语句输出整个数组
        {
            echo $arr[$i]."|";
        }
        echo "<br/>";

        echo "创建关联数组:<br/>";
        $brr = array ("a"=>"Spring", "b"=>"Summer", "c"=>"Autumn","d"=>"Winter");
        $brr["b"]="Yesterday";                 //对键名为"b"的数组元素赋值
        $brr[1]="Today";                       //对键名为 1 的数组元素赋值
        print_r($brr);
    ?>
```

（2）运行结果

将文件保存到“D:\php\ch02\exp0209.php”中，然后在浏览器中访问 http://localhost/ch02/exp0209.php，运行结果如图 2-10 所示。

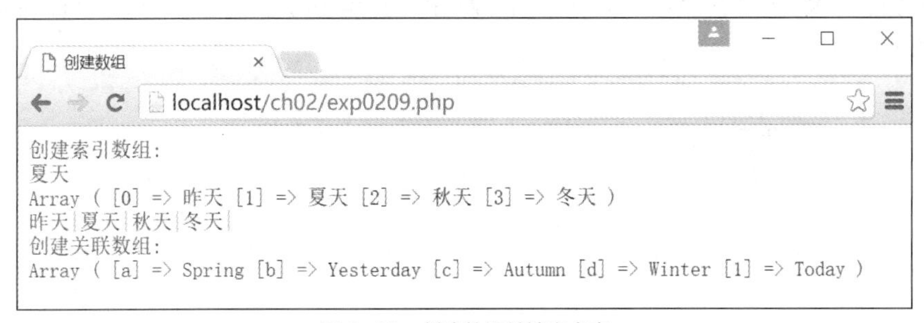

图 2-10　创建数组并输出内容

2.7.2　数组函数

为了便于数组的操作，也为了方便程序的编写和提高效率，PHP 提供了许多内置的数组函数，常用的数组函数如表 2-19 所示。

表 2-19　常用的数组函数

函数	说明
array_splice()	删除数组中的指定元素
array_sum()	计算数组的所有键值的和
array_unique()	去除数组中的相同元素
array_search()	在数组中搜索某个键值，并返回其对应的键名
array_push()	向数组添加元素
array_pop()	获取数组最后一个元素并将该元素删除
count()	计算元素的个数

续表

函数	说明
foreach()	数组的遍历
in_array()	检测一个值是否在数组中（返回 true 和 false）
implode()	将数组元素转换成字符串
sort()	按键值从小到大排序
rsort()	按键值从大到小排序

【案例 2-10】向数组中添加元素，并输出添加元素后的数组。

（1）实现代码

打开编辑器，新建文件，在文件中输入以下 PHP 代码。

```
<?php
    $arr = array("张三","李四");          //创建数组
    echo "原数组内容是：";
    print_r($arr);
    echo "<br/>";
    array_push($arr,"王五","乐乐");      //向数组中添加两个元素
    echo "新数组内容是：";
    print_r($arr);                         //输出添加元素后的数组
?>
```

（2）运行结果

将文件保存到“D:\php\ch02\exp0210.php”中，然后在浏览器中访问 http://localhost/ch02/exp0210.php，运行结果如图 2-11 所示。

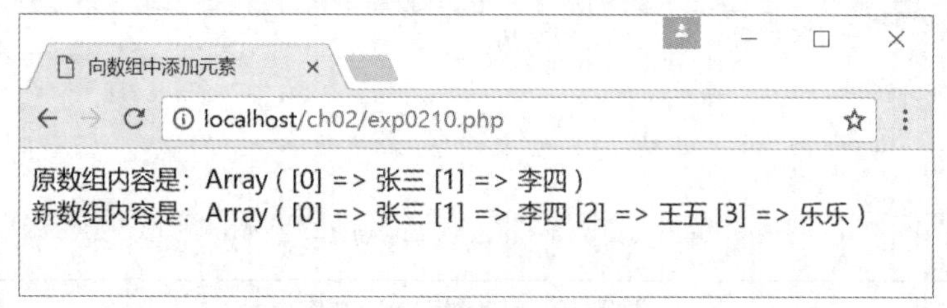

图 2-11　向数组中添加元素

2.7.3　全局数组

全局数组是 PHP 中定义的特殊数组，也称为预定义数组，它是由 PHP 引擎内置的，不需要使用者定义。在 PHP 脚本运行时，PHP 会自动将一些数据放在全局数组中。之所以称为全局数组，是因为这些数组在脚本中的任何地方、任何作用域内都可以访问，如函数、类、文件等。

常用的全局数组如表 2-20 所示。

表 2-20　常用的全局数组

全局数组	说明
$_GET[]	获取表单使用 GET 方式提交的数据
$_POST[]	获取表单使用 POST 方式提交的数据
$_COOKIE[]	获取和存放 Cookie 中的数据
$_SESSION[]	获取和存放 Session 中的数据
$_ENV[]	当前 PHP 环境变量数组

续表

全局数组	说明
$_SERVER[]	当前 PHP 服务器变量数组
$_FILES[]	上传文件时提交到当前脚本的参数值，以数组形式体现
$_REQUEST[]	包含当前脚本提交的全部请求
$GLOBALS[]	包含正在执行脚本所有超级全局变量的引用内容

1. $_SERVER[]全局数组

$_SERVER[]全局数组可以获取服务器端和浏览器端的有关信息，常用的$_SERVER[]全局数组如表 2-21 所示。

表 2-21　常用的$_SERVER[]全局数组

具体参数取值	说明
$_SERVER['SERVER_ADDR']	当前程序所在的服务器 IP 地址
$_SERVER['SERVER_NAME']	当前程序所在的服务器名称
$_SERVER['SERVER_PORT']	服务器所使用的端口号
$_SERVER['SCRIPT_NAME']	包含当前脚本的路径
$_SERVER['SCRIPT_URL']	返回当前页面的 URL
$_SERVER['REQUEST_METHOD']	返回表单提交数据的方式
$_SERVER['REMOTE_ADDR']	正在浏览当前页面的客户端 IP 地址
$_SERVER['REMOTE_HOST']	正在浏览当前页面的客户端主机名
$_SERVER['REMOTE_PORT']	用户连接到服务器时所使用的端口
$_SERVER['FILENAME']	当前程序所在的绝对路径名称

【例 14】$_SERVER[]全局数组的使用。

```
<?php
echo $_SERVER['PHP_SELF'];
echo "<br>";
echo $_SERVER['SERVER_NAME'];
echo "<br>";
echo $_SERVER['HTTP_HOST'];
echo "<br>";
echo $_SERVER['HTTP_REFERER'];
echo "<br>";
echo $_SERVER['HTTP_USER_AGENT'];
echo "<br>";
echo $_SERVER['SCRIPT_NAME'];
?>
```

2. $_POST[]全局数组和$_GET[]全局数组

$_POST[]全局数组广泛用于收集提交 method="post" 的 HTML 表单后的表单数据，也常用于传递变量。

$_GET[]全局数组可用于收集提交 method="get"的 HTML 表单后的表单数据，也可用于收集统一资源定位符（Uniform Resource Locator，URL）中发送的数据。

【例 15】用$_POST[]全局数组来获取表单用 POST 方式传的值。

```
<form method="post" action="#">
Name: <input type="text" name="fname">
```

```
<input type="submit">
</form>
<?php
$name = $_POST['fname'];
echo $name;
?>
```

3. $_FILES[]全局数组

$_FILES[]全局数组用于获取上传文件的相关信息，包括文件名称、文件类型和文件大小等。如果上传单个文件，则该数组为二维数组；如果上传多个文件，则该数组为三维数组。$_FILES[]全局数组的具体参数取值如表 2-22 所示。

表 2-22　$_FILES[]全局数组的具体参数取值

具体参数取值	说明
$_FILES['file']['name']	上传文件的名称
$_FILES['file'][type']	上传文件的类型
$_FILES['userfile']['size']	上传文件的大小
$_FILES['file']['tmp_name']	文件上传到服务器后，在服务器中的临时文件名
$_FILES['file']['error']	文件上传过程中发生错误的代码，0 表示成功

文件上传的基本原理是：将客户端的文件上传到服务器，再将服务器的临时文件上传到指定目录，上传过程中需要进行多次验证，包括验证文件类型和文件大小等。

【项目实现】设计 Office 题库智能处理程序

接到项目后，梁工分析了项目要求，把此项目整体上分成两个任务来实现：制作 Office 题库智能处理程序的界面，编写 PHP 代码读取数据并整合界面代码，以生成全新的 HTML5 文件。

任务一　设计 Office 题库智能处理程序界面

1. 任务分析

Office 题库智能处理程序的界面要有页头和页脚，其间是多道单选题、多选题、判断题，每一道题都有“确定选择并看答案”按钮，并且能显示对错，对于错误的回答还可显示正确答案。

2. 代码实现

这里主要用 HTML+CSS+Java Script 代码来实现，文件为“D:\PHP\ch02\excel\template.htm”，其核心代码如下。

```
<div class="top"><div class="top-title">计算机基础题库智能操作版</div></div>
<div class="main">
<div class="main-wrap">
<form>
<div class="name">1、关于 Word 2010 中的文字上标与下标设置，以下说法正确的是：</div>
<div><label><input type="radio" value="A" name="s[1]">A、只能对阿拉伯数字设置上标或下标</label>
<label><input type="radio" value="B" name="s[1]">B、只能对数字和英文字符设置上标与下标</label>
<label><input type="radio" value="C" name="s[1]">C、上标与下标，针对汉字、英文字符和阿拉伯数字均可设置
</label>
<label><input type='radio" value="D" name="s[1]">D、以上说法均不正确</label>
</div>
<input type="button" onClick="oc('a2','C','0','s[1]')" value="确定选择并看答案" class="btn" />
<div id="a2" class="result"></div>
```

```
<div class="name">2、Word 2010 中使用 Alt+Shift+D 键，可以：</div>
<div><label><input type="radio" value="A" name="s[2]">A、插入当前日期</label>
<label><input type="radio" value="B" name="s[2]">B、插入当前时间</label>
<label><input type="radio" value="C" name="s[2]">C、插入当前文档的用户名属性</label>
<label><input type="radio" value="D" name="s[2]">D、插入上一次复制的文本内容</label>
</div>
<input type="button" onClick="oc('a3','A','0','s[2]')" value="确定选择并看答案" class="btn" />
<div id="a3" class="result"></div>
</form>
<p>有效题库统计：2</p>
</div>
</div>
<div class="footer">云林科技智能题库</div>
<!-- datatime -->
```

3. 运行效果

Office 题库智能处理程序的界面效果如图 2-12 所示。

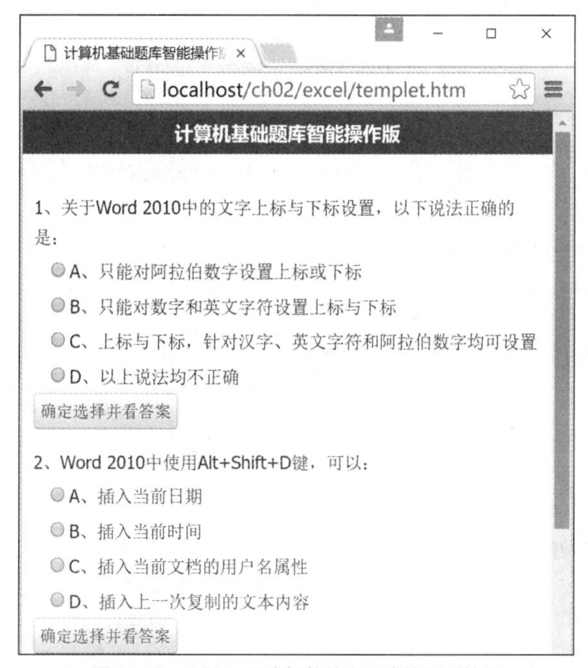

图 2-12　Office 题库智能处理程序的界面效果

任务二　编写 Office 题库智能处理程序代码

1. 任务分析

利用 PHPExcelReader 类读取 Office 题库文件的全部内容，重新组合成符合要求的信息，再读取前面界面设计的最终 HTML 代码，替换掉其主要内容，然后写入新的 HTML 文件，即可完成任务。

2. 代码实现

PHPExcelReader 类由两个文件构成，可从网上下载，但其代码有一些问题：一是主文件包含的文件名不对，现已更改；二是部分代码不适合在 PHP 8 下运行，现已更改。Office 题库文件为“D:\PHP\ch02\excel\data.xls”，其内容截图如图 2-13 所示。

	A	B	C	D	E	F	G
1	题目	题型	选项A	选项B	选项C	选项D	答案
2	关于Word 2010中的文字上标与下标设置，以下说法正确的是：	单选	只能对阿拉伯数字设置上标或下标	只能对数字和英文字符i	上标与下标，针对汉	以上说法均不正确	C
3	Word 2010中使用Alt+Shift+D键，可以：	单选	插入当前日期	插入当前时间	插入当前文档的用户	插入上一次复制的文本F	A
4	在Word 2010中需要快速将当前表格拆分成两个表格时，可按下：	单选	“Ctrl+ Enter”组合键	“Shift+Enter”组合键	“Ctrl+Alt+Enter”	“Ctrl+Shift+Enter”：	D
5	在Word 2010中文档中输入<A href="http://www.ceac.org.cn">www.coac.org.	单选	自动变成超级链接	自动改变颜色	自动添加下划线	除了光标切换至下一段	D
6	在Word 2010表格中，文字的对齐方式有几种：	单选	4种	5种	6种	9种	D
7	在Word 2010的页眉中，通常自动出现的直线属于：	单选	文本的下划线	超链接的下划线	段落文本的下边框线	插入形状中的直线	C
8	Word 2010的文档网格设置中，默认设置每页的行数为：	单选	60	30	40	44	D
9	Word 2010的文档编辑状态下，按F7键可打开以下哪个对话框：	单选	“查找与替换”对话框	“剪贴板”对话框	“拼写与语法”对话	“页面设置”对话框	C
10	如果需要给每位学员发送一份《期末成绩通知单》，用（ ）命令最简便。：	单选	“复制与粘贴”命令	“标签”命令	“邮件合并”命令	“信封”命令	C
11	Word 2010中，以下关于行距的说法错误的是：	单选	可在“段落”对话框中设置行距的大小	可设置多倍行距	可设置为最小值或固	设置行距为“最小值”#	D
12	段落的左缩进为2CM，首行缩进为2CM时，首行距左页边距处的距离为：	单选	4CM	6CM	0CM	2CM	A
13	Word2010中显示页号、节号、页数、总页数等信息的是：	单选	菜单栏	标题栏	状态栏	自定义快速工具栏	C
14	以下关于Word 2010文档中的页面边框，说法正确的是：	单选	文档中每一页须使用统一边框	一节内每页须使用统一	除首页外其他页须使	每页均可使用不同边框	D
15	以下哪种视图模式，可以同时显示出水平标尺与垂直标尺：	单选	草稿视图	页面视图	阅读版式视图	Web版式视图	B
16	若需要在文档每页页面底端插入注释，应该插入以下哪种注释： .	单选	脚注	尾注	批注	题注	A
17	在Word 2010文档中，最方便的调整图片的版式是：	单选	嵌入型	紧密型	四周型	浮于文字上方	D
18	以下选项，不属于Word 2010视图功能区中的窗口选项卡中命令的是：	单选	新建窗口	拆分	全部重排	合并窗口	D
19	Word 2010中，通过定位命令不可以定位到：	单选	书签	脚注	题注	页	C
20	Word 2010表格中，对关键字的排序类型有以下几种：	多选	笔划	数字	日期	拼音	ABCD
21	在Word 2010的“打印预览”状态下，可以：	多选	可以对文字增删编辑	可以灵活调整文档的显	可以直接选择打印机	可以直接更改文本的样式	AB
22	关于在Word 2010中插入表格，以下说法正确的是：	多选	插入的表格行列数，均不可超过50	插入的表格可以使用内	插入的表格列宽可以	表格插入后，其行数与	BC

计算机基础题库

图 2-13　Office 题库文件内容截图

要完成此任务，需综合运用 PHP 以及 HTML、CSS 和 JavaScript 等技术，程序文件为“D:\PHP\ch02\excel\index.php”，其完整代码请参见本项目电子资源，核心代码如下。

```
<?php
/*读取 Office 题库文件，并进行智能化处理*/
$fileName="data.xls";                          //待处理的 Office 题库文件名
if (!file_exists($fileName))
    exit("文件".$fileName."不存在");
require_once __DIR__.'/excel/reader.php';  //引入 PHPExcelReader
$xls = new Spreadsheet_Excel_Reader();
$xls->setOutputEncoding('utf-8');              //设置编码
$xls->read($fileName);                         //读取 Office 题库文件内容
$ret="";                                       //主要内容初始化
$dataArr=array();                              //临时存储每行记录
$cut=1;                                        //应当减去的记录数
$num=0;                                        //选项计数器
/*循环读取每个单元格的数据*/
for ($row=2; $row<=$xls->sheets[0]['numRows']; $row++) { //行数循环
 for ($column=0; $column<=6;$column++)                  //列数循环

 $dataArr[$column]=empty($xls->sheets[0]['cells'][$row][$column+1])?"":$xls->sheets[0]['cells'][$row][$column+1];   //列从 1 开始，注意与 PHPExcel 类的区别
 $ret.="<div class=\"name\">".($row-$cut)."、".$dataArr[0]."</div>\n<div>";
 $no='A';
 $num++;
 if($dataArr[1]=='多选'){
     $multi=1;
     $labelname="m[".$num."][]";
     for ($i=2;$i<=5;$i++){
         if($dataArr[$i] || $dataArr[$i]=="0")
             $ret.="<label><input type=\"checkbox\" value=\"".$no."\" name=\"m[".$num."][]\">".$no."、".htmlspecialchars($dataArr[$i],ENT_COMPAT,'ISO-8859-1')."</label>\n";
         $no++;
```

```
            }
        }
        else
        {
            $multi=0;
            $labelname="s[".$num."]";
            for ($i=2;$i<=5;$i++){
                if($dataArr[$i] || $dataArr[$i]=="0")
                    $ret.="<label><input type=\"radio\" value=\"".$no."\" name=\"s[".$num."]\">".$no." 、".htmlspecialchars($dataArr[$i],ENT_COMPAT,'ISO-8859-1')."</label>\n";
                    $no++;
            }
        }
        $ret.="</div>
        <input type=\"button\" onClick=\"oc('a".$row."','".$dataArr[6]."','".$multi."','".$labelname."')\" value=\"确定选择并看答案\" class=\"btn\" /><div id=\"a".$row."\" class=\"result\"></div>\n";
        $dataArr = NULL;     //清空临时数组
    }
    $ret.="</form>";
    $template=file_get_contents(__DIR__."/template.htm");
    $content=preg_replace("'(<form>).*?(</form>)'si","\$1$ret\$2",$template);
    $content=preg_replace("'(<p>)(.*?)\d+(.*?)(</p>)'si","\$1\$2 ".($row-$cut)." \$3\$4",$content);
    date_default_timezone_set('Asia/Shanghai');
    $content=preg_replace("'<!-- datatime -->'si","<!-- 页面生成时间： ".date("Y-m-d H:i:s",time())." -->",$content);
    $filenames="data.htm";
    if($content) {
      $filehandle=fopen($filenames,"w");
      if(fputs($filehandle,$content)=== FALSE)
    exit('<script>alert("Office 题库智能处理失败!");</script>');
      else
    echo "<script>alert('Office 题库智能处理成功!\\n 即将在新窗口打开新生成的、\\n 可以方便地在手机上查看的“".$filenames."”页面');window.open('".$filenames."','_blank','');</script>";
      fclose($filehandle);
    }
    ?>
```

3. 运行效果

在浏览器地址栏中访问 http://localhost/ch02/excel/，会弹出成功生成新文件的提示，接着跳转到最终页面“data.htm”，其结果如图 2-14 所示。至此，Office 题库智能处理项目成功实现。

图 2-14 Office 题库智能处理程序的运行效果

【小结及提高】

本项目设计了 Office 题库智能处理程序，学习了 PHP 语法基础，以及 PHP 的数据类型、常量和变量、函数和数组等，能够帮助读者打牢 PHP 语言基础。学习计算机语言要学会独立解决问题，可以是设计一个练习题、实现一个小功能，当能独立做出来的时候，会有巨大的成就感。在这之前，坚持写代码，学习进度也保持下去，把不懂的问题弄明白，很快就会入门。

【项目实训】

项目 2 【项目实训】

1. 实训要求

编写一个程序实现将个人照片上传到服务器端。

2. 步骤提示

先设计一个上传文件的表单，当提交表单后用 PHP 程序处理上传的文件，然后显示上传的文件。

习题

一、填空题

1. PHP 支持 2 种标记风格，分别是＿＿＿＿＿和＿＿＿＿＿。
2. PHP 支持的数据类型有＿＿＿＿＿、＿＿＿＿＿和＿＿＿＿＿3 种。
3. 在 PHP 中数组可分为＿＿＿＿＿和＿＿＿＿＿两种类型。
4. 全局数组$_POST[]的作用是＿＿＿＿＿＿＿＿＿＿。
5. 全局数组$_FILES[]的作用是＿＿＿＿＿＿＿＿＿＿。

二、选择题

1. 下列不是 PHP 的输出语句或函数的是（　　）。

   A. echo　　B. printf()　　C. print()　　D. write()

2. 关于 PHP 变量的说法正确的是（　　）。

   A. PHP 是一种强类型语言
   B. PHP 变量声明时需要指定变量的类型
   C. PHP 变量声明时在变量名前面使用的字符是“&”
   D. PHP 变量使用时，上下文会自动确定变量的类型

3. 以下（　　）语句或函数可以输出变量类型。

   A. echo　　B. print()　　C. var_dump()　　D. print_r()

4. 以下定义变量正确的是（　　）。

   A. var a=5;　　B. $a=10;　　C. int b=6;　　D. var $a=12;

5. 下列说法正确的是（　　）。

   A. 数组的下标必须为数字，且从 0 开始
   B. 数组的下标可以是字符串
   C. 数组中的元素类型必须一致
   D. 数组的下标必须是连续的

三、操作题

1. 编写一个程序输出当前系统时间。
2. 编写一个程序实现对输入的字符串用 MD5 算法进行加密。
3. 编写一个程序实现网站敏感词过滤。
4. 编写一个程序实现对中文字符串的截取。

项目3 设计趣味抽奖程序

03

【项目导入】

云林科技将在年终晚会上举行趣味抽奖活动，因此需要开发一个趣味抽奖程序，唐经理把任务交给技术部汤工程师（以下简称汤工）来完成，并提出如下需求：首先，要有美观的界面，可以方便地进行各种操作；其次，可以根据实际到会人数，设置起始编号、结束编号以及获奖人数，这样可以方便地实现一等奖、二等奖、三等奖以及特别奖等各种不同奖项的抽取。趣味抽奖程序的界面设计如图 3-1 所示。

图 3-1　趣味抽奖程序的界面设计

【项目分析】

想要完成此项目，仅靠前面项目学习到的基础知识还远远不够。本项目将学习算法的作用及描述方法、结构化程序设计方法的特点、条件控制语句、循环控制语句、跳转控制语句和包含函数等内容。再综合运用这些知识来完成云林科技的趣味抽奖项目，提高综合编程能力。

图 3-1 彩图

【知识目标】

- 了解算法的作用和常用描述方法。
- 理解结构化程序设计方法的思想。
- 掌握条件控制语句、循环控制语句、跳转控制语句和包含函数的用法。

【能力目标】

- 能够熟练使用算法的描述方法。
- 能够熟练使用不同形式的选择结构语句和循环语句。
- 能够综合使用结构化程序设计的思想编写程序来解决问题。
- 能够掌握项目开发一般过程。

【素质目标】

培养乐于自主探究的学习态度。

【知识储备】

3.1 算法简介

解决任何问题都需要选择合适的方法，并在此方法的引导下完成一系列解答步骤，最终将解答步骤转换为合适的计算机语言代码并解决问题，对于计算机来说，这样的方法就是算法。

3.1.1 算法的特征

算法是解决问题的方法的精确描述，但并不是所有的问题都有算法，有些问题经研究可行，则有相应的算法；有些问题不能说明可行，则表示没有相应的算法，但并不是说问题没有结果。

一个算法应该具有以下 5 个重要特征。

（1）有穷性：算法必须能在执行有限步骤之后终止。

（2）确切性：算法的每一步骤都必须有确切的定义。

（3）输入性：一个算法有 0 个或多个输入项，以刻画运算对象的初始情况，所谓 0 个输入项，是指算法本身给出了初始条件。

（4）输出性：一个算法有 1 个或多个输出项，以反映对输入数据加工后的结果。没有输出项的算法是毫无意义的。

（5）可行性（也称为有效性）：算法中执行的任何计算步骤都可以被分解为基本的可执行的操作步骤，即每个计算步骤都可以在有限时间内完成。

3.1.2 算法的描述方法

为了让算法清晰、易懂，需要选择一种好的描述方法。算法的描述方法有很多，常用的有自然语言、传统流程图、N-S 流程图和伪代码等。

1. 自然语言

自然语言就是人们日常使用的语言，可以是英语、汉语等。自然语言通俗易懂，特别适用于对顺序程序结构算法的描述，即使是不熟悉计算机语言的人也能很容易理解程序。但是，自然语言在语法和语义上往往不大严格，并且比较烦琐，对程序流向等描述不明了，容易出现歧义。例如，有一句话：“唐老师对黎老师说他今天下午要上课”。请问是唐老师要上课还是黎老师要上课呢？光从这句话本身难以判断。因此，除那些很简单的问题以外，一般不用自然语言描述算法。

2. 传统流程图

传统流程图即使用不同的几何图形来表示不同性质的操作，使用流程线来表示算法的执行方向，比起自然语言的描述方式，其具有直观形象、逻辑清楚、易于理解等特点，但它占用篇幅较大，流程随意转向，且较大的流程图不易读懂。每个程序员都应当熟练掌握传统流程图，会看会画。

【例 1】用传统流程图表示求 5！的算法，如图 3-2 所示。

3. N-S 流程图

1972 年，美国学者纳西（Nassi）和施奈德曼（Shneiderman）提出了一种新的流程图，可以在这种流程图中完全去掉流程线，全部算法写在一个矩形框内，在该矩形框内还可以包含其他从属于它的矩形框，即由一些基本的矩形框组成一个大的矩形框，这种流程图称为 N-S 流程图（由这两位学者英文名的首字母组成）。N-S 流程图也称为盒图或 Chapin 图。N-S 流程图包括顺序结构、选择结构和循环结构 3 种基本控制结构，这种流程图适用于结构化程序设计，因此很受欢迎。

【例 2】用 N-S 流程图表示求 5！的算法，如图 3-3 所示。

4. 伪代码

用传统流程图和 N-S 流程图表示算法直观、易懂，但画起来比较烦琐，在设计一个算法时，有可能要反复修改，而修改流程图是比较麻烦的。因此，流程图在设计算法过程中使用不是很理想。为了设计算法时方便，常用伪代码的方式。

伪代码是用介于自然语言和计算机语言之间的文字和符号来描述算法，它与一些高级编程语言（如 Java 和 Python）类似，但是不需要严格遵循真正编写程序时的规则。伪代码用一种从顶到底、易于阅读的方式表示算法，它不用符号，因此书写方便，格式紧凑，很容易理解，便于向计算机语言过渡。

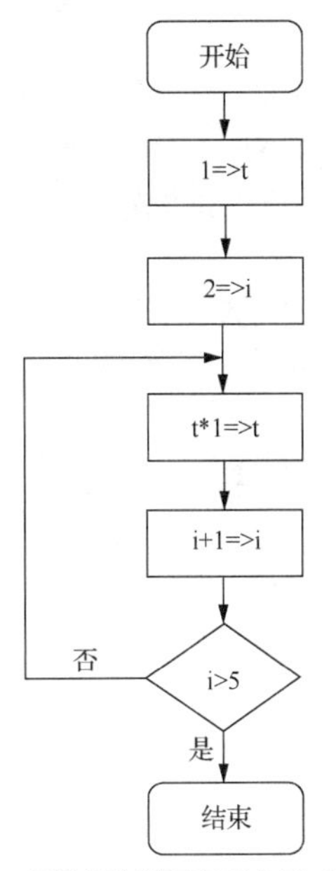

图 3-2　用传统流程图表示求 5！的算法

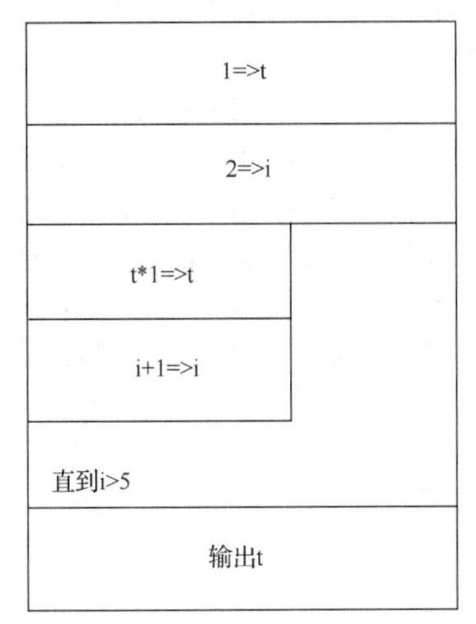

图 3-3　用 N-S 流程图表示求 5！的算法

【例 3】用伪代码表示求 5！的算法。

```
  Begin          /*算法开始 */
    1=>t
    2=>i
  While i>5
   { t*i=>t
    i+1=>i}
  Print t
 End            /*算法结束*/
```

伪代码可以在程序设计的初期使用，帮助写出程序流程，从整体上考虑功能如何实现。也可以在程序运行后用伪代码测试程序是否正确，方便与其他人进行交流。

3.1.3　结构化程序设计方法

编程的任务不仅是编写出一个能得到正确结果的程序，还应当考虑程序的质量，以及用什么方法能提高程序的质量。为了提高程序的易读性，保证程序的质量，降低软件成本，荷兰学者迪吉斯特拉（Dijikstra）等提出了“结构化程序设计方法”。

结构化程序设计是将系统划分为若干功能模块，各模块按要求单独编程，再由各模块连接，组合构成相应的系统，使系统具有合理的结构，以保证和验证模块的正确性，从而开发出正确、合理的系统。

结构化程序设计方法的基本思路是：把一个复杂问题的求解过程分阶段进行，每个阶段处理的问题都控制在容易理解和处理的范围内。它有如下几个特点。

1. 自顶向下

程序设计时，应先考虑总体，后考虑细节；先考虑全局目标，后考虑局部目标。不要一开始就过多追求众多的细节，先从最上层总目标开始设计，逐步使问题具体化。

2. 逐步细化

对于复杂问题，应将总目标分解成为一些子目标，逐步细化。

3. 模块化

模块化是把程序要实现的总目标分解为子目标，再进一步分解为具体的小目标，把每一个小目标称为一个模块。

4. 结构化编码

结构化编码采用自顶向下、逐步细化的方法，先全局后局部，先整体后细节，先抽象后具体，逐步求精，编制出来的程序具有清晰的逻辑层次结构，容易阅读、理解、修改和维护，可以提高软件质量，提高软件开发的成功率和可靠性。

PHP 程序默认是从第一条语句到最后一条语句逐条按顺序执行的。流程控制语句用于改变程序的执行顺序。PHP 流程控制结构分为 3 种，分别是顺序控制结构、条件控制结构和循环控制结构。

在结构化编码过程中，要遵循以下几个主要的原则。

- 尽可能使用基本控制结构：顺序控制结构、条件控制结构和循环控制结构。
- 选用的控制结构只允许有一个入口和一个出口。
- 利用程序内部函数，把程序组织成容易识别的内部函数模块，每个模块只有一个入口或一个出口，一般不超过 200 行。
- 复杂结构应该用基本控制结构组合或嵌套来实现。

【例 4】进行某系统前台功能设计，如图 3-4 所示。

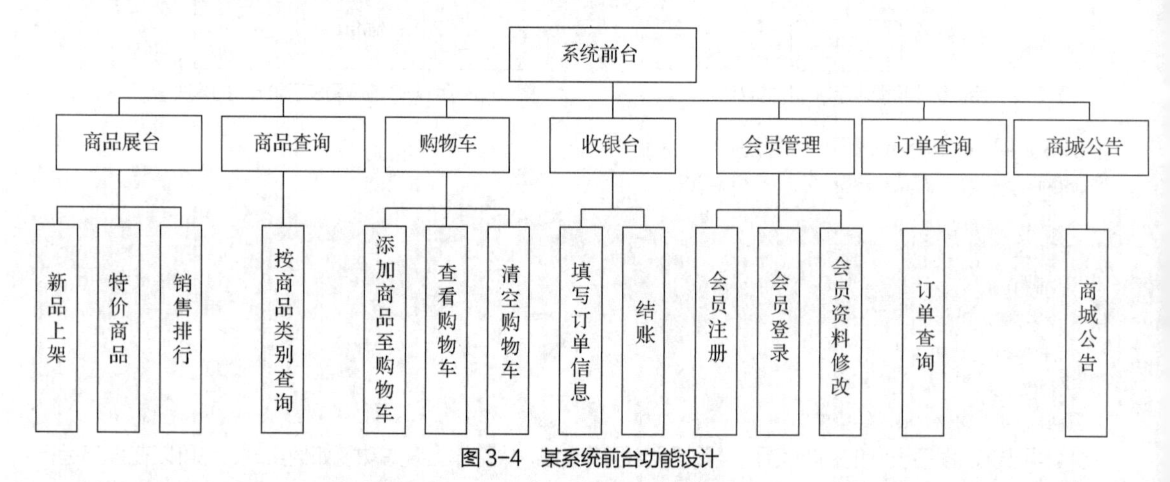

图 3-4 某系统前台功能设计

一个复杂的软件被分为若干个相对独立的部分（模块），每个部分还可以细分为几个小部分（子模块），这样层层分解、逐步细化，使整个程序结构层次清晰，各个子模块简单、明确。程序编写人员可以按模块进行分工合作，提高软件的质量。

本节内容十分重要，是学习计算机编程的基础，掌握了算法和结构化程序设计方法就相当于掌握了计算机编程的灵魂，再去学习计算机语言，就能够顺利地编写出任何程序。

3.2 条件控制语句

条件控制语句用于实现分支程序设计，就是对给定条件进行判断，条件为真时，执行一个程序分支，条件为假时，执行另一个程序分支。PHP 提供的条件控制语句包括 if 条件控制语句和 switch 多分支语句。

3.2.1 if 条件控制语句

if 条件控制语句通过判断条件表达式的不同取值，执行相应的语句块，其有 3 种编写形式，语法格式分别如下。

1. if 形式

```
if (条件表达式) {语句块}
```

其含义是：如果条件表达式的值为真，则执行其后的语句块，否则不执行。

【例 5】判断$x 如果大于 0，则输出$x。

```
if($x>0) echo $x;
```

2. if…else 形式

```
if (条件表达式)
{语句块 1}
else
{语句块 2}
```

其含义是：如果条件表达式的值为真，则执行语句块 1，否则执行语句块 2。

【例 6】判断$x 如果大于$y，则输出$x，否则输出$y。

```
    if($x>$y)
  echo $x;
    else
      echo $y;
```

3. if…else if…else 形式

```
 if(条件表达式 1)      {语句块 1}
else  if(条件表达式 2)      { 语句块 2}
  else  if(条件表达式 3)      {语句块 3}
  …
   else  if(条件表达式 m)      {语句块 m}
 else
     {语句块 n}
```

其含义是：依次判断条件表达式的值，当出现某个值为真时，执行其对应的语句块，然后跳转到整个 if 语句之外继续执行程序；如果所有的条件表达式的值均为假，则执行语句块 *n*，然后继续执行后续程序。

【案例 3-1】编写程序实现判断用户的性别，然后输出欢迎信息。

（1）解题思路

① 用表单来制作输入姓名和选择性别的界面。

② 取姓名和性别的值，然后根据判断输出对应的信息。

（2）实现代码

打开编辑器，新建文件，在文件中输入以下 PHP 代码。

```
<form action="exp0301.php" method="post">
请输入你的姓名：<input type="text" name="txt_username" /><br/>
请选择你的性别：<input type="radio" name="rdo_sex" checked value="男" />男
<input type="radio" name="rdo_sex"   value="女" />女
<input type="submit" name="btn_save" value="登录" />
</form>
<?php
 if(!empty($_POST['btn_save']))                    //判断“登录”按钮是否提交了数据
     {
          if(!empty($_POST['txt_username']))  //判断是否输入了数据
               {
                    if($_POST['rdo_sex']=="男" )
                         echo "欢迎".$_POST['txt_username']."先生！ ";
                    else
                         echo "欢迎".$_POST['txt_username']."女士！ ";
               }
     }
?>
```

（3）运行结果

将文件保存到“D:\php\ch03\exp0301.php”中，然后在浏览器中访问 http://localhost/ch03/exp0301.php，运行结果如图 3-5 所示。

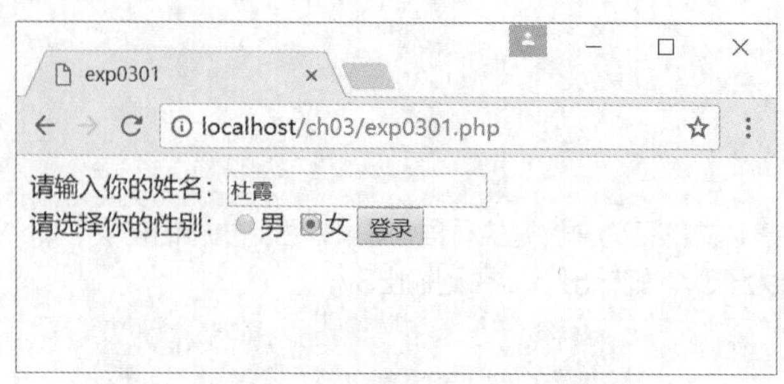

图 3-5　根据性别显示欢迎信息

程序说明如下。

- empty()是判断变量是否为空值的函数。
- $_POST[]数组用于收集来自 method="post"的表单中的值，带有 POST 方式提交的表单信息，任何人都是不可见的（不会显示在浏览器的地址栏中）。

3.2.2　switch 多分支语句

PHP 还提供了另一种用于多分支选择的 switch 语句，其语法格式如下。

```
switch(条件表达式){
case 值 1:
语句块 1;
break;
case 值 2:
语句块 2;
break;
…
default:
语句块 n;
break;
}
```

switch 多分支语句的功能是将条件表达式的值与 case 语句的值逐一进行比较，如能匹配，则执行该 case 语句对应的语句块，不等于任何 case 语句的值时，执行 default 分支。直到遇到 break 语句时，才跳出 switch 语句，如果没有 break 语句，则执行这个 case 语句以下所有 case 语句中的代码，直到遇到 break 语句。

【案例 3-2】将输入的成绩转换成等级并输出。分数转换规则如下：100 分为满分；90～99 分为优秀；80～89 分为良好；60～79 分为及格；0～59 分为不及格。

（1）解题思路

① 用表单来制作具有成绩转换功能的界面。

② 取出成绩的值，然后用 switch 语句转换成对应的等级并显示。

（2）实现代码

打开编辑器，新建文件，在文件中输入以下 PHP 代码。

```
<form action="exp0302.php" method="post">
请输入你的成绩：<input type="text" size="8" name="txt_score" />
<input type="submit" name="btn_save" value="转换成等级" />
```

```
</form>
<?php
    $a=$_POST['txt_score'];    //从表单取值赋给变量$a
 if(!empty($_POST['btn_save']))
  {
    if(!empty($a)){
  switch($a)
  {
    case $a==100:
        echo "满分";
      break;
    case $a>=90:
      echo "优秀";
      break;
    case $a>=80:
      echo "良好";
      break;
    case $a>=60:
      echo "及格";
      break;
    default :
      echo "不及格";
      break;
  }
  }
  }
?>
```

（3）运行结果

将文件保存到“D:\php\ch03\exp0302.php”中，再在浏览器中访问 http://localhost/ch03/exp0302.php，运行结果如图 3-6 所示。

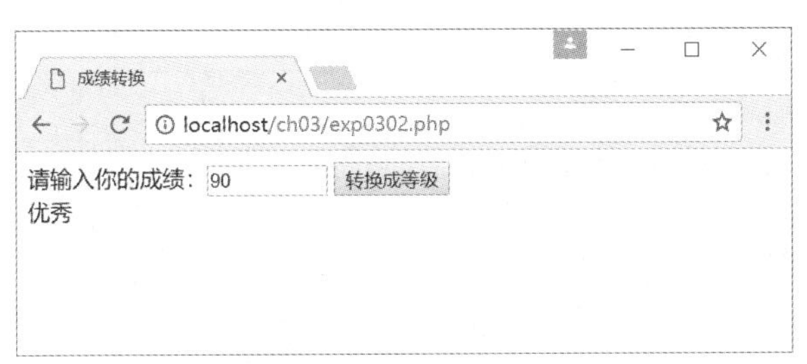

图 3-6　将成绩转换成等级

在条件控制语句中，if 语句和 switch 语句实现的功能相同，两种语句可以相互替换。一般情况下，判断条件较少时使用 if 语句，判断条件较多时使用 switch 语句。

3.3 循环控制语句

在实际问题中有许多具有规律性的重复操作，因此在程序中需要重复执行某些语句。一组被重复执行的语句称为循环体，能否继续重复，取决于循环的终止条件。循环结构是在一定条件下反复执行某段程序的流程结构。循环控制语句是由循环体及循环的终止条件两部分组成的。

PHP 提供的循环控制语句包括 while 循环语句、do…while 循环语句、for 循环语句和 foreach 循环语句。

3.3.1 while 循环语句

while 循环语句属于前测试型循环语句，即先判断后执行。执行顺序是先判断条件表达式的值，当条件表达式的值为真时，反复执行语句块；当条件表达式的值为假时，跳出循环，继续执行循环后面的语句。

while 循环语句的语法格式如下。

```
while (条件表达式) {     //先判断条件表达式的值，当条件表达式的值为真时执行语句块，否则不执行
语句块;                  //反复执行，直到条件表达式的值为假
}
```

【案例 3-3】用 while 循环语句求 1～100 的数字之和。

（1）解题思路

① 定义变量和设置初值。

② 利用 while 循环语句进行累加。

③ 输出累加的值。

（2）实现代码

打开编辑器，新建文件，在文件中输入以下 PHP 代码。

```
<?php
    $a=1;
    $sum=0;
while ($a<=100)
{
   $sum=$sum+$a;
   $a++;
}
    echo "<br/>Sum=$sum";
?>
```

（3）运行结果

将文件保存到“D:\php\ch03\exp0303.php”中，再在浏览器中访问 http://localhost/ch03/exp0303.php，运行结果如图 3-7 所示。

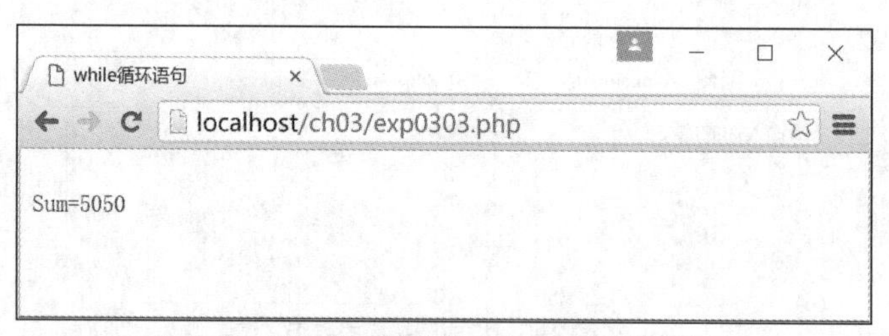

图 3-7　用 while 循环语句求 1～100 的数字之和

3.3.2 do...while 循环语句

do...while 循环语句属于后测试型循环语句，即先执行后判断。执行顺序是先执行一次语句块，再判断条件表达式的值，当条件表达式的值为真时，反复执行语句块；当条件表达式的值为假时，跳出循环，继续执行循环后面的语句。

do...while 循环语句的语法格式如下。

```
do {
语句块;
} while (条件表达式)
```

注意：对于条件表达式的值一开始就为真的情况，while 循环语句和 do...while 循环语句是没有区别的。如果条件表达式的值一开始就为假，while 循环语句不执行任何语句就跳出循环，do…while 循环语句则执行一次循环之后才跳出循环。

【案例 3-4】用 do…while 循环语句求 1～100 的数字之和。

（1）解题思路

① 定义变量和设置初值。

② 利用 do...while 循环语句进行累加。

③ 输出累加的值。

（2）实现代码

打开编辑器，新建文件，在文件中输入以下 PHP 代码。

```
<?php
   $a=1;
   $sum=0;
do{
  $sum=$sum+$a;
  $a++;
}while ($a<=100);
   echo "<br/>Sum=$sum";
?>
```

（3）运行结果

将文件保存到"D:\php\ch03\exp0304.php"中，再在浏览器中访问 http://localhost/ch03/exp0304.php，运行结果如图 3-8 所示。

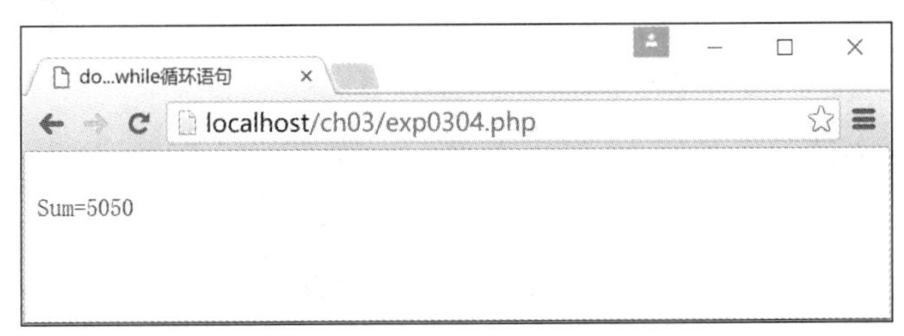

图 3-8 用 do…while 循环语句求 1～100 的数字之和

3.3.3 for 循环语句

当不知道循环次数时，使用 while 循环语句或 do…while 循环语句。如果知道循环次数，则可以使用 for 循环语句，其语法格式如下。

```
for ( expr1; expr2 ; expr3)  {
statement;
 }
```

其中，expr1 表示条件初始值，expr2 表示循环条件，expr3 表示循环增量，statement 表示循环体。

for 循环语句执行过程是：先执行 expr1，再执行 expr2，并对 expr2 的值进行判断，如果为 true，则执行 statement，否则结束循环，跳出 for 循环语句；最后执行 expr3，对循环增量进行计算后，返回执行 expr2 进入下一轮循环。

【案例 3-5】使用 for 循环语句输出九九乘法表。

（1）解题思路

① 定义变量和设置初值。

② 利用循环嵌套输出九九乘法表。

（2）实现代码

打开编辑器，新建文件，在文件中输入以下 PHP 代码。

```
<?php
for($i=0; $i<=9; $i++)
{
    for($j=1;$j<=$i;$j++)
    {
 $sum=$i*$j;
 echo $j."*".$i."=".$sum;
 echo " ";
    }
    echo "<br/>";
}
?>
```

（3）运行结果

将文件保存到“D:\php\ch03\exp0305.php”中，再在浏览器中访问 http://localhost/ch03/exp0305.php，运行结果如图 3-9 所示。

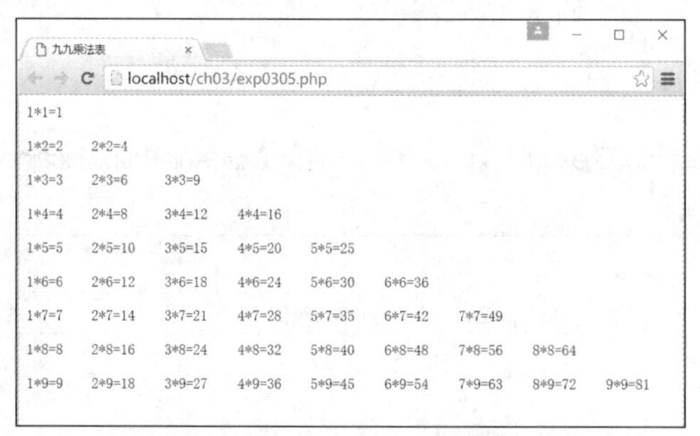

图 3-9　用 for 循环语句输出九九乘法表

3.3.4　foreach 循环语句

foreach 循环语句语法结构提供了遍历数组的简单方式。foreach 循环语句仅能够应用于数组和对象，如果尝试应用于其他数据类型的变量，或者未初始化的变量，则发出错误信息。

3.4　跳转控制语句

通常情况下，循环结构会在执行完所有循环语句后自然结束，但有些情况下需要提前结束循环，PHP 提供了 break、continue 和 goto 等语句来提前结束循环，也可以使用 return 语句结束一段代码并返回一个参数。

1. 使用 break 语句结束循环

break 语句用于终止并结束当前的控制结构，可以用于 switch 多分支语句、while 循环语句、do…while 循环语句和 for 循环语句。

【案例 3-6】输出随机数，当随机数等于 7 时，终止程序的运行。

（1）解题思路

① 定义变量和设置初值。

② 当随机数等于 7 时，使用 break 语句终止程序的运行。

（2）实现代码

打开编辑器，新建文件，在文件中输入以下 PHP 代码。

```
<?php
  while (true)                        //使用全真循环
  {
    $a=rand (1,20);                   //定义一个变量$a，并赋值为 1～20 的随机数
    echo $a."<br/>";
    if($a==7)                         //判断变量$a 是否等于 7
    {
      echo "变量等于 7，循环终止。";
      break;                          //结束 while 循环
    }
  }
?>
```

（3）运行结果

将文件保存到“D:\php\ch03\exp0306.php”中，再在浏览器中访问 http://localhost/ch03/exp0306.php，运行结果如图 3-10 所示。

图 3-10　产生随机数

说明：rand()函数用于产生一个随机数，由于每次运行时，选取的随机数不同，因此循环输出的随机数也不同。

2. 使用 continue 语句跳出循环

continue 语句的作用是终止本次循环，跳转到循环条件判断处，继续进入下一轮循环判断。

【案例 3-7】输出 100 以内既不能被 7 整除，又不能被 3 整除的自然数。

（1）解题思路

① 定义变量和设置初值。

② 用 if 语句判断当前数，若当前数既能被 7 整除，又能被 3 整除，则直接进入下一次循环。

（2）实现代码

打开编辑器，新建文件，在文件中输入以下 PHP 代码。

```
<?php
for($i=1;$i<=100;$i++){
   if($i%3==0 || $i%7==0){ //循环中先判断那些能被整除的数，然后执行 continue 语句
      continue;}            //直接进入下一次循环，不执行下面的输出语句
     else{
      echo $i." ";
  }
```

```
}
?>
```

（3）运行结果

将文件保存到“D:\php\ch03\exp0307.php”中，再在浏览器中访问 http://localhost/ch03/exp0307.php，运行结果如图 3-11 所示。

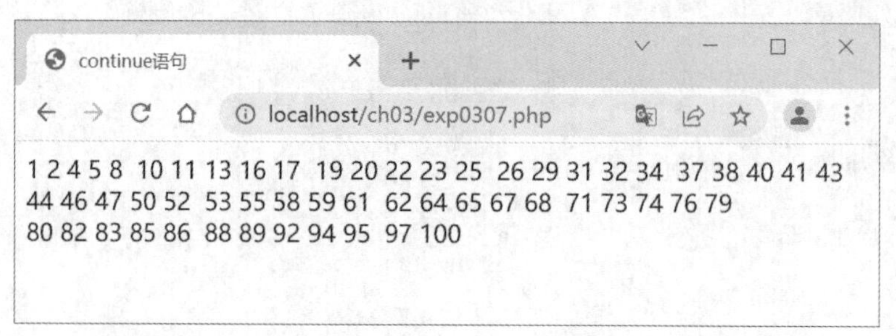

图 3-11　输出 100 以内既不能被 7 整除，又不能被 3 整除的自然数

3. 使用 goto 语句跳出循环

多数计算机语言都支持无条件转移语句 goto。goto 语句的作用是当程序执行到 goto 语句时，将程序从当前位置跳转到其他任意标号指出的位置继续执行。goto 语句本身并没有结束循环的作用，但其跳转位置使其可以跳出循环。和其他语言一样，PHP 中也不鼓励滥用 goto 语句，滥用 goto 语句会导致程序的流程不清晰，可读性严重下降。但在某些特殊情况下其具有独特的方便之处，例如，中断深度嵌套的循环语句和 if 语句。

4. return 语句

return 语句用来结束一段代码并返回一个参数。它可以在函数中调用，也可以在 include()或 require()包含的文件中调用，还可以在主程序中调用。如果在函数中调用 return 语句，则立即结束该函数的执行，并将它的参数作为函数的值返回。如果是在 include()或 require()包含的文件中调用，则程序执行时将马上返回到调用该文件的程序，而返回值将作为 include()或 require()的返回值；如果是在主程序中调用，那么主程序将马上停止执行。

【案例 3-8】输出 1 000 以内平方根大于 29 的自然数。

（1）解题思路

① 定义变量和设置初值。

② 检查 1 000 以内的数（从大到小），若此数的平方根大于 29 则输出，否则终止程序运行。

（2）实现代码

打开编辑器，新建文件，在文件中输入以下 PHP 代码。

```
<?php
for($i=1000;$i>=1;$i--){
 if(sqrt($i)>=29){
        echo $i,"<br/>";
          }else{
          return;
      }
}
   echo "本行将不会被输出";
?>
```

（3）运行结果

将文件保存到“D:\php\ch03\exp0308.php”中，再在浏览器中访问 http://localhost/ch03/exp0308.php，运行结果如图 3-12 所示。

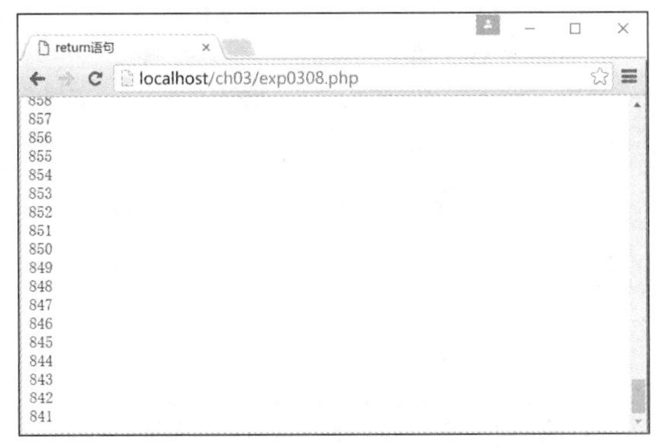

图 3-12　输出 1 000 以内平方根大于 29 的自然数

3.5 包含函数

大家在编写程序的过程中会发现，有些程序代码在项目中会重复使用，那么可以将这些代码单独编写在一个文件中，在需要使用这些代码时，将该文件包含进来即可。包含文件省去了大量的工作，可以为所有页面创建标准页头、页脚或者菜单文件，然后在页头、页脚或者菜单文件需要更新时，更新对应的包含文件即可。

PHP 提供了 4 种包含函数，分别是 include()、include_once()、require()、require_once()，语法格式如下。

```
void include ("文件名");
void include_once("文件名");
void require ("文件名");
void require_once("文件名");
```

说明如下。

（1）使用 include()函数包含文件时，只有程序执行到该函数时才将文件包含进来，当所包含文件发生错误时，系统只给出警告，继续执行。当多次调用相同文件时，程序会多次包含文件。

（2）include_once()函数与 include()函数几乎相同，唯一的区别在于，当多次调用相同文件时，程序只包含文件一次。

（3）使用 require()函数包含文件时，程序开始执行时就将所需调用的文件包含进来，当所包含文件发生错误时，系统输出错误信息并立即终止程序执行。当多次调用相同文件时，文件只加载一次。

（4）require_once()函数与 require()函数几乎相同，唯一的区别在于，当多次调用相同文件时，程序只包含文件一次。

【案例 3-9】使用 include_once()函数调用 exp0306.php 文件。

（1）解题思路

① 编写将要调用的文件。

② 用 include_once()函数调用文件。

（2）实现代码

打开编辑器，新建文件，在文件中输入以下 PHP 代码。

```
<?php
echo "<br/>使用 include_once ()函数调用 exp0306.php 文件: ";
include_once("exp0306.php");
?>
```

（3）运行结果

将文件保存到“D:\php\ch03\exp0309.php”中，再在浏览器中访问 http://localhost/ch03/exp0309.php，运行结果如图 3-13 所示。

使用include_once()函数
localhost/ch03/exp0309.php

使用include_once()函数调用exp0306.php文件：
10
15
9
9
9
9
1
7
变量等于7，循环终止。

图 3-13　使用 include_once()函数调用文件

【项目实现】设计趣味抽奖程序

接到项目后，汤工分析了项目要求，把此项目整体上分成两个任务来实现：制作趣味抽奖程序的界面来方便各种操作和编写 PHP 代码来实现界面上各种按钮的功能。

任务一　设计趣味抽奖程序的界面

1. 任务分析

趣味抽奖程序的界面要有“开始抽奖”按钮、“清空”按钮和“设置”按钮，其中“设置”按钮可以进行各种参数的设置，“清空”按钮可以清空信息区的信息，“抽奖”按钮可以开启趣味抽奖程序。另外，增加“查看”按钮，以方便查看抽奖的所有参数。

2. 代码实现

这里主要用 HTML+CSS 代码来实现，其核心代码如下。

```
<form name="form1" method="post" action="">
  <h1>云林科技趣味抽奖</h1>
  <p>
    <input type="button" name="sub" id="sub" onClick="getResult()" value="开始抽奖" class="btn_primary">
    <input type="button" name="res" id="res" onClick="clearResult()" value="清空" class="btn">
    <input type="button" name="set" id="set" onClick="setResult()" value="设置" class="btn">
    <input name="first" id="first" type="hidden" value="1">
    <input name="last" id="last" type="hidden" value="999">
    <input name="total" id="total" type="hidden" value="10">
  </p>
</form>
<div id="result">抽奖的默认设置为：<br>
起始编号为：1<br>
结束编号为：999<br>
获奖人数为：10</div>
```

3. 运行效果

趣味抽奖程序的界面效果如图 3-14 所示。

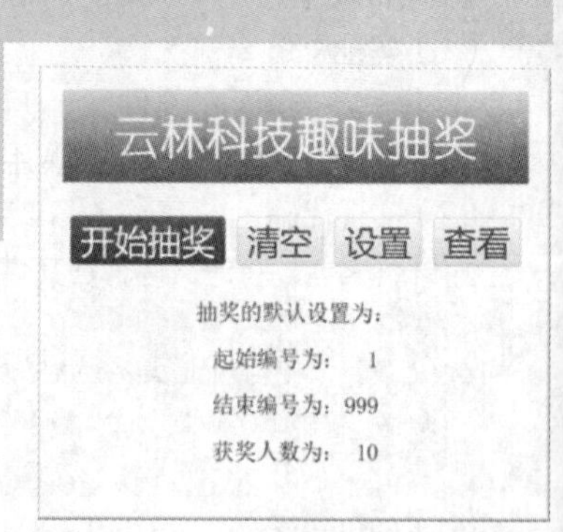

图 3-14　趣味抽奖程序的界面效果

任务二　实现趣味抽奖程序界面的按钮功能

1. 任务分析

单击“设置”按钮，弹出设置参数的界面，根据需求设置“起始编号”“结束编号”“获奖人数”后，程序会显示设置的结果，稍后会自动清空此信息，也可以单击“清空”按钮强制清空信息。

单击“开始抽奖”按钮，先给出提示信息，抽奖结束后会自动显示抽奖结果。若要进行新的抽奖，则重复前面的步骤。

2. 代码实现

本程序综合运用了 PHP 以及 HTML、CSS 和 JavaScript 等技术，完整代码请参见本项目电子资源，核心代码如下。

```
<?php
/**
* 抽奖函数
* @param integer $first      起始编号
* @param integer $last       结束编号
* @param integer $total      获奖人数
*
* @return string
*/
function isWinner($first, $last, $total)
{
    $winner = array();
    for($i=0;;$i++)
    {
        $number = mt_rand($first, $last);
        if (!in_array($number, $winner))
            $winner[] = $number;       // 如果数组中没有该数，则将其加入数组
        if (count($winner) == $total)
            break;
    }
    return implode(' ', $winner);
}
// 调用抽奖函数
if(isset($_POST["getresult"]) && $_POST["getresult"]==1){
$a=$_POST["first"];
$b=$_POST["last"];
$c=$_POST["total"];
$d=isWinner($a,$b,$c);
echo "本次从".$a."到".$b."中随机抽取到的".$c."个抽奖号为：<br>\n<span>".preg_replace("/\s/","</span>
<span>",$d)."</span>\n";
exit();
}
?>
<!DOCTYPE html>
<html><head>
<meta charset="utf-8">
<title>云林科技趣味抽奖</title>
<script type="text/javascript" src="http://code.jquery.com/jquery-1.12.4.js"></script>
</head>
<body>
<form name="form1" method="post" action="">
  <h1>云林科技趣味抽奖</h1>
  <p>
    <input type="button" name="sub" id="sub" onClick="getResult()" value="开始抽奖" class="btn btn_primary">
```

```
        <input type="button" name="res" id="res" onClick="clearResult()" value="清空" class="btn">
        <input type="button" name="set" id="set" onClick="setResult()" value="设置" class="btn">
        <input type="button" name="set" id="set" onClick="showResult()" value="查看" class="btn">
        <input name="first" id="first" type="hidden" value="1">
        <input name="last" id="last" type="hidden" value="999">
        <input name="total" id="total" type="hidden" value="10">
    </p>
</form>
<div id="result">抽奖的默认设置为：<br>
起始编号为：   1<br>
结束编号为：999<br>
获奖人数为：10</div>
</body>
</html>
```

3. 运行效果

将文件保存到“D:\php\ch03\lottery.php”中，再在浏览器中访问 http://localhost/ch03/lottery.php，运行效果如图 3-15 所示。至此，趣味抽奖项目成功实现。

图 3-15 趣味抽奖程序运行效果

【小结及提高】

本项目设计了简单的趣味抽奖程序。通过本项目的学习，读者能够掌握算法的概念和算法的常用描述方法，以及结构化程序设计方法的特点和 3 种基本流程控制语句，能够熟练应用流程控制语句解决实际问题。可以看到，本项目中编写的程序越来越难，在解决一个问题时，大家不要急着编写代码，先写出此问题的算法，再编写代码，遵循程序的书写规范，养成良好的编码风格，细致、耐心，就会进步得越来越快。

【项目实训】

微课

项目 3 【项目实训】

1. 实训要求

编写一个 PHP 程序实现给汉字自动注音。

2. 步骤提示

先制作一个表单，可以输入 3 段以上的汉字；然后用 PHP 程序给输入的汉字注音，并以上面为拼音、下面为汉字的格式显示，注意显示的格式要保持输入时的段落样式，每个汉字显示的最大宽度为 45px，每行显示的最大汉字个数为 30，其中第一行需要居中显示。另外，程序源代码中不能直接出现设定的输入汉字，标点符号和数字不需要注音，对多音字也要做特别处理。最终效果类似于图 3-16。

请输入几段汉字： 提交

wàng yuè
望 岳

dài zōng fú rú hé qí lǔ qīng wèi liǎo
岱 宗 夫 如 何 ？ 齐 鲁 青 未 了 。
zào huà zhōng shén xiù yīn yáng gē hūn xiǎo
造 化 钟 神 秀 ， 阴 阳 割 昏 晓 。
dàng xiōng shēng céng yún jué zì rù guī niǎo
荡 胸 生 曾 云 ， 决 眦 入 归 鸟 。
huì dāng líng jué dǐng yī lǎn zhòng shān xiǎo
会 当 凌 绝 顶 ， 一 览 众 山 小 。

图 3-16 程序自动注音

习题

一、填空题

1. 算法的常用描述方法有____________、____________、____________和____________。
2. 结构化程序设计方法的特点有____________、____________、____________和____________。
3. 条件控制语句有____________和____________。
4. 循环控制语句有____________、____________、____________和____________。
5. 常用的包含函数有____________、____________、____________和____________。

二、选择题

1. 传统流程图不包括下列哪个特点？（ ）
   A. 逻辑清楚　　B. 易于理解　　C. 普遍较小　　D. 直观形象
2. 下列哪个 if...else if 形式是错误的？（ ）
   A. if　　B. else if　　C. if else　　D. else
3. while 与 do...while 语句的主要区别是（ ）。
   A. do...while 的循环体至少无条件执行一次
   B. do...while 允许从外部转到循环体内
   C. do...while 的循环体不能是复合语句
   D. while 的循环控制条件比 do...while 严格
4. 起到终止本次循环，跳转到循环条件判断处，继续进行下一轮循环判断作用的是（ ）。
   A. break 语句　　B. goto 语句　　C. return 语句　　D. continue 语句
5. require_once()函数与 require()函数唯一的区别是（ ）。
   A. 当多次调用相同文件时，程序只包含文件一次
   B. 当多次调用相同文件时，程序包含文件两次
   C. 当多次调用相同文件时，程序包含文件多次
   D. 当多次调用相同文件时，程序不包含文件

三、操作题

1. 编写程序，输入 1～10 的一个数字，输出以该数字打头的一个成语。
2. 编写程序，输入年、月，输出该月天数。
3. 编写程序，根据当前日期判断星期数，给出相应的提示信息。
4. 编写程序，输出一个偶数乘法表。
5. 开发一个简单的网页版计算器，能实现加、减、乘、除等运算。

项目4 设计简单的购物车程序

04

【项目导入】

云林科技因为要参加几天后进行的“月末清仓商品促销”活动，需要快速开发出一个简单的购物车程序来实现产品促销，唐经理把任务交给技术部汪工程师（以下简称汪工）来完成，并提出如下需求：首先，要有展示商品名称、价格的界面；其次，可以实现购物、修改商品数量、撤销购物、清空购物车等功能。购物车界面设计如图 4-1 所示。

图 4-1 购物车界面设计

【项目分析】

完成此项目需要用到 PHP 的一些开发基础内容。本项目将学习表单制作与验证、Cookie 与 Session 等相关 PHP 开发基础内容。再综合运用这些知识来完成云林科技的购物车项目，全面提高综合编程能力。

【知识目标】

- 熟悉表单的设计、验证和提交。
- 了解正则表达式的语法规则。
- 熟悉 Cookie 和 Session 的工作原理。
- 了解 PHP 的图像处理。

【能力目标】

- 能够熟练使用常用的表单验证方式。
- 能够运用正则表达式来解决问题。
- 能够使用 Cookie 和 Session 来解决问题。

【素质目标】

具有强烈的事业心和严谨的工作作风。

【知识储备】

4.1 表单

表单是网站系统中实现交互的重要手段，利用表单可以收集客户端提交的有关信息，也可以用来实现数据采集功能。表单在网站前台以及动态网站的后台管理中都有广泛应用。

4.1.1 表单界面设计

创建一个表单就是把各种表单对象放到<form></form>表单标签内部，常见的表单控件有输入标签

<input>、多行文本框标签<textarea> 和下拉列表标签<select>等。

<form>标签的属性如表 4-1 所示。

表 4-1 <form>标签的属性

属性	描述
name	规定表单的名称
method	规定表单的请求方式，有 post 和 get 两种，默认为 get
action	其值为 URL，用来定义表单处理程序
enctype	规定表单的编码类型

1. 输入标签<input>

输入标签<input>是表单最常用的标签之一，该标签有 Type 和 Name 两个属性，分别代表输入域的类型和名称。输入标签<input>的 Type 属性值如表 4-2 所示。

表 4-2 输入标签<input>的 Type 属性值

Type 属性值	描述
text	默认值。定义单行文本框，在其中输入文本。默认可输入 20 个字符
button	定义可单击的按钮
checkbox	定义复选框
date	定义日期字段（带有 Calendar 控件）
datetime	定义日期字段（带有 Calendar 和 time 控件）
email	定义电子邮件提交按钮
file	定义文件上传按钮
hidden	定义隐藏输入字段
image	定义图像作为提交按钮
month	定义日期字段（带有 Calendar 和 time 控件）
number	定义带有 Spinner 控件的数字字段
password	定义密码字段。字段中的字符会被遮蔽
radio	定义单选按钮
range	定义带有 Slider 控件的数字字段
reset	定义重置按钮。重置按钮会将所有表单字段重置为初始值
submit	定义提交按钮。提交按钮向服务器发送数据

name 属性规定 input 控件的名称，用于对提交到服务器后的表单数据进行标识，或者在客户端通过 JavaScript 引用表单数据。只有设置了 name 属性的表单控件才能在提交表单时传递它们的值。

2. 多行文本框标签<textarea>

该标签用于定义一个多行的文本区域，用户可在此文本区域中输入无限数量的文本。

基本语法格式如下。

```
<textarea name=name rows=value cols=value></textarea>
```

多行文本框标签<textarea>的常见属性如表 4-3 所示。

表 4-3 多行文本框标签<textarea>的常见属性

属性	描述
cols	规定文本区域内可见的列数
form	定义文本区域所属的一个或多个表单
inputmode	定义文本区域所期望的输入类型
name	为此文本区域规定的一个名称

续表

属性	描述
readonly	指示用户无法修改文本区域内的内容
rows	规定文本区域内可见的行数

3. 下拉列表标签<select>

使用下拉列表可节省网页空间。下拉列表标签<select>的语法格式如下。

```
<select name=name size=value multiple>
        <option value="value" selected>选项
        <option value="value">选项
          …
</select>
```

下拉列表标签<select>的属性如表 4-4 所示。

表 4-4　下拉列表标签<select>的属性

属性	描述
disabled	规定禁用该下拉列表
form	规定文本区域所属的一个或多个表单
multiple	规定可选择多个选项
name	规定下拉列表的名称
required	规定文本区域是必填的
size	规定下拉列表中可见选项的数目

4. <label>标签

<label 标签>的作用是为<input>控件定义标注。<label>标签不会向用户呈现任何特殊效果，但是它为鼠标用户改进了可用性。当用户选择该标签时，浏览器会自动将焦点转到和标签相关的表单控件上。

【案例 4-1】制作一个简单的用户调查表。

（1）解题思路

① 用表单来制作界面。

② 用 CSS 进行美化。

（2）实现代码

打开编辑器，新建文件，在文件中输入以下 PHP 代码。

```
<!doctype html>
<html>
<head>
<meta charset="utf-8">
<style type="text/css">
body {font-family:Microsoft Yahei;font-size:14px;}
form {width:620px;MARGIN:0px auto;CLEAR:both;}
p {height:30px;line-height:30px;margin-left:10px;}
p.item-label {float:left;width:80px;text-align:right;}
.item-text{float:left;width:240px;height:20px;padding:3px 25px 3px 5px; margin-left:10px; border:1px solid #ccc; overflow:hidden;}
.item-submit {float:left;height:30px;width:50px;margin-left:90px;font-size:14px;}
</style>
<title>用户调查</title>
</head>
<body>
```

```
<h3>用户调查表</h3>
<form action="#" method="post">
<p>姓名：<input type="text" name="UserName"></p>
<p>电子邮件：<input type="email" name="userEmail"></p>
<p>生日: <input type="month" name="user_date" /></p>
<p>你喜欢的城市：<input type="checkbox" name="city" value="北京" >北京
                <input type="checkbox" name="city" value="重庆" >重庆
                <input type="checkbox" name="city" value="成都" >成都
                <input type="checkbox" name="city" value="上海" >上海
<p>上传你的照片：<input type="file" name="userphoto"></p>
<p>你的简介:<textarea cols="50" rows="3">你的简介</textarea>
<p><input type="submit" />提交</p>
</form>
</body>
</html>
```

（3）运行结果

将文件保存到“D:\php\ch04\exp0401.html”中，然后在浏览器中访问 http://localhost/ch04/exp0401.html，运行结果如图 4-2 所示。

图 4-2 用户调查表

4.1.2 表单数据验证

在将表单数据提交到服务器之前，一般需要对其进行有效性验证。有很多方法可以实现表单数据验证，这里只介绍用 HTML5 的新特性进行表单数据验证。

在 HTML5 中增加了多个新的表单输入类型，这些新类型提供了更好的输入控制和验证，常用的有以下几个。

1. email 类型

当 type 属性设置为 email 时，在提交表单时会自动验证 E-mail 文本框的值是否符合 E-mail 的标准格式。

2. url 类型

当 type 属性设置为 url 时，在提交表单时会自动验证 URL 文本框的值是否符合 URL 的标准格式。

3. number 类型

当 type 属性设置为 number 时，在提交表单时会自动检验输入内容是否为数字类型，还能够设定该文本框的数字限制。

4. range 类型

range 类型用于包含一定范围内数字值的输入，还能够设定对所接收的数字的限制。

5. search 类型

search 类型用于搜索字段，搜索字段的表现类似常规文本字段的表现。

6. color 类型

当 type 属性设置为 color 时，在提交表单时会自动检验输入内容是否为颜色格式。

7. tel 类型

当 type 属性设置为 tel 时，在提交表单时会自动检验输入内容是否为电话号码格式。

HTML5 中的表单元素新增了几个属性，这几个属性专门用于验证数据的合法性，包括正则表达式的应用、数字取值范围限制、是否允许为空的判断等，常用的属性如下。

（1）placeholder 属性

当用户还没有输入值时，输入型控件可以通过 placeholder 属性向用户显示提示信息，提示信息会以浅灰色样式显示在文本框中，当文本框获得焦点并有值后，提示信息自动消失，这在目前的系统中很常见。

（2）autocomplete 属性

浏览器通过 autocomplete 属性能够实现用户在文本框中输入前几个字母或汉字时，从存放数据的文本或数据库中将所有以这些字母或汉字开头的数据提示给用户，供用户选择，为用户提供方便。

（3）required 属性

required 属性规定输入框不能为空，这也是最简单的一种表单验证方式。

（4）pattern 属性

pattern 属性用于验证输入框的模式，模式是正则表达式，如果输入的值不符合其正则表达式，那么验证将不会通过，无法提交表单。

（5）novalidate 属性

novalidate 属性规定在提交表单时不进行验证。

【案例 4-2】对用户调查表的姓名字段进行验证。

（1）解题思路

① 用 placeholder 属性来显示提示信息。

② 用 required 属性来进行必填验证。

③ 用 pattern 属性来进行正则表达式验证。

（2）实现代码

打开编辑器，新建文件，在文件中输入以下 PHP 代码。

```
<h3>用户调查表</h3>
<form action="exp0403.php" method="post" enctype="multipart/form-data">
<p>姓名：<input type="text" name="UserName" placeholder="请输入姓名" required="required" pattern=
"[a-zA-Z]{4,12}"></p>
<p>电子邮件：<input type="email" name="userEmail"></p>
<p>生日: <input type="month" name="user_date" /></p>
<p>你喜欢的城市：<input type="checkbox" name="city" value="北京">北京
                <input type="checkbox" name="city" value="重庆">重庆
                <input type="checkbox" name="city" value="成都">成都
                <input type="checkbox" name="city" value="上海" checked>上海
<p>上传你的照片：<input type="file" name="file"></p>
<p>你的简介:<textarea   cols="50" rows="3">你的简介</textarea>
<p><input type="submit" /></p>
</form>
```

（3）运行结果

将文件保存到“D:\php\ch04\exp0402.html”中，然后在浏览器中访问 http://localhost/ch04/exp0402.html，运行结果如图 4-3 所示。

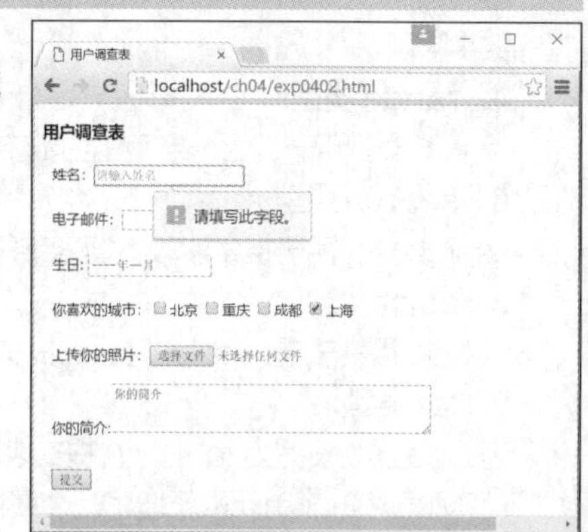

图 4-3　对用户调查表的姓名字段进行验证

4.1.3　表单数据获取

常见的获取表单数据的方法如下。

1. 系统内置数组$_POST[]和$_GET[]

系统内置数组$_POST[]和$_GET[]也称为全局数组，主要用于接收表单提交的数据。

表单标签<form>中的属性 method 有 post 和 get 两种取值，若 method="post"，则从表单提交到服务器的数据会存放到系统内置数组$_POST[]中；若 method="get"，则从表单提交到服务器的数据会存放到系统内置数组$_GET[]中，即同一个表单提交的所有数据总是以数组的方式保存在服务器中。

$_REQUEST[]具有$_POST[]、$_GET[]的功能，通过表单 POST 方式和 GET 方式提交的所有数据都可以通过$_REQUEST[]获得。

$_POST[]、$_GET[]和$_REQUEST[]都是关联数组，需要通过键名来访问数组元素，语法格式如下。

```
$_POST['表单控件名称'];
$_GET['表单控件名称'];
$_REQUEST['表单控件名称'];
```

2. 文件上传数组$_FILES[]

很多时候都要用到文件上传功能，在 PHP 中，从浏览器将文件上传到服务器之后，该文件默认存放在系统盘符下的存放临时文件的目录中，文件的名称也采用了临时名称形式，需要从数组$_FILES[]中获取上传文件的名称、类型、大小、临时位置和临时名称等相关信息，从而进一步将上传的文件以指定的名称存储到指定的位置。

$_FILES[]是一个二维关联数组，第一个维度的键名是表单界面文件输入框 name 属性的取值，第二个维度的键名是由系统提供的固定键名，常用的有 name、type、size、tmp_name 和 error 等。

$_FILES[]语法格式如下。

```
$_FILES['上传控件名称'];                 //为一数组，包含上传文件的所有信息
$_FILES['上传控件名称']['name'];         //客户端上传文件的原名称，不包含路径
$_FILES['上传控件名称']['type'];         //文件的扩展类型（如果浏览器提供此信息的话）
$_FILES['上传控件名称']['size'];         //已上传文件的大小，单位为字节
$_FILES['上传控件名称']['tmp_name'];     //文件被上传后在服务器端存储的临时文件名
$_FILES['上传控件名称']['error'];        //该文件上传导致的错误代码
```

文件上传之后以临时文件名方式保存在临时目录下，需要将其移至指定的目录，按照指定的名称来存放，实现这一功能要使用函数 move_uploaded_file()。

函数 move_uploaded_file()只支持 GB2312 或 GBK 编码，并不支持 UTF-8 编码，若页面字符集编码类型是 UTF-8，并且上传的文件名称包含汉字，那么该函数将无法成功执行。因此，在使用该函数之前，需要先使用 iconv()函数转换名称中的汉字编码来解决问题。

要实现从浏览器上传文件的功能，还要将表单标签<form>中的 enctype 属性值设置为 multipart/form-data，enctype 属性值默认为 application/x-www-form-urlencoded，不能用于上传文件。

【案例 4-3】获取用户调查表提交的数据。

（1）解题思路

① 用$_POST[]获取表单对象的值。

② 用$_FILES[]获取上传文件的值。

③ 把获取的值显示在页面上。

（2）实现代码

打开编辑器，新建文件，在文件中输入以下 PHP 代码。

```
<?php
header("Content-Type:text/html;charset=utf8");
$name=$_POST['UserName'];                //取值
$mail=$_POST['userEmail'];
$bir=$_POST['user_date'];
$city=$_POST['city'];
$resume=$_POST['userResume'];
$fname=$_FILES['file1']['name'];         //获取上传文件的名称
$tmpname=$_FILES['file1']['tmp_name'];   //上传文件的临时名称

echo "<p>你的姓名是：".$name."</p>";     //输出获取到的值
```

```
echo "<p>你的电子邮件是：".$mail."</p>";
echo "<p>你的生日是：".$bir."</p>";
echo "<p>你喜欢的城市是：".$city."</p>";
$fname1=iconv("UTF-8","GB2312",$fname);                //转换汉字编码
move_uploaded_file($tmpname,"upload/$name1");      //将文件上传到指定目录中
echo "<p>你的照片是：<img src='upload/$fname1'></p>";
echo "<p>你的介绍是：".$resume."</p>";
?>
```

（3）运行结果

将文件保存到“D:\php\ch04\exp0403.php”中，然后在浏览器中访问 http://localhost/ch04/exp0403.php，运行结果如图 4-4 所示。

图 4-4　获取用户调查表提交的数据

若提交的表单中有敏感或隐私字段，如密码字段，则从安全角度考虑，需要加密后再提交表单。客户端加密一般采用 SHA-2，SHA-2 包括 SHA-224、SHA-256、SHA-384 和 SHA-512。SHA-256 和 SHA-512 是新的杂凑函数（杂凑函数是指将任意长度的数字消息映射成固定长度的数字串的函数），前者定义一个字为 32 位，后者定义一个字为 64 位。它们分别使用了不同的偏移量，然而，实际上二者结构是相同的，只在循环执行的次数上有所差异。SHA-224 和 SHA-384 则是前述两种杂凑函数的截短版，利用不同的初始值进行计算。

CryptoJS 是一个使用纯 JavaScript 编写的加密类库，包括各种常见的加密算法，可以选择其中的 SHA-512 来进行客户端加密。

4.2 正则表达式

在某些应用中，有时候往往需要根据一定的规则来匹配（查找）和确认一些字符串，如要求用户输入的 QQ 号码为数字且至少为 5 位。用于描述这些规则的工具就是正则表达式。

4.2.1 正则表达式简介

正则表达式是对字符串操作的一种逻辑公式，就是用事先定义好的一些特定字符及这些特定字符的组合组成一个“规则字符串”，这个“规则字符串”用来表达对字符串的一种过滤逻辑。由于正则表达式的主要应用对象是文本，因此它在一些常用的文本编辑器中都得到了应用，小到 EditPlus 编辑器，大到 Word、Visual Studio 等编辑器，都可以使用正则表达式来处理文本内容。

最简单的匹配就是直接给定字符匹配。例如，用字符 a 去匹配 aabab，会匹配出 3 个结果，分别是字符串中的第 1 个、第 2 个和第 4 个字符。这种匹配是最简单的情况，但往往在实际处理中会复杂得多。

【例 1】匹配 QQ 号码为数字且至少为 5 位，则对应的正则表达式为：

```
^\d{5,}$
```

说明如下。

- ^：表示从字符串开头进行匹配。
- \d：表示匹配数字。
- {5,}：表示至少匹配 5 位及以上。
- $：表示匹配到输入字符串的结尾位置。

该正则表达式的含义是匹配 5 位及以上的连续数字，对于少于 5 位的数字，或者不是以数字开始和结尾的字符串，如 a123456b，都是无效的。

1. 正则表达式的目的

给定一个正则表达式和另一个字符串，可以达到如下目的。

- 给定的字符串是否符合正则表达式的匹配。
- 可以通过正则表达式，从字符串中获取特定部分。

2. 正则表达式的特点

- 灵活性、逻辑性和功能性非常强。
- 可以迅速地用简单的方式达到字符串的复杂控制。

由于对正则表达式的匹配结果在很多情况下都不是那么确定，因此最好下载一些辅助工具来测试正则表达式的匹配结果是否符合要求，如 Match Tracer、RegEx Builder 等。

4.2.2 正则表达式的语法

正则表达式是由普通字符（如字符 a 到 z）以及特殊字符（称为元字符）组成的文字模式。模式描述在搜索文本时要匹配的一个或多个字符串。正则表达式作为一个模式，将某个字符模式与所搜索的字符串进行匹配。

1. 元字符

在前面的例子中，^、\d 及$等符号代表特定的匹配意义，我们称之为元字符。常见的元字符如表 4-5 所示。

表 4-5 常见的元字符

元字符	描述
^	匹配行或者字符串的起始位置，有时还会匹配整个文档的起始位置
$	匹配行或字符串的结尾
\b	不会消耗任何字符，只匹配一个位置，常用于匹配单词边界
\d	匹配数字
\w	匹配字母、数字、下画线
\s	匹配空格
.	匹配除换行符外的任意字符
[abc]	字符组，匹配包含 abc 的字符
\W	\w 的反义，匹配任意不是字母、数字、下画线的字符
\S	\s 的反义，匹配任意不是空格的字符
\D	\d 的反义，匹配任意非数字的字符
\B	\b 的反义，匹配不是单词开头或结束的位置
[^abc]	匹配除 abc 外的任意字符

当要匹配这些元字符时，需要用到字符转义功能，同样，在正则表达式中用“\”来表示转义。例如，要匹配“.”需要用“\.”，否则“.”会被解释成“除换行符外的任意字符”。同样，要匹配“\”，需要写成“\\”。连续的数字或字母可以用“-”连接起来，例如，[1-5]表示匹配 1～5 这 5 个数字。

2. 重复匹配

正则表达式的“威力”在于其能够在模式中包含选择和循环，可以用一些重复规则来表达循环匹配。

正则表达式中的重复如表 4-6 所示。

表 4-6 正则表达式中的重复

重复	描述
*	重复前面的子表达式 0 次或多次
+	重复前面的子表达式 1 次或多次
?	重复前面的子表达式 0 次或 1 次

续表

重复	描述
{n}	重复 *n* 次，*n* 是一个非负整数
{n,}	至少匹配 *n* 次，*n* 是一个非负整数
{n,m}	重复 *n*~*m* 次，*n* 和 *m* 均为非负整数

3. 普通字符

普通字符包括没有显式指定为元字符的所有可输出和不可输出的字符。这包括所有大写和小写字母、所有数字、标点符号和一些其他符号。

4. 分枝

分枝是指规定几个规则，如果满足任意一个规则，则都当作匹配成功。具体来说，就是用“|”符号把各规则分开，且条件从左至右匹配。

由于分枝规定，只要匹配成功，就不再对后面的条件加以匹配，所以如果想匹配有包含关系的内容，则要注意规则的顺序。

5. 分组

在正则表达式中，可以用圆括号将一些规则括起来当作分组，分组可以作为一个元字符来看待。

【例 2】匹配 IP 地址，正则表达式为：

```
(\d{1,3}\.){3}\d{1,3}
```

这是一个简单的且不完善的匹配 IP 地址的正则表达式，因为它除能匹配正确的 IP 地址外，还能匹配如 322.197.578.888 这种不存在的 IP 地址。如果要完全匹配正确的 IP 地址，则需要改为：

```
((25[0-5]|2[0-4]\d|[01]?\d\d?)\.){3}(25[0-5]|2[0-4]\d|[01]?\d\d?)
```

该规则的关键之处在于确定 IP 地址每一段的范围为 0～255，然后重复 4 次即可。

6. 贪婪与懒惰匹配

正则表达式默认情况下，会在满足匹配条件的情况下尽可能地匹配更多的内容。例如，用 a.*b 来匹配 aabab，它会匹配整个 aabab，而不会只匹配到 aab，这就是贪婪匹配。

与贪婪匹配对应的是，在满足匹配条件的情况下尽可能地匹配更少的内容，这就是懒惰匹配。上述例子对应的懒惰匹配规则为 a.*?b，如果用该表达式去匹配 aabab，那么会得到 aab 和 ab 两个匹配结果。

常用的懒惰限定符如表 4-7 所示。

表 4-7 常用的懒惰限定符

懒惰限定符	描述
*?	重复任意次，但尽可能少重复
+?	重复 1 次或更多次，但尽可能少重复
??	重复 0 次或 1 次，但尽可能少重复
{n,}	重复 *n* 次以上，但尽可能少重复
{n,m}	重复 *n* ～ *m* 次，但尽可能少重复

7. 模式修正符

模式修正符是标记在整个正则表达式之外的，可以看作对正则表达式的一些补充说明。常用的模式修正符如表 4-8 所示。

表 4-8 常用的模式修正符

模式修正符	描述
i	模式中的字符将同时匹配大小写字母
m	将字符串视为多行

续表

模式修正符	描述
s	将字符串视为单行，换行符作为普通字符
x	将模式中的空格忽略
e	配合函数 preg_replace()使用，把匹配来的字符串当作正则表达式执行
A	强制仅从目标字符串的开头开始匹配
D	模式中的$元字符仅匹配目标字符串的结尾
U	匹配最近的字符串
u	模式字符串被当成 UTF-8

4.2.3 正则表达式的应用

在 PHP 中，正则表达式主要用于以下情况。

（1）正则匹配：根据正则表达式匹配相应的内容。

（2）正则替换：根据正则表达式匹配内容并替换。

（3）正则分割：根据正则表达式分割字符串。

在 PHP 中有两类正则表达式函数，一类是 Perl 兼容正则表达式函数，另一类是可移植操作系统接口（Portable Operating System Interface,POSIX）扩展正则表达式函数。二者差别不大，这里推荐使用 Perl 兼容正则表达式函数。尽管正则表达式函数功能非常强大，但如果能用普通字符串处理函数，就尽量不要用正则表达式函数，因为正则表达式函数的效率会低得多。

1. 正则匹配

preg_match()函数用于进行正则表达式匹配，成功则返回 1，否则返回 0。

语法格式如下。

```
int preg_match(string pattern,string subject[,array matches])
```

参数说明如表 4-9 所示。

表 4-9 preg_match()函数的参数说明

参数	说明
pattern	正则表达式
subject	需要匹配检索的对象
matches	可选，存储匹配结果的数组，$matches[0]将包含与整个模式匹配的文本，$matches[1]将包含与第一个捕获的括号中的子模式匹配的文本，以此类推

2. 正则全局匹配

preg_match_all()函数用于进行正则表达式全局匹配，成功则返回整个模式匹配的次数（可能为 0），如果出错则返回 false。

语法格式如下。

```
int preg_match_all(string pattern,string subject,array matches[,int flags])
```

参数说明如表 4-10 所示。

表 4-10 preg_match_all()函数的参数说明

参数	说明
pattern	正则表达式
subject	需要匹配检索的对象
matches	存储匹配结果的数组
flags	可选，指定匹配结果放入 matches 中的顺序

在实际应用中也经常会用到匹配中文，比如现在用得越来越多的汉字验证码程序。

正则匹配中文汉字根据页面编码不同而略有区别。

（1）GBK/GB2312 编码：[x80-xff]+ 或 [xa1-xff]+。

（2）UTF-8 编码：[x{4e00}-x{9fa5}]+/u。

【例 3】正则匹配中文汉字。

```
$str = "学习 PHP 是一件有趣的事。";
preg_match_all("/[x80-xff]+/", $str, $match);
//在页面编码为 UTF-8 时使用
//preg_match_all("/[x{4e00}-x{9fa5}]+/u", $str, $match);
print_r($match);
```

3. 正则替换

preg_replace()函数用于正则表达式的搜索和替换。

语法格式如下。

```
mixed preg_replace( mixed pattern, mixed replacement, mixed subject[,int limit])
```

参数说明如表 4-11 所示。

表 4-11 preg_replace()函数的参数说明

参数	说明
pattern	正则表达式
replacement	替换的内容
subject	需要匹配替换的对象
limit	可选，指定替换的个数，如果省略 limit 或者其值为-1，则所有的匹配项都会被替换

【例 4】用 preg_replace()函数进行正则替换。

```
$str = "The quick brown fox jumped over the lazy dog.";
$str = preg_replace('/\s/','-',$str);
echo $str;
```

4. 正则分割

preg_split()函数用于通过一个正则表达式分割给定的字符串。

语法格式如下。

```
array preg_split(string pattern, string subject[,int limit [,int flags]])
```

其返回数组，包含 subject 中沿着与 pattern 匹配的边界所分割的子串。参数说明如表 4-12 所示。

表 4-12 preg_split()函数的参数说明

参数	说明
pattern	正则表达式
subject	需要匹配分割的对象
limit	可选，如果指定了 limit，则最多返回 limit 个子串
flags	设定 limit 为-1 后可选

【例 5】用 preg_split()函数来分割字符串。

```
$str = "php mysql,apache ajax";
$keywords = preg_split("/[\s,]+/", $str);
print_r($keywords);
```

split()函数与 preg_split()函数类似，都是用正则表达式将字符串分割到数组中，返回一个数组，但推荐使用 preg_split()函数。

【案例 4-4】用 preg_match()函数进行正则匹配。

（1）解题思路

① 使用 preg_match()函数来正则匹配字符串。

② 判断匹配是否成功并输出对应的提示信息。

（2）实现代码

打开编辑器，新建文件，在文件中输入以下 PHP 代码。

```
<?php
$m=preg_match("/php/i", "PHP is the language of choice.", $matches);
if($m){
        print "A match was found:". $matches[0];
    } else {
        print "A match was not found.";
  }
?>
```

（3）运行结果

将文件保存到"D:\php\ch04\exp0404.php"中，然后在浏览器中访问 http://localhost/ch04/exp0404.php，运行结果如图 4-5 所示。

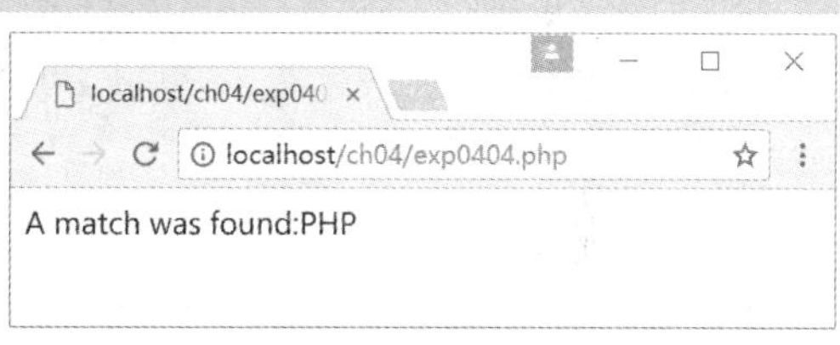

图 4-5 用 preg_match()函数进行正则匹配

说明：preg_match()函数第一次匹配成功后会停止匹配，如果要实现全部结果的匹配，即搜索到 subject 结尾处，则需要使用 preg_match_all()函数。

4.3 Cookie

基于 TCP 的超文本传送协议（Hypertext Transfer Protocol，HTTP）是无状态的协议。状态是指用户的访问状态：当前是否登录、当前访问的是哪一个页面、在购物车里存放了哪些商品等。所谓无状态，直白地说就是请求与请求之间无法共享数据，前一次请求做的事情，后一次请求一概不知，当前请求不知道是否登录，不知道访问过哪些页面，也不知道购物车里有哪些商品。

服务器分不清访问的用户是谁，即使是同一个浏览器多次发送请求给服务器，服务器也不知道就是刚才那个浏览器。早期没有服务器端存储功能，因此在当时的解决方案中是让客户端来担此重任，使用的专业术语叫 Cookie。

Cookie 是一种在远程浏览器端存储数据并以此来跟踪和识别用户的机制。我们可以用 setcookie()函数或 setrawcookie()函数来设置 Cookie。Cookie 是 HTTP 标头的一部分，因此 setcookie()函数必须在其他信息被输出到浏览器前被调用。可以使用输出缓冲函数来延迟脚本的输出，直到按需求设置好所有的 Cookie 或者其他 HTTP 标头。

1. 创建

setcookie()函数用于设置 Cookie，它必须位于<html>标签之前。

语法格式如下。

```
bool setcookie(string $name[, string $value = "" [,int $expire = 0 [,string $path = "" [, string $domain = "" [, bool $secure = false [, bool $httponly = false]]]]] );
```

2. 读取

PHP 的$_COOKIE 变量用于读取 Cookie 的值。

3. 删除

当删除 Cookie 时，应当使过期日期变更为过去的时间点。

【例 6】创建和读取 Cookie。

```
<?php
$value = '重庆解放碑';
setcookie("TestCookie", $value);
setcookie("TestCookie", $value, time()+3600);   /* 1 小时后过期 */
setcookie("TestCookie", $value, time()+3600, "/~rasmus/", "example.com", 1);
?>
<html><head>
<meta charset="utf-8">
<title>Cookie 的创建和读取</title>
</head>
<body>
<?php
echo $_COOKIE["TestCookie"];  // 输出 Cookie 的值
echo "<br/>";
print_r($_COOKIE);                    //输出 Cookie 数组所有的值
?>
</body>
</html>
```

【案例 4-5】用 Cookie 实现记住用户名。

（1）解题思路

① 用 setcookie()函数来设置 Cookie 的值。

② 进行判断，如果选择了“记住用户名”，则创建 Cookie，否则不创建。

③ 输出时读取 Cookie 的值，如果 Cookie 有值则显示，否则不显示。

（2）实现代码

打开编辑器，新建文件，在文件中输入以下 PHP 代码。

```
<?php
$user = isset($_COOKIE['username'])?$_COOKIE['username']:'';
?>
<form action="setcookie.php" method="post">
<p>用户名：<input type="text" name="username" value="<?php echo $user; ?>" /></p>
<p>记住用户名：<input type="checkbox" name="rem" value="1"></p>
<input type="submit" name="sub" value="提交">
</form>
```

将该文件保存到“D:\php\ch04\exp0405.php”中。再创建另一个文件，代码如下。

```
<?php
header("Content-Type:text/html;charset=utf8");   //设置字符集编码
$user = $_POST['username'];                      //取值
if($_POST['rem']){                               //判断是否记住用户名
  setcookie("username",$user,time()+3600*3600*24);
}else{
  setcookie("username",'',time()-1);
}
echo "登录成功";
?>
```

将该文件保存到“D:\php\ch04\setcookie.php”中。

（3）运行结果

在浏览器中访问 http://localhost/ch04/exp0405.php，运行结果如图 4-6 所示。

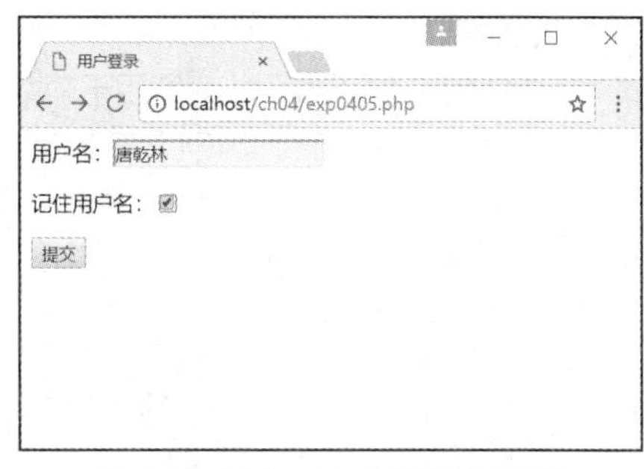

图 4-6　用 Cookie 实现记住用户名

4.4 Session

为了解决 HTTP 无状态的问题，可以使用 Cookie 在客户端保存一些状态，但是在客户端使用 Cookie 存储是有很多问题的，具体如下。

- 泄露隐私。
- 有数量限制。
- 有尺寸限制。
- 不安全。

如果使用服务器端来保存状态，就可以解决 Cookie 所面临的问题，将使用 Cookie 时保存在客户端的数据保存到服务器端，但数据文件保存到服务器上就不能再称为 Cookie 了，它有一个新的名字，叫作 Session。

Session 在计算机中，尤其在网络应用中，称为“会话”。Session 对象存储特定用户会话所需的属性及配置信息。这样，当用户在应用程序的 Web 页面之间跳转时，存储在 Session 对象中的变量将不会丢失，而是在整个用户会话中一直存在下去。当用户请求来自应用程序的 Web 页面时，如果该用户还没有会话，则 Web 服务器将自动创建一个 Session 对象。当会话过期或被放弃后，服务器将终止该会话。

一个访问者访问 Web 网站将被分配唯一的 ID，就是所谓的会话 ID，这个 ID 可以存储在用户端的一个 Cookie 中，也可以通过 URL 进行传递。

1. 启动

session_start()函数用于创建新会话或者重用现有会话。如果通过 GET 或 POST 方式，或者使用 Cookie 提交了会话 ID，则会重用现有会话。

当会话自动开始或者通过 session_start()函数手动开始时，PHP 内部会调用会话管理器的 open()和 read()回调函数。想要使用命名会话，需在调用 session_start()函数之前调用 session_name()函数。

session_start()函数的语法格式如下。

```
bool session_start([array $options=[]]);
```

参数 options 是一个关联数组，如果提供，那么会用其中的项目覆盖会话配置指示中的配置项。此数组中的键无须包含“session.”前缀。除了常规的会话配置指示项，还可以在此数组中包含 read_and_close 选项。如果将此选项的值设置为 true，那么会话文件会在读取完毕马上关闭。

函数返回值：成功开始会话则返回 true，否则返回 false。

【例 7】使用 Session 来保存相关信息。

```
<?php
// page1.php
session_start();
echo 'Welcome to page #1';
$_SESSION['favcolor'] = 'green';
$_SESSION['animal']    = 'cat';
$_SESSION['time']        = time();
/* 如果使用 Cookie 方式传送会话 ID */
echo '<br /><a href="page2.php">page 2</a>';
/* 如果不使用 Cookie 方式传送会话 ID，则使用 URL 改写的方式传送会话 ID */
echo '<br /><a href="page2.php?'.SID.'">page 2</a>';
?>
```

2. 读取

PHP 的$_SESSION 变量用于读取 Session 的值。

【例 8】使用$_SESSION 变量来保存 Session 的值。

```
<?php
// page2.php
session_start();
echo 'Welcome to page #2<br />';
echo $_SESSION['favcolor']; // green
echo $_SESSION['animal'];    // cat
echo date('Y m d H:i:s', $_SESSION['time']);
/* 如果使用 Cookie 方式传送会话 ID */
echo '<br /><a href="page1.php">page 1</a>';
/* 如果不使用 Cookie 方式传送会话 ID，则使用 URL 改写的方式传送会话 ID */
echo '<br /><a href="page1.php?'.SID.'">page 1</a>';
?>
```

3. 删除

如果需要删除某些 Session 数据，则可以使用 unset()或 session_destroy()函数。session_destroy()函数用于销毁当前会话中的全部数据，但是不会重置当前会话所关联的全局变量，也不会重置会话 Cookie。如果需要再次使用会话变量，则必须重新调用 session_start()函数。

为了彻底销毁会话，比如在用户退出登录时，必须同时重置会话 ID。如果是通过 Cookie 方式传送会话 ID，那么同时需要调用 setcookie() 函数来删除客户端的会话 Cookie。

【案例 4-6】用 Session 实现用户登录跳转。

（1）解题思路

① 制作用户登录页面。

② 用 Session 记住用户名，并跳转到主页。

③ 在主页用 Session 显示用户名，并在退出时清空 Session 的信息。

（2）实现代码

打开编辑器，新建文件，在文件中输入以下 PHP 代码。

```
<!DOCTYPE html>
<html>
<head>
<meta charset="utf-8">
<title>用户登录</title>
<style>
form{width:300px; margin:0px auto;        /*表单居中*/
background-color: #88ddff;                /*背景*/
border-radius: 5px;                       /*圆角*/
text-shadow: 5px 2px 6px #000;            /*text-shadow 是字的阴影*/
box-shadow: 5px 2px 6px #000;             /*box-shadow 是盒子的阴影*/
text-align:center;                        /*文本居中*/
padding:10px;                             /*边距*/
}
</style>
</head>
<body>
<form method="post" action="check.php">
  <h3>用户登录</h3>
```

```
    <p>姓名：<input type="text" name="user_name" required="required">(*必填）</p>
    <p>密码：<input type="password" name="user_pwd" required="required">(*必填）</p>
    <p><input type="submit" value="提交"></p>
</form>
</body>
</html>
```

将该文件保存到“D:\php\ch04\exp0406.php”中。再创建另一个文件，代码如下。

```
<?php
session_start();                                    //启动 Session
header("Content-Type:text/html;charset=utf8");
$name=empty($_POST['user_name'])?"":$_POST['user_name']; //取值
$pwd=empty($_POST['user_pwd'])?"":$_POST['user_pwd'];
if($name!="admin"||$pwd!="yl9999"){           //判断用户名是否为“admin”，密码是否为“yl9999”
  echo "<center>用户名不能为空！  <a href=exp0406.php>返回</a></center>";
}else{
    $_SESSION['name']=$name;                   //记录用户名
    header("location:main.php");               //直接跳转
}
?>
```

将该文件保存到“D:\php\ch04\check.php”中。再创建另一个文件，代码如下。

```
<?php
session_start();                                                  //启动 Session
if(empty($_SESSION['name']))
  header("location:exp0406.php");
if(!empty($_GET['del1'])&&$_GET['del1']==1){
 unset($_SESSION['name']);                                        //删除 Session 的值
     header("location:exp0406.php");
}
header("Content-Type:text/html;charset=utf8");
echo "<center>欢迎：".$_SESSION['name']."</center>";       //读取 Session 的值
//echo "<center>Session 编号:".session_id()."</center>";
?>
<center><form>
<input type="button" value="退出" onclick="location='main.php?del1=1';" />
</form></center>
```

将该文件保存到“D:\php\ch04\main.php”中。

（3）运行结果

在浏览器中访问 http://localhost/ch04/exp0406.php，运行结果如图 4-7 所示。

图 4-7　用 Session 实现用户登录跳转

4.5 图像处理

PHP 并不仅限于创建 HTML 输出，也可以创建和处理 GIF、PNG、JPEG、BMP 等多种格式的图像。更加方便的是，PHP 可以直接将图像数据流输出到浏览器。要想在 PHP 中使用图像处理功能，需要连带 GD 库一起编译 PHP。GD 库和 PHP 可能需要其他的库，这取决于需要处理的图像格式。

可以使用 PHP 中的图像函数来获取下列图像格式文件的大小：JPEG、GIF、PNG、SWF、TIFF 和 JPEG 2000。

1. 创建图像

在 PHP 中可以用表 4-13 所示的函数来创建图像。

表 4-13　常见的创建图像函数

函数	描述
imagecreate()	创建一个基于调色板的图像
imagecreatetruecolor()	创建一个真彩色图像
imagecreatefrombmp()	由 BMP 库或 URL 创建一个新图像
imagecreatefromgd()	由 GD 库或 URL 创建一个图像
imagecreatefromgif()	由 GIF 图像文件或 URL 创建一个图像
imagecreatefromjpeg()	由 JPEG 图像文件或 URL 创建一个图像
imagecreatefrompng()	由 PNG 图像文件或 URL 创建一个图像
imagecreatefromstring()	从字符串中的图像流创建一个图像

2. 颜色处理

PHP 中有丰富的颜色处理函数，常见的颜色处理函数如表 4-14 所示。

表 4-14　常见的颜色处理函数

函数	描述
imagearc()	画椭圆弧
imagechar()	水平地画一个字符
imagecolorallocate()	为一幅图像分配颜色
imagesetstyle()	设定画线的风格
imageline()	画一条线段
imagefill()	区域填充
imagefilledarc()	画一个椭圆弧并填充
imagefilledellipse()	画一个椭圆并填充
imagefilledpolygon()	画一个多边形并填充
imagefilledrectangle()	画一个矩形并填充
imagesetpixel()	画一个单一像素
imagesetthickness()	设定画线的宽度
imagesy()	取得图像高度
imagesx()	取得图像宽度

3. 输出图像

可用表 4-15 所示的函数来输出图像。

表 4-15　常见的输出图像函数

函数	描述
imagebmp()	以 BMP 格式将图像输出到浏览器或文件
imagegif()	以 GIF 格式将图像输出到浏览器或文件
imagejpeg()	以 JPEG 格式将图像输出到浏览器或文件
imagepng()	以 PNG 格式将图像输出到浏览器或文件
imagewbmp()	以 WBMP 格式将图像输出到浏览器或文件
imagewebp()	以 WebP 格式将图像输出到浏览器或文件
imagexbm()	以 XBM 格式将图像输出到浏览器或文件

4. 在图像中添加文字

可用表 4-16 所示的函数来在图像中添加文字。

表 4-16　常见的添加文字函数

函数	描述
imagefttext()	使用 FreeType 2 字体将文本写入图像
imagestring()	在图像中水平地画一行字符串
imagestringup()	在图像中垂直地画一行字符串
imagettftext()	使用 TrueType 字体将文本写入图像

【案例 4-7】在图像中添加文字。

（1）解题思路

① 读取一张指定图像。

② 从指定的图像中创建新的图像。

③ 用图像处理函数生成水印文字。

（2）实现代码

打开编辑器，新建文件，在文件中输入以下 PHP 代码。

```
<?php
if(isset($_GET['imgflag'])){
//定义背景图像
$groundImage="images/exp0407.jpg";
if(!empty($groundImage) && file_exists($groundImage)){
//从已有的图像中创建图像
$im = imagecreatefromjpeg($groundImage);

$ground_info = getimagesize($groundImage);
$ground_w = $ground_info[0];     //取得背景图像的宽度
$ground_h = $ground_info[1];     //取得背景图像的高度

//设置需要添加的文字颜色
$grey = imagecolorallocate($im, 128, 128, 128);
$black = imagecolorallocate($im, 255, 255, 255);

//设置需要添加的文字
$text = '云林科技';
//设置需要添加的文字大小
$textFont=40;
```

```
//设置字体路径
$font ='font/msyhbd.ttc';
//取得使用 TrueType 字体的文本的范围
$temp = @imagettfbbox($textFont,0,$font,$text);

$w = $temp[2] - $temp[0];
$h = $temp[1] - $temp[7];
unset($temp);
if( ($ground_w<$w) || ($ground_h<$h) )
   exit("需要加水印的图像的高度或宽度比水印文字区域还小，无法生成水印！");
//添加的文字放在底端居右
$posX = $ground_w-$w-$textFont*3/7;
$posY = $ground_h-$h+$textFont*3/4;

//添加有阴影的文字
@imagettftext($im, $textFont, 0, $posX,$posY, $grey, $font, $text);

//添加文字
@imagettftext($im, $textFont, 0, $posX-1,$posY-1, $black, $font, $text);

//设置内容类型标头：mage/jpeg
header('Content-Type: image/jpeg');

//使用 NULL 跳过 filename 参数，并设置图像质量为 75%
imagejpeg($im, NULL, 75);
//释放内存
imagedestroy($im);
exit();
} else { exit("背景图像不存在！");}
}
?>
<!DOCTYPE html>
<html><head>
<meta charset="utf-8">
<title>在图像上添加文字</title>
</head>
<body>
<p><img src="exp0407.php?imgflag=1" /></p>
</body></html>
```

（3）运行结果

将文件保存到“D:\php\ch04\exp0407.php”中，然后在浏览器中访问 http://localhost/ch04/exp0407.php，运行结果如图 4-8 所示。

图 4-8　在图像中添加文字

【项目实现】设计简单的购物车程序

技术部汪工接到开发简单购物车程序的任务后，分析了项目要求的常用实现技术方案，考虑到用 Cookie 实现不安全，且其数据库适用于实现复杂的购物车程序，最后决定用

Session 来实现简单购物车程序的开发，把此项目整体上分成两个任务来实现：制作购物车程序的界面和编写 PHP 代码来实现购物车的各种按钮的功能。

任务一 制作购物车程序的界面

1. 任务分析

购物车程序界面能分类展示商品名称、价格等基本信息，要有购物按钮，以将商品选购到购物车。

2. 代码实现

这里主要用 HTML+CSS 代码来实现，其核心代码如下。

```
<form>
  <fieldset>
  <p><button class="item-button3" onClick="javascript:{return false;}">云林科技月末大促销</button></p>
  </fieldset>
</form>
<form name="form1" id="form1" action="cart.php" method="POST">
  <fieldset>
    <legend>智能产品</legend>
    <label for="yd1" class="item-label"><input type="checkbox" id="yd1" name="cart[]" value="手环" required minlength="1" tip="请选择至少一种" />手环<span>￥138</span><input type="hidden" name="r<?php echo md5("手环"); ?>" value="138" /></label>
    <label for="yd2" class="item-label"><input type="checkbox" id="yd2" name="cart[]" value="VR 眼镜" />VR 眼镜<span>￥345</span><input type="hidden" name="r<?php echo md5("VR 眼镜"); ?>" value="345" /></label>
    <label for="yd3" class="item-label"><input type="checkbox" id="yd3" name="cart[]" value="耳机" />耳机<span>￥158</span><input type="hidden" name="r<?php echo md5("耳机"); ?>" value="158" /></label>
    <label for="yd4" class="item-label"><input type="checkbox" id="yd4" name="cart[]" value="音箱" />音箱<span>￥228</span><input type="hidden" name="r<?php echo md5("音箱"); ?>" value="28" /></label>
     <label for="cart[]" class="error">请选择至少一种智能产品</label>
  </fieldset>
  <p><input type="submit" class="item-submit" value="购买" /></p>
</form>
<form name="form2" id="form2" action="cart.php" method="POST">
  <fieldset>
    <legend>手机配件</legend>
    <label for="bg1" class="item-label"><input type="checkbox" id="bg1" name="cart[]" value="手机壳" required minlength="1" tip="请选择至少一种" />手机壳<span>￥18</span><input type="hidden" name="r<?php echo md5("手机壳"); ?>" value="18" /></label>
    <label for="bg2" class="item-label"><input type="checkbox" id="bg2" name="cart[]" value="充电器"/>充电器<span>￥69</span><input type="hidden" name="r<?php echo md5("充电器"); ?>" value="69" /></label>
    <label for="bg3" class="item-label"><input type="checkbox" id="bg3" name="cart[]" value="电池"/>电池<span>￥129</span><input type="hidden" name="r<?php echo md5("电池"); ?>" value="129" /></label>
    <label for="bg4" class="item-label"><input type="checkbox" id="bg4" name="cart[]" value="数据线"/>数据线<span>￥8</span><input type="hidden" name="r<?php echo md5("数据线"); ?>" value="8" /></label>
    <label for="cart[]" class="error">请选择至少一种手机配件</label>
  </fieldset>
    <p><input type="submit" class="item-submit" value="购买" /></p>
</form>
<form name="form3" id="form3" action="cart.php" method="POST">
  …
```

```
        <p><button class="item-button1" onClick="javascript:{window.open('cart.php','_self','');return false;}">查看购物车</button>
            <input type="button" class="item-button2" value="刷新" onclick="location='index.php';" />
        </p>
        </fieldset>
    </form>
```

3. 运行效果

将文件保存到“D:\php\ch04\cart\index.php”中，再在浏览器中访问 http://localhost/ch04/cart/index.php，运行效果如图 4-9 所示。

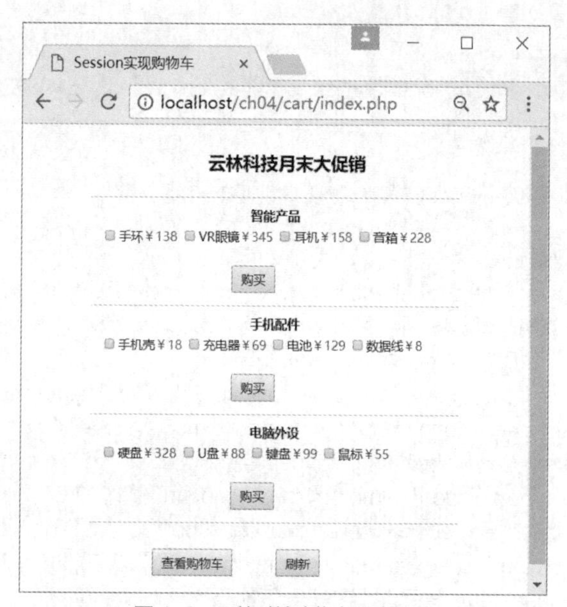

图 4-9　云林科技购物车程序界面

任务二　实现购物车的功能

1. 任务分析

单击“购买”按钮，可以将选中的商品放入购物车；单击“查看购物车”按钮，可以查看购物车的情况；单击“修改数量”按钮，可以修改已选商品的数量；单击“撤销购物”按钮，可以删除已选中的商品；单击“清空”按钮，可以将所选的全部商品删除；单击“继续购物”按钮，可以将新的商品添加到购物车；单击“刷新”按钮，可以重置当前表单的内容。

2. 代码实现

本程序综合运用了 PHP 以及 HTML、CSS 和 JavaScript 等技术，完整代码请参见本项目电子资源，核心代码如下。

```
<?php
//处理页面开启 Session 功能，存储 Session 的值
session_start(); //启用 Session
header('Content-Type:text/html; charset=utf-8');
if(!isset($_SESSION['cart'])){       //查看当前 Session 中是否定义了购物车变量
 $_SESSION['cart'] = array();        //没有的话就新建一个变量，其值是一个空数组
 //Session 销毁之后变为空
}
if(isset($_POST['cart'])){           //是不是从商品页面提交过来的
```

```
    /* 如果是，则把提交过来的商品加到购物车中。
定义关联数组，其键为商品名称，其值为一个数组，包括商品数量与商品价格。
第一次买进的商品，其商品数量为 1 */
for($i = 0; $i <count($_POST['cart']); $i++ ){
        $c = $_POST['cart'][$i];
        $rice=$_POST['r'.md5($c)];
        if(array_key_exists($c, $_SESSION['cart'])){
                $_SESSION['cart'][$c][0] = $_SESSION['cart'][$c][0] +1;
        }else{
                $_SESSION['cart'][$c] = array(1,$rice);              }
}
}
//是不是从购物车程序界面提交过来的
if(isset($_POST['d']) && isset($_POST['submitbtn']) && $_POST['submitbtn']=='修改数量'){
 foreach($_POST['d'] as $c){
        //如果是，则修改购物车
        $_SESSION['cart'][$c][0]=$_POST['n'.md5($c)]; }
}
//是不是从购物车管理界面提交过来的
if(isset($_POST['d']) && isset($_POST['submitbtn']) && $_POST['submitbtn']=='撤销购物'){
 foreach($_POST['d'] as $c){
        /*如果是，则将提交过来的商品序号从购物车数组中删除*/
        unset($_SESSION['cart'][$c]);    }
}
//清空购物车
if(isset($_GET['delall']) && $_GET['delall']==1 && isset($_SESSION['cart'])){
 unset($_SESSION['cart']);}
?>
<body>
<form name="form1" id="form1" action="cart.php" method="POST">
  <fieldset>
    <legend>Session 购物车</legend>
<?php
if(isset($_SESSION['cart']))
  {
    $cart = $_SESSION['cart'];   //得到购物车
 $j=0;
 $n=0;
 $t=0;
    foreach($cart as $i=>$c){      //对购物车里的商品进行遍历
        //将商品的名称输出到页面上，每个商品前面对应一个多选框，其值是商品在购物车中的编号
        //用数据 d 来存储购物车中所选的商品，用于 index.php 页面撤销/删除某些商品的业务处理
      echo "<br/>";
      if($j==0)
        echo  '<label  for="gwc'.$j.'"  class="item-label"><input  type="checkbox"  id="gwc'.$j.'"  name="d[]"
value="'.$i.'" required   minlength="1" tip="请选择至少一种" />'.$i.'  数量：<input name="n'.md5($i).'" value="'.$c[0].'"
size="1" type="digits" range="[1,99]" />  小计：<span>￥'.($c[0]*$c[1]).'</span></label>'.PHP_EOL;
      else
        echo  '<label  for="gwc'.$j.'"  class="item-label"><input  type="checkbox"  id="gwc'.$j.'"  name="d[]"
```

```
value="'.$i.'" />'.$i.' 数量：<input name="n'.md5($i).'" value="'.$c[0].'" size="1" type="digits" range="[1,99]" /> 小计：<span>￥'.($c[0]*$c[1]).'</span></label>'.PHP_EOL;
            $j++;
        $n+=$c[0];
        $t+=$c[0]*$c[1];
          }
     if($n>0)
        echo "<br/>";
        echo '<label class="item-label">   合计  总数量：'.$n.'   总金额：<span>￥'.$t.'</span></label>'.PHP_EOL;
      }
    ?>
          <label for="d[]" class="error">请选择至少一种</label>
       </fieldset>
     <p><input type="submit" name="submitbtn" class="item-button" value="修改数量" />
          <input type="submit" name="submitbtn" class="item-button" value="撤销购物" />
           <input type="button" class="item-submit" value="刷新" onclick="location='cart.php';" />
           <input type="button" class="item-submit" value="清空" onclick="location='cart.php?delall=1';" />
           <input type="button" class="item-button" value="继续购物" onclick="location='index.php';" />    </p>
   </form>
```

3. 运行效果

将文件保存到“D:\php\ch04\cart\cart.php”中，再在浏览器中访问 http://localhost/ch04/cart/cart.php，运行效果如图 4-10 所示。至此，购物车程序项目成功实现。

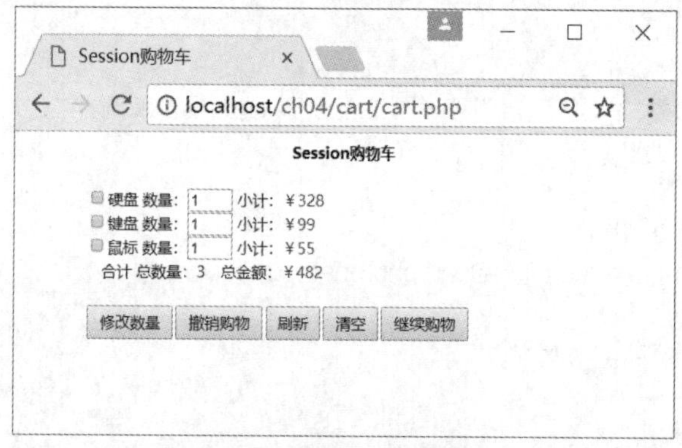

图 4-10　购物车程序的各种功能

【小结及提高】

本项目用 Session 实现了购物车程序。通过本项目的学习，读者能够掌握表单设计、正则表达式、Cookie 和 Session 等 PHP 开发基础知识，并能够熟练应用这些基础知识解决简单实际问题。另外，由于编程语言是精密的语言，程序少一个标点符号、少一个字母，都不能正常运行，因此在编写程序的过程中，要将严谨的工作习惯植入心中。

【项目实训】

微课

项目 4 【项目实训】

1. 实训要求

编写一个可以实现单点登录的程序。

2. 步骤提示

单点登录（Single Sign On，SSO）是身份管理的一部分，SSO 是指访问同一服务器不同应用中的受保护资源的同一用户，只需要登录一次，即通过一个应用中的安全验证后，再访问其他应用中的受保护资源时，不需要重新登录验证。

习题

一、填空题

1. 创建表单的 HTML5 标签是____________________________。
2. 正则表达式的主要作用是____________________________。
3. 删除 Cookie 一般使用____________________________。
4. Session 是把数据保存在______________，比较安全。

二、选择题

1. 以下有关表单的说法错误的是（　　）。
   A. 表单通常用于收集用户信息
   B. 在<form>标签中使用 action 属性指定表单处理程序的位置
   C. 表单只能包含表单控件，不能包含其他诸如图像之类的内容
   D. 在<form>标签中使用 method 属性指定提交表单数据的方法
2. 以下验证身份证号的正则表达式，正确的是（　　）。
   A. \d{15}|\d{18}$　　B. \D{15}|\d{18}$
   C. \d{15}|\D{15}$　　D. \D{15}|\D{18}$
3. 下列关于 Cookie 的说法正确的是（　　）。
   A. Cookie 数据放在服务器上　　B. Cookie 不是很安全
   C. Cookie 不会影响服务器性能　　D. 单个 Cookie 保存的数据不能超过 1KB
4. 下列关于 Session 对象的说法错误的是（　　）。
   A. 服务器端不会主动销毁 Session 对象
   B. 用户退出 Session 对象失效
   C. 用户长时间不操作会导致 Session 对象销毁
   D. Session 对象只存在于服务器端
5. 在图像中添加文字可以使用（　　）函数来实现。
   A. imagettftext()　　B. imagestring()　　C. imagestringup()　　D. imagefill()

三、操作题

1. 制作一个表单，对表单的输入内容进行验证并显示输出内容。
2. 用 Session 编写一个简单的购物车程序。
3. 用 PHP 制作一个简单的图像。

项目5 制作员工档案管理系统

【项目导入】

云林科技为了更好地管理员工，将开发一个员工档案管理系统，唐经理把任务交给技术部周工程师（以下简称周工）来完成，并提出如下需求：第一，只有管理员用户才可以登录系统后台进行管理；第二，员工档案管理系统能实现员工信息的查看、添加、删除和修改等功能。员工档案管理系统界面设计如图 5-1 所示。

图 5-1 员工档案管理系统界面设计

【项目分析】

本项目主要通过 PHP 对 MySQL 数据库的操作来实现员工档案管理系统。本项目将学习 MySQL 数据库基础、MySQL 数据库的操作和操作 MySQL 数据库的常用函数等内容。再综合运用这些知识来完成员工档案管理系统的制作，全面提高综合编程能力。

【知识目标】

- 了解 MySQL 的特点。
- 熟悉 MySQL 的操作方式。
- 熟悉使用 PHP 操作 MySQL 数据库的方法。

【能力目标】

- 能够通过命令操作 MySQL 数据库。
- 能够熟练使用 phpMyAdmin 图形化管理工具。
- 能够使用 PHP 函数来操作 MySQL 数据库。

【素质目标】

培养爱国情怀，增强文化自信。

【知识储备】

5.1 MySQL 概述

数据库（Database）是按照数据结构来组织、存储和管理数据的仓库，每个数据库都有一个或多个不同的应用程序接口（Application Program Interface，API）用于创建、访问、管理、搜索和复制所保存的数据，也可以将数据存储在文件中，但是在文件中读写数据的速度相对较慢。所以，通常使用关系数据库管理系统（Relational Database Management System，RDBMS）来存储和管理数据。所谓的关系数据库管理系统，是建立在关系模型基础上的数据库，借助于集合代数等数学概念和方法来处理数据库中的数据。

关系数据库管理系统的特点如下。

（1）数据以表格的形式出现。

（2）每行为各种记录名称。

（3）每列为记录名称所对应的数据域。

（4）许多的行和列组成一张表单。

（5）若干的表单组成数据库。

关系数据库将数据保存在不同的表中，而不是将所有数据放在一个大仓库内，这样可加快存取速度并提高灵活性。

MySQL 是一个关系数据库管理系统，由瑞典的 MySQL AB 公司开发，目前属于 Oracle 公司旗下产品。MySQL 是最流行的关系数据库管理系统之一，在 Web 应用方面，MySQL 是最好的关系数据库管理系统之一。

5.1.1 MySQL 的特点

MySQL 所使用的结构查询语言（Structure Query Language，SQL）是用于访问数据库的常用标准化语言。由于 MySQL 具有体积小、速度快、总体成本低，尤其是开放源代码等特点，一般中小型网站都选择 MySQL 作为数据库。

MySQL 的稳定版本是 5.7.17，若是生产环境，则优先选择这个版本。2016 年 9 月 12 日，MySQL 8.0.0 开发里程碑版本数字版权管理（Digital Rights Management，DMR）发布，若需要体验最新的数据库功能，则可以选择这个版本。

总的来说，MySQL 有如下特点。

（1）MySQL 是开源的，不需要支付额外的费用。

（2）MySQL 使用标准的 SQL 数据语言形式。

（3）MySQL 允许存在于多个系统上，并且支持多种编程语言。这些编程语言包括 C、C++、Python、Java、Perl、PHP、Eiffel、Ruby 和 TCL 等。

（4）MySQL 对 PHP 有很好的支持，PHP 是目前流行的 Web 开发语言。

（5）MySQL 支持大型数据库，支持拥有 5 000 万条记录的数据仓库，32 位系统表文件最大可支持 4GB，64 位系统表文件最大可支持 8TB。

（6）MySQL 是可以定制的，采用了通用公共许可证（General Public License，GPL）协议，可以修改源代码来开发自己的 MySQL 系统。

5.1.2 MySQL 数据类型

数据类型定义了可以对数据执行的操作、数据的含义以及存储该类型值的方式，在 MySQL 数据库中，数据类型也称为字段类型或列类型。数据表中的每个字段都可以设置数据类型。MySQL 支持多种数据类型，大致可以分为 3 类：数值类型、日期/时间类型和字符串（字符）类型等。

1. 数值类型

MySQL 支持所有标准 SQL 数值类型。这些类型包括严格数值类型（INTEGER、SMALLINT、DECIMAL 和 NUMERIC），以及近似数值类型（FLOAT、REAL 和 DOUBLE PRECISION）。关键字 INT 是 INTEGER 的同义词，关键字 DEC 是 DECIMAL 的同义词。

作为标准 SQL 的扩展，MySQL 也支持数值类型 TINYINT、MEDIUMINT 和 BIGINT。部分数值类型的存储空间和取值范围如表 5-1 所示。

表 5-1　部分数值类型的存储空间和取值范围

类型	存储空间	取值范围（有符号）	取值范围（无符号）
TINYINT	1 字节	-128～127	0～255
SMALLINT	2 字节	-32 768～32 767	0～65 535
MEDIUMINT	3 字节	-8 388 608～8 388 607	0～16 777 215
INT	4 字节	-2 147 483 648～2 147 483 647	0～4 294 967 295
BIGINT	8 字节	-9 223 372 036 854 775 808～9 223 372 036 854 775 807	0～18 446 744 073 709 551 615

2. 日期/时间类型

日期/时间类型包括 DATETIME、DATE、TIMESTAMP、TIME 和 YEAR 等。每个日期/时间类型都有一个有效值范围和一个“零”值，当指定 MySQL 不能表示的值时使用“零”值。TIMESTAMP 类型有专有的自动更新特性。日期/时间类型的存储空间、取值范围和格式如表 5-2 所示。

表 5-2　日期/时间类型的存储空间、取值范围和格式

类型	存储空间	取值范围	格式
DATE	3 字节	1000-01-01—9999-12-31	YYYY-MM-DD
TIME	3 字节	'-838:59:59'—'838:59:59'	HH:MM:SS
YEAR	1 字节	1901—2155	YYYY
DATETIME	8 字节	1000-01-01 00:00:00—9999-12-31 23:59:59	YYYY-MM-DD HH:MM:SS
TIMESTAMP	4 字节	1970-01-01 00:00:00—2037 年某时	YYYYMMDD HHMMSS

3. 字符串类型

字符串类型包括 CHAR、VARCHAR、TINYBLOB、TINYTEXT、BLOB、TEXT 和 MEDIUMBLOB 等。字符串类型的大小和用途如表 5-3 所示。

表 5-3　字符串类型的大小和用途

类型	大小/字节	用途
CHAR	0～255	定长字符串
VARCHAR	0～65 535	变长字符串
TINYBLOB	0～255	不超过 255 个字符的二进制字符串
TINYTEXT	0～255	短文本字符串
BLOB	0～65 535	二进制形式的长文本数据
TEXT	0～65 535	长文本数据
MEDIUMBLOB	0～16 777 215	二进制形式的中等长度文本数据
MEDIUMTEXT	0～16 777 215	中等长度文本数据
LONGBLOB	0～4 294 967 295	二进制形式的极大文本数据
LONGTEXT	0～4 294 967 295	极大文本数据

CHAR 和 VARCHAR 类型类似，但它们保存和检索的方式不同，且它们的最大长度和是否保留尾部空格等方面也不同。

BINARY 和 VARBINARY 类型类似于 CHAR 和 VARCHAR 类型，不同的是它们包含二进制字符串而不是非二进制字符串。也就是说，它们包含字节字符串而不是字符字符串。这说明它们没有字符集，并且排序和比较基于列值字节的数值。

BLOB 是一个二进制类型的大对象，可以容纳可变数量的数据。MySQL 有 4 种 BLOB 类型：TINYBLOB、BLOB、MEDIUMBLOB 和 LONGBLOB。它们只是可容纳值的最大长度不同。

有 4 种 TEXT 类型：TINYTEXT、TEXT、MEDIUMTEXT 和 LONGTEXT，分别对应 4 种 BLOB 类型，有相同的最大长度和存储需求。

5.2 使用命令行操作 MySQL

在没有图形界面管理或者偶尔要维护数据的情况下，可以使用命令行的方式快速、有效地操作 MySQL 数据库。通过命令行来操作 MySQL 数据库要求用户拥有管理权限。

5.2.1 启动和关闭 MySQL 服务器

进行 MySQL 数据库操作之前需要启动 MySQL 服务器，完成 MySQL 数据库操作之后需要关闭 MySQL 服务器，以节约系统资源。

1. 启动 MySQL 服务器

进行 MySQL 数据库操作之前需要启动 MySQL 服务器。

（1）从 Windows 命令行启动 MySQL 服务器

可以从命令行手动启动 MySQL 服务器，这可以在任何版本的 Windows 中实现。

具体操作是：依次单击“开始”→“附件”，右击“命令提示符”，在弹出的快捷菜单中选择“以管理员身份运行”命令，在弹出的窗口中输入“net start mysql57”命令，按“Enter”键后会看到 MySQL 服务器的启动信息，如图 5-2 所示。

（2）以 Windows 服务方式启动 MySQL 服务器

在 Windows 系列版本中，一般都将 MySQL 服务器安装为 Windows 服务，当 Windows 启动、停止时，MySQL 也自动启动、停止。

我们还可以从命令行使用 net 命令或使用图形 Services 工具来控制 MySQL 服务器。

2. 关闭 MySQL 服务器

完成 MySQL 数据库操作之后需要关闭 MySQL 服务器，以节约系统资源。

（1）从 Windows 命令行关闭 MySQL 服务器

可以从命令行手动关闭 MySQL 服务器，这可以在任何版本的 Windows 中实现。

具体操作是：依次单击“开始”→“附件”，右击“命令提示符”，从弹出的快捷菜单中选择“以管理员身份运行”命令，在弹出的窗口中输入“net stop mysql57”，按“Enter”键后会看到 MySQL 服务器的关闭信息，如图 5-3 所示。

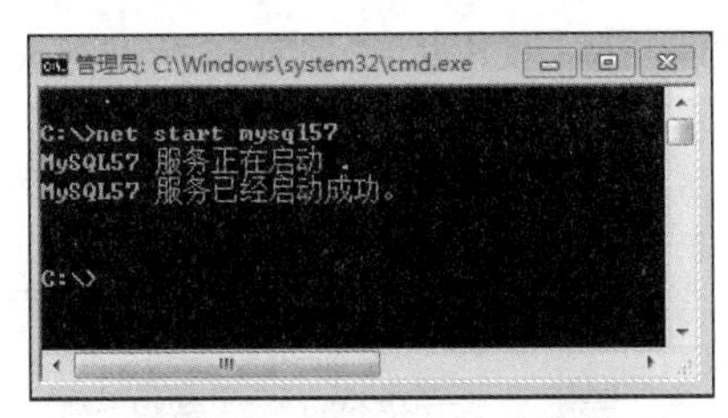

图 5-2　启动 MySQL 服务器

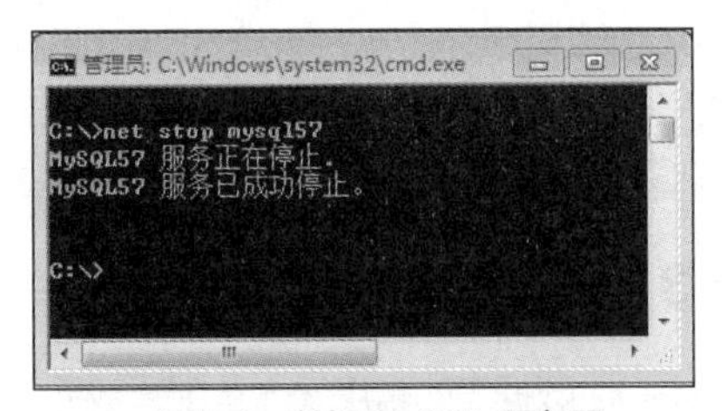

图 5-3　关闭 MySQL 服务器

（2）从 Windows 服务中关闭 MySQL 服务器

单击“开始”→“控制面板”→“管理工具”，双击“服务”，选中“MySQL57”，再单击左侧的“停止”按钮即可关闭 MySQL 服务器。

5.2.2 操作 MySQL 数据库

对 MySQL 数据库的常用操作有连接 MySQL 服务器、创建数据库、查看数据库、选择数据库和删除数据库等。

1. 连接 MySQL 服务器

可用命令行方式连接 MySQL 服务器，命令的具体格式如下。

```
mysql -u 用户名 -p 密码 -h 服务器 IP 地址 -P MySQL 服务器端口号 -D 数据库名
```

若 MySQL 服务器就是本机，而且默认端口为“3306”，那么命令可以简化为：

```
mysql -u 用户名 -p 密码
```

要连接项目 1 中安装好的 MySQL 服务器，具体方法是：依次单击“开始”→“附件”→“命令提示符”，从弹出的窗口中输入“mysql -u root -p”，按“Enter”键后会提示输入密码，输入前面自己设置的密码，即可连接 MySQL 服务器，如图 5-4 所示。

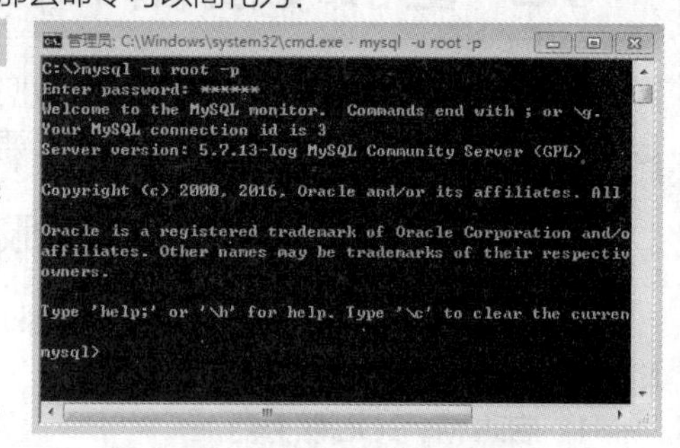

图 5-4 连接 MySQL 服务器

2. 创建数据库

在创建表之前，需要先创建数据库。创建数据库的语法格式如下。

```
CREATE DATABASE 数据库名 [[DEFAULT] CHARACTER SET charset_name | [DEFAULT] COLLATE collation_name];
```

数据库只需要创建一次，但是必须在每次启动 MySQL 会话时在使用前先选择它。还可以在调用 MySQL 时通过命令行选择数据库，只需要在提供连接参数之后指定数据库名称。

【例 1】创建 student 数据库。

```
mysql> CREATE DATABASE student COLLATE utf8mb4_unicode_ci;
```

3. 查看数据库

可以使用 SHOW DATABASE 命令查看服务器当前存在什么数据库，不同 MySQL 服务器上的数据库列表是不同的，但是很可能有 mysql 和 test 数据库。mysql 数据库是必需的，因为它描述了用户访问权限，而 test 是安装时创建的一个测试数据库，是空数据库，没有任何表，也没有实际用途，可将其删除。

请注意，如果没有查看数据库 SHOW DATABASES 权限，则不能看见所有数据库。

4. 选择数据库

创建数据库并不表示选定并使用它，所以你必须明确地操作连接它。为了使 student 成为当前的数据库，使用“USE 数据库名”命令就可以切换不同的数据库了。

5. 删除数据库

删除数据库可以使用 DROP 语句，其语法格式如下。

```
DROP {DATABASE | SCHEMA} [IF EXISTS] 数据库名;
```

DROP DATABASE 用于取消数据库中的所用表和取消数据库。使用此语句时要非常小心！如果要使用 DROP DATABASE，则需要获得数据库 DROP 权限。

IF EXISTS 用于防止当数据库不存在时发生错误。

5.2.3 操作 MySQL 数据表

对 MySQL 数据表的常用操作有创建数据表、查看数据表、查看数据表结构、修改数据表结构和删除数据表等。

1. 创建数据表

数据表是存储信息的容器，信息以二维表的形式存储于数据表中。数据表由列和行组成，列也称为字段，每个字段用于存储某种数据类型的信息；行也称为记录，每条记录为数据表中的一条完整的信息。创建并选定数据库后就可以创建数据表，创建数据表的语法格式如下。

```
CREATE [TEMPORARY] TABLE [IF NOT EXISTS] tbl_name
    [(create_definition,...)]
    [table_options] [select_statement]
```

CREATE TABLE 用于创建带给定名称的表，前提是必须拥有表的 CREATE 权限。

默认的情况是，表被创建到当前的数据库中。如果表已存在，或者如果没有当前数据库，则会出现错误。

表名称被指定为 db_name.tbl_name，以便在特定的数据库中创建表。不论是否有当前数据库，都可以通过这种方式创建表。如果使用加引号的识别名，则应对数据库和表名称分别加引号。例如，'mydb'. 'mytbl'是合法的，但'mydb.mytbl'是不合法的。

【例 2】创建表 5-4 所示的数据表。

表 5-4　数据表

字段名	数据类型	数据宽度	是否为空	是否为主键	是否自动增加	默认值
id	int	4	否	是	是	
name	char	20	否			
sex	int	1	否			0
class	char	6	是			

在命令行中输入对应命令便可完成数据表的创建。

```
mysql> create table stu_table
    -> (
    -> id int(4) not null primary key auto_increment,
    -> name char(20) not null,
    -> sex int(1) not null default 0,
    -> class char(6) null
    -> );
```

2. 查看数据表

每个数据库都可以有多个数据表，查看数据表的语法格式如下。

```
SHOW [FULL] TABLES [FROM db_name] [LIKE 'pattern']
```

SHOW TABLES 列举了给定数据库中的非 TEMPORARY 表。

SHOW 命令也支持 FULL 修饰符，这样 SHOW FULL TABLES 就可以显示第二个输出列。对于一个表，第二列的值为 BASE TABLE；对于一个视图，第二列的值为 VIEW。

如果对一个表没有权限，则该表不会在来自 SHOW TABLES 的输出中显示。

3. 查看数据表结构

查看数据表结构有两种方法：

```
DESCRIBE 表名;
SHOW FIELDS FROM 表名;
```

4. 修改数据表结构

若用户对数据表的结构不满意，则可以使用 ALTER TABLE 命令进行修改，ALTER TABLE 命令用于修改原有表的结构。例如，可以增加或删除列、创建或取消索引、修改原有列的类型、重新命名列或表，还可以修改表的备注和表的类型。

修改数据表结构的常用用法如下。

（1）删除列

```
ALTER TABLE 表名 DROP 列名称
```

（2）增加列

```
ALTER TABLE 表名 ADD 列名称 INT NOT NULL COMMENT '注释说明'
```

（3）修改列的类型信息

```
ALTER TABLE 表名 CHANGE 列名称 新列名称 BIGINT NOT NULL COMMENT '注释说明'
```

（4）重命名列

```
ALTER TABLE 表名 CHANGE 列名称 新列名称 BIGINT NOT NULL COMMENT '注释说明'
```

（5）重命名表

```
ALTER TABLE 表名 RENAME 新表名
```

（6）删除表中的主键

```
ALTER TABLE 表名 DROP primary key
```

（7）添加主键

```
ALTER TABLE sj_resource_charges ADD CONSTRAINT PK_SJ_RESOURCE_CHARGES PRIMARY KEY (resid,resfromid)
```

（8）添加索引

```
ALTER TABLE sj_resource_charges add index INDEX_NAME (name);
```

（9）添加唯一限制条件索引

```
ALTER TABLE sj_resource_charges add unique emp_name(cardnumber);
```

（10）删除索引

```
alter table tablename drop index emp_name;
```

5. 删除数据表

删除数据表的语法格式如下。

```
DROP [TEMPORARY] TABLE [IF EXISTS]
    tbl_name [, tbl_name] ...
    [RESTRICT | CASCADE]
```

DROP TABLE 用于取消一个或多个表，但必须有每个表的 DROP 权限才可以实现。使用此语句后，所有的表数据和表定义都会被取消，所以要小心！

对于不存在的表，使用 IF EXISTS 可防止发生错误。当使用 IF EXISTS 时，对于每个不存在的表，会生成一个警告信息。

5.2.4 操作 MySQL 数据

对 MySQL 数据表中数据常用的操作有添加表数据、更新表数据、查询表数据和删除表数据。

1. 添加表数据

INSERT 语句用于向一个已有的表中添加新行，其语法格式如下。

```
INSERT [LOW_PRIORITY | DELAYED | HIGH_PRIORITY] [IGNORE]
    [INTO] tbl_name [(col_name,...)]
    VALUES ({expr | DEFAULT},...),(...),...
    [ ON DUPLICATE KEY UPDATE col_name=expr,... ]
```

2. 更新表数据

UPDATE 语句用于对数据库中单个表的数据进行修改，其语法格式如下。

```
UPDATE [LOW_PRIORITY] [IGNORE] tbl_name
    SET col_name1=expr1 [, col_name2=expr2,...]
    [WHERE where_definition]
    [ORDER BY ...]
    [LIMIT row_count]
```

3. 查询表数据

SELECT 语句用来从数据表中检索信息，其语法格式如下。

```
SELECT what_to_select
FROM which_table
WHERE conditions_to_satisfy;
```

what_to_select 表示想要看到的内容，可以是列的列表，或用*表示所有列"。which_table 指定想要从中检索数据的表。WHERE 子句是可选项，如果选择该项，则 conditions_to_satisfy 指定行必须满足的检索条件。

（1）选择所有数据

SELECT 最简单的形式是从一个表中检索所有数据，其语法格式如下。

```
SELECT * FROM 表名;
```

（2）选择特殊行

检索整个表是容易的，只需要从 SELECT 语句中删掉 WHERE 子句。但是一般不想看到整个表，特别是当表变得很大时。相反，通常对回答一个具体的问题更感兴趣，在这种情况下在想要的信息上进行一些限制，可以从表中只选择特定的行，语法格式如下。

```
SELECT * FROM 表名 WHERE 字段名='要查询的值';
```

（3）选择特殊列

如果不想看到表中的所有列，就选择感兴趣的列，用逗号分开，语法格式如下。

```
SELECT 字段 1,字段 2 FROM 表名;
```

（4）排序行

可以使用 ORDER BY 子句将行按某种方式排序，使检查查询输出更容易，其语法格式如下。

```
SELECT 字段 1,字段 2 FROM 表名 ORDER BY 字段;
```

默认排序是升序，最小的值在第一位。想要以降序排列，在排序的列名上增加 DESC（降序 ）关键字即可。可以对多列进行排序，并且可以按不同的方向对不同的列进行排序。

（5）日期计算

MySQL 提供了几个用来计算日期的函数，如计算年龄或提取日期部分。想要确定每个人的年龄，可以计算当前日期和出生日期之间的差。如果当前日期的日历年比出生日期的早，则减去一年。以下查询显示了每个人的出生日期、当前日期和年龄，按 age 排序输出。

```
SELECT name, birth, CURDATE(),
(YEAR(CURDATE())-YEAR(birth)) - (RIGHT(CURDATE(),5)<RIGHT(birth,5))  AS age
FROM stu_table ORDER BY age;
```

（6）NULL 值操作

NULL 值是一种不属于任何类型的值。它通常用来表示"没有数据""数据未知""数据缺失""数据超出取值范围""与本数据列无关""与本数据列的其他值不同"等多种含义。在许多情况下，NULL 值是非常有用的。可以使用 IS NULL 和 IS NOT NULL 运算符来判断列是否为 NULL 值。

```
SELECT 1 IS NULL, 1 IS NOT NULL;
```

（7）模式匹配

在有些情况下，模糊查询是很有必要的，MySQL 提供标准的 SQL 模式匹配，以及一种基于类 UNIX 的实用程序如 vi、grep 和 sed 的扩展正则表达式模式匹配的格式。

SQL 模式匹配使用"_"匹配任何单个字符，使用"%"匹配任意数目字符。在 MySQL 中，SQL 的模式默认是忽略大小写的，使用 LIKE 或 NOT LIKE 运算符来实现是否忽略大小写地区匹配字符串。

例如，找出名字里含有"Z"的所有名字。

```
SELECT * FROM stu_table WHERE  name  LIKE  '%Z%';
```

（8）计算行数

在有些情况下，需要计算有多少符合条件的行。

COUNT(*)函数用于计算行数。

其语法格式如下。

```
SELECT  COUNT(*)  FROM 表名;
```

4. 删除表数据

DELETE 语句用于对数据库中单个表的数据进行删除，其语法格式如下。

```
DELETE [LOW_PRIORITY] [QUICK] [IGNORE] FROM tbl_name
    [WHERE where_definition]
    [ORDER BY ...]
    [LIMIT row_count]
```

若编写的 DELETE 语句中没有 WHERE 子句，则所有行都被删除。若不想知道被删除的行的数目，有一个更快的方法，即使用 TRUNCATE TABLE。

5.3 phpMyAdmin 图形化管理工具

使用 MySQL 命令行的方式操作数据库需要对 MySQL 和 SQL 知识非常熟悉，对使用者的要求较高，而且如果数据库的访问量很大，列表中的数据读取就会相当困难。如果使用合适的图形化工具，MySQL 数据库的管理就会变得相当简单。几乎每个开发人员都有自己钟爱的 MySQL 管理工具。

现在也有很多图形化的 MySQL 管理工具，常用的有 MyDB Studio、DBTools Manager、SQLwave 和 MyWebSQL 等，其中最为常用的就是基于 Web 的 phpMyAdmin 图形化管理工具。

phpMyAdmin 是一款使用 PHP 语言开发的 MySQL 管理工具，该工具是基于 Web 跨平台的管理程序，并且支持简体中文，用户可以在官网下载最新版本。phpMyAdmin 必须安装在 Web 服务器上才可以使用。

在项目 1 中搭建 PHP 运行环境时已经安装好了 phpMyAdmin，现在就可以直接使用了。

【案例 5-1】使用 phpMyAdmin 创建通讯录数据库，并创建一个数据表 book 来记录联系人信息。book 数据表字段设计如表 5-5 所示。

表 5-5 book 数据表字段设计

字段名	数据类型	是否为空	是否为主键	是否自动增加	默认值
id	int	否	是	是	
name	char	否			
bday	date	是			
tel	char	是			
addr	varchar	是			

（1）解题思路

① 创建数据库 address。

② 创建数据表 book。

③ 插入记录、设置权限和导出等。

（2）实现步骤：

① 在浏览器中访问 http://localhost/phpMyAdmin/，显示登录界面，输入 MySQL 管理员默认账号 root 和默认密码 root 进入 phpMyAdmin 主界面，如图 5-5 所示。

② 单击主界面顶部的“数据库”选项卡，然后在“新建数据库”文本框中输入“address”，选择“utf8mb4_unicode_ci”，单击“创建”按钮即可完成数据库的创建，如图 5-6 所示。

③ 单击数据库“address”，在“新建数据表”下的“名字”中输入“book”“字段”“5”，单击“执行”按钮，进入创建数据表字段界面，按图 5-7 所示输入后，单击“保存”按钮即可完成数据表的创建。

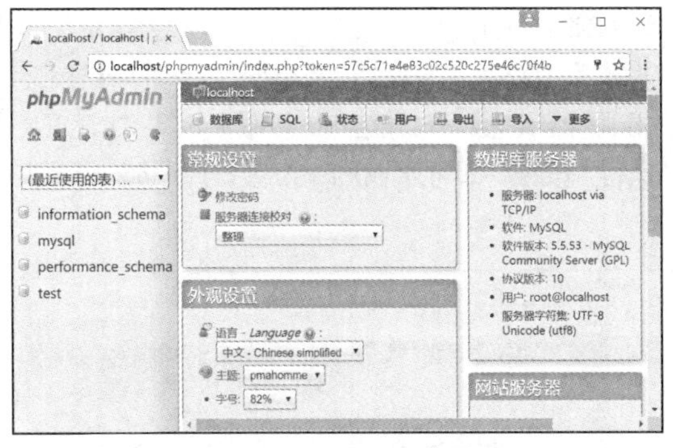

图 5-5 phpMyAdmin 主界面

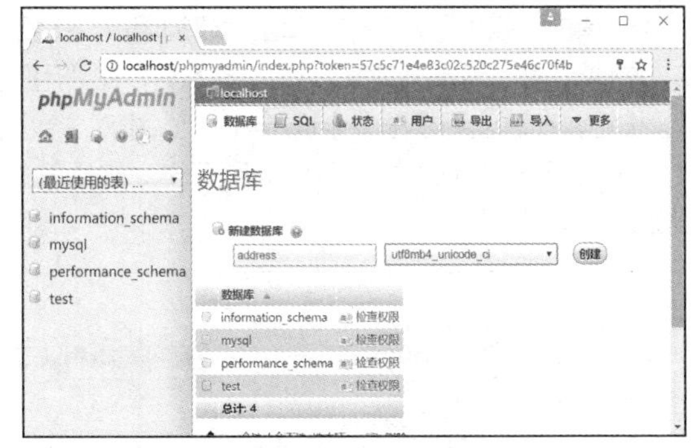

图 5-6 创建 address 数据库

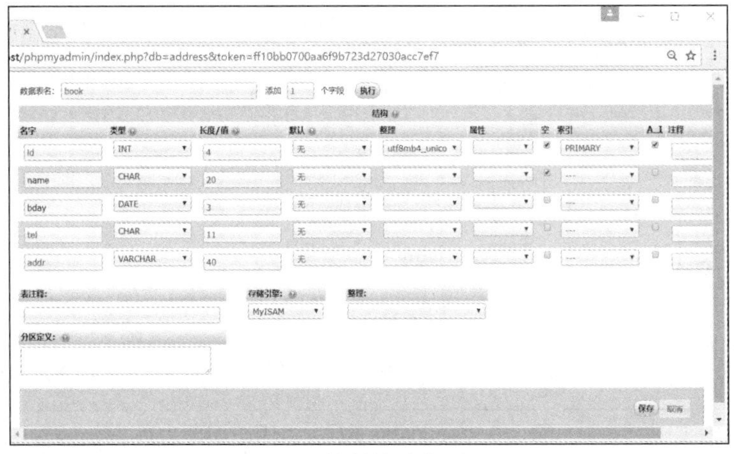

图 5-7 创建数据表字段界面

④ 单击“插入”选项卡，进入插入记录界面，输入相应信息后，单击“执行”按钮，即可向表中插入记录。插入记录后进行浏览，如图 5-8 所示。

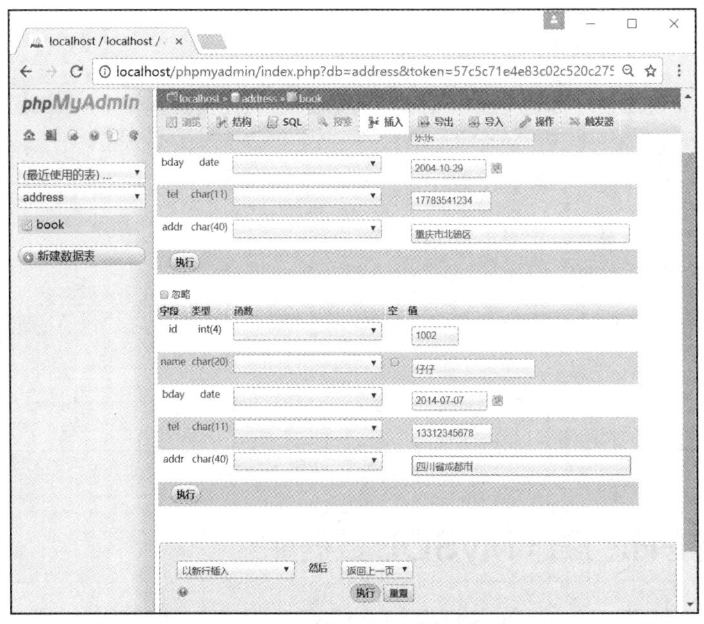

图 5-8 插入记录后进行浏览

⑤ 单击“权限”选项卡，单击“添加用户”按钮，在“用户名”中输入“add_user”，在“主机”中选择“本地”，在“密码”中输入“123456”，在“用户数据库”中选中“授予数据库"address"的所有权限”单选按钮，在“全局权限（全选/全不选）”中对“数据”权限全部选择，对“结构”权限只选择“INDEX”和“CREATE TEMPORARY TABLES”，最后单击“执行”按钮，即可为 address 数据库添加一个用户，如图 5-9 所示。

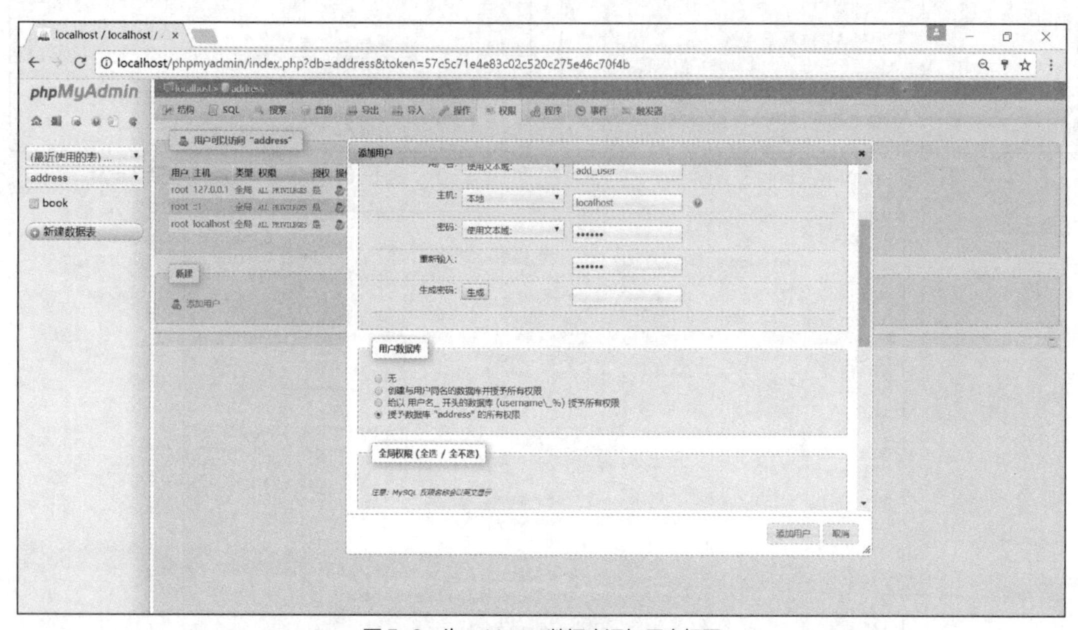

图 5-9　为 address 数据库添加用户权限

⑥ 单击“导出”选项卡，再单击“执行”按钮将数据表导出到“address.sql”文件中，如图 5-10 所示。下次再需要创建数据表时，可以从文件中直接导入，不用在服务器中操作，这样可降低难度，减少服务器上的操作，同时可以保证服务器上数据的安全性。

图 5-10　将数据表导出到文件

5.4 使用 PHP 操作 MySQL 数据库

PHP 支持与大部分数据库（如 SQL Server、Oracle、MySQL 等）的交互操作，但与 MySQL 结合最好。使用 PHP 操作 MySQL 数据库一般有以下 4 个步骤。

（1）连接 MySQL 数据库。
（2）执行 SQL 语句。
（3）关闭结果集。
（4）断开与 MySQL 数据库的连接。

5.4.1 连接数据库

要访问并处理数据库，必须先创建到达数据库的连接。在 PHP 中可以使用 MySQLI 或 PDO_MySQL 扩展两种方式，使用 MySQLI 可以很方便地连接并操作 MySQL 数据库，MySQLI 是一种连接和操作数据库的函数集合。

mysqli_connect()函数用于打开一个到 MySQL 数据库的新连接，返回一个代表到 MySQL 数据库的连接的对象。

语法格式如下。

```
mysqli_connect(host,username,password,dbname,port,socket);
```

参数说明如表 5-6 所示。

表 5-6 mysqli_connect()函数的参数说明

参数	说明
host	可选。规定主机名或 IP 地址
username	可选。规定 MySQL 用户名
password	可选。规定 MySQL 密码
dbname	可选。规定默认使用的数据库
port	可选。规定尝试连接到 MySQL 服务器的端口号
socket	可选。规定 Socket 或要使用的已命名 Pipe

【案例 5-2】连接 address 数据库。
（1）解题思路
① 使用 mysqli_connect()函数连接数据库。
② 显示是否连接成功。
（2）实现代码
打开编辑器，新建文件，在文件中输入以下 PHP 代码。

```
<?php
//设置连接参数
$link = mysqli_connect('localhost', 'add_user', '123456', 'address');
//连接失败时显示错误信息
if (!$link) {
  echo '连接错误('.mysqli_connect_errno().')'.mysqli_connect_error();
  }
else
  {
  //显示连接成功的信息
  echo 'PHP 连接 MySQL 数据库成功：'.mysqli_get_host_info($link) . "\n";
  //关闭数据库连接
  mysqli_close($link);
  }
?>
```

（3）运行结果

将文件保存到“D:\php\ch05\exp0502.php”中，再在浏览器中访问 http://localhost/ch05/exp0502.php，运行结果如图 5-11 所示。

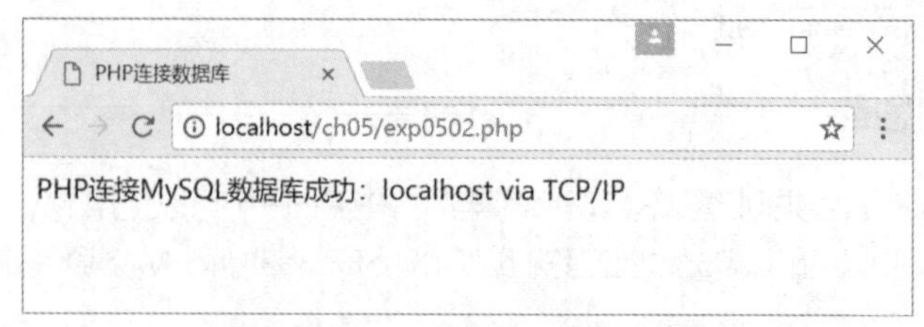

图 5-11　PHP 连接 MySQL 数据库

5.4.2　数据库基本操作

PHP 连接上 MySQL 数据库后就可以进行各种操作了，包括添加记录、修改记录、删除记录、查询记录等，相关的函数如下。

1. 对数据库执行一次查询

mysqli_query()函数执行某个针对数据库的查询，如果执行的是查询语句，则成功返回资源类型（结果集），失败返回 false；如果执行的是操作语句，则成功返回 true，失败返回 false。

语法格式如下。

```
mysqli_query(connection,query,resultmode);
```

参数说明如表 5-7 所示。

表 5-7　mysqli_query()函数的参数说明

参数	说明
connection	必需。规定要使用的 MySQL 连接
query	必需。规定查询字符串
resultmode	可选。一个常量，可以是下列值中的任意一个： MYSQLI_USE_RESULT（如果需要检索大量数据）; MYSQLI_STORE_RESULT（默认）

2. 以数组方式返回一行查询结果

mysqli_fetch_array()函数从结果集中取得一行，并作为关联数组或索引数组返回，或二者兼有。该函数返回的字段名是区分大小写的。

语法格式如下。

```
mysqli_fetch_array(result,resulttype);
```

参数说明如表 5-8 所示。

表 5-8　mysqli_fetch_array()函数的参数说明

参数	说明
result	必需。规定由 mysqli_query()、mysqli_store_result() 或 mysqli_use_result() 返回的结果集标识符
resulttype	可选。resulttype 为结果类型，一般为“MYSQLI_ASSOC”“MYSQLI_NUM”“MYSQLI_BOTH”

mysqli_fetch_assoc()函数返回一个字符串关联数组，该字符串表示结果集中提取的行，其中数组中的

每个键代表结果集某一列的名称；如果结果集中没有更多的行，则返回 NULL。

语法格式如下。

```
mysqli_fetch_assoc(result);
```

参数说明如表 5-8 中的参数 result 所示。

mysqli_fetch_row()函数从结果集中取得一行，并作为索引数组返回；如果结果集中没有更多的行，则返回 NULL。

语法格式如下。

```
mysqli_fetch_row(result);
```

参数说明也如表 5-8 中的参数 result 所示。

3. 获取结果集中行的数量

mysqli_num_rows()函数用于返回结果集中行的数量，语法格式如下。

```
mysqli_num_rows(result);
```

参数说明也如表 5-8 中的参数 result 所示。

4. 设置默认字符集

mysqli_set_charset()函数规定当与数据库服务器进行数据传送时要使用的默认字符集，如果成功，则返回 true，失败则返回 false。mysqli_set_charset()函数针对中文字符非常有用，很多数据库查询乱码的情况都是字符集的问题。

语法格式如下。

```
mysqli_set_charset(connection,charset);
```

参数说明如表 5-9 所示。

表 5-9　mysqli_set_charset()函数的参数说明

参数	说明
connection	必需。规定要使用的 MySQL 连接
charset	必需。规定默认字符集

【案例 5-3】显示通讯录数据库表中的记录。

（1）解题思路

① 使用 mysqli_connect()函数连接数据库。

② 使用 mysqli_query()函数对要操作的数据表进行查询，返回一个记录集。

③ 使用 mysqli_fetch_array 函数从记录集中取得一行作为数组。

④ 将数组中的内容用表格的形式循环输出。

（2）实现代码

打开编辑器，新建文件，在文件中输入以下 PHP 代码。

```
<?php
//设置连接参数
$link = mysqli_connect('localhost', 'add_user', '123456', 'address');
//连接失败时显示错误信息
if (!$link) {
  echo '连接错误('.mysqli_connect_errno().')'.mysqli_connect_error();
  }
else
  {
      $query="SELECT * FROM book";
 $result =mysqli_query($link,$query);
 $num=0;
```

```
    $info="";
    while($row = mysqli_fetch_array($result))
        {
        $num++;
        $query2="SHOW FIELDS FROM book";
        if($num==1)
          echo "<table>\n<tr>";
        $table_def = mysqli_query($link,$query2);
        for ($i=0;$i<mysqli_num_rows($table_def);$i++)
          {
          $row_table_def = mysqli_fetch_array ($table_def);
          $field = $row_table_def["Field"];
          if($num==1)
              {
              echo "<th>".$field."</th>";
              if($i+1==mysqli_num_rows($table_def))
                echo "</tr>\n";
              }
          if (isset($row) && isset($row[$field]))
              $special_chars = $row[$field];
          else
              $special_chars = "";
          if($i==0)
            $info.="<tr><td".($num%2==0?"class=two":" class=one").">".$special_chars."</td>";
          else if($i+1==mysqli_num_rows($table_def))
            $info.="<td".($num%2==0?"class=two":" class=one").">".$special_chars."</td></tr>\n";
          else
            $info.="<td".($num%2==0?"class=two":" class=one").">".$special_chars."</td>";
          }
        }
      if($num>0)
     echo $info."</table>\n";
      }
    //关闭数据库连接
    mysqli_close($link);
    }
?>
```

（3）运行结果

将文件保存到“D:\php\ch05\exp0503.php”中，再在浏览器中访问 http://localhost/ch05/exp0503.php，运行结果如图 5-12 所示。

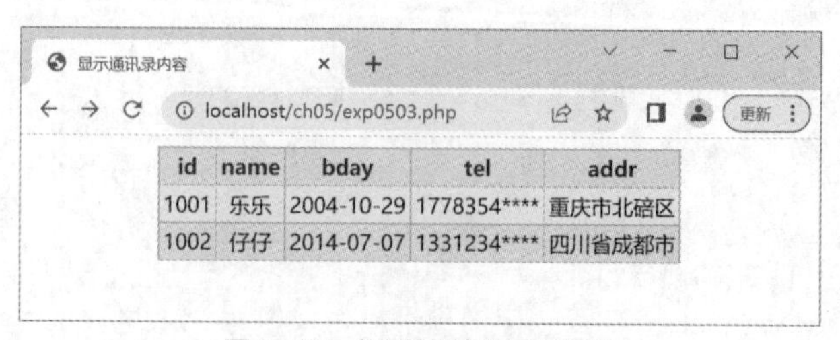

图 5-12 查询数据表并显示结果

也可以用下面比较简单的代码在页面上以表格的形式输出数据表中的内容。

```
$query="SELECT * FROM book";
$rs=mysqli_query($link,$query);
echo "<table border=1>";                    //使用表格格式化数据
 echo "<tr><td>ID</td><td>姓名</td><td>出生年月</td><td>电话</td><td>地址</td></tr>";
while($row=mysqli_fetch_array($rs))         //遍历结果集并赋值给数组
{
  echo "<tr>";
  echo "<td>".$row['id']."</td>";           //显示 ID
  echo "<td>".$row['name']." </td>";        //显示姓名
  echo "<td>".$row['bday']." </td>";        //显示出生年月
  echo "<td>".$row['tel']." </td>";         //显示电话号码
  echo "<td>".$row['addr']." </td>";        //显示地址
  echo "</tr>";
}
  echo "</table>";
```

5. 关闭数据库连接

每一次的数据库操作都会占用服务器的系统资源，因此数据库操作完成后应该及时关闭数据库连接。使用 mysqli_close()函数可以关闭数据库连接，语法格式如下。

```
mysqli_close(connection );
```

参数说明如表 5-10 所示。

表 5-10 mysqli_close()函数的参数说明

参数	说明
connection	必需。规定要关闭的 MySQL 连接

【案例 5-4】添加联系人到通讯录。

（1）解题思路

① 连接数据库。

② 插入记录。

③ 超链接到 exp0503.php 进行显示。

（2）实现代码

打开编辑器，新建文件，在文件中输入以下 PHP 代码。

```
 <?php
//设置连接参数
$link = mysqli_connect('localhost', 'add_user', '123456', 'address');
//连接失败时显示错误信息
if (!$link) {
  echo '连接错误('.mysqli_connect_errno().')'.mysqli_connect_error();
  }
else
  {
      //插入 SQL 语句
  $sql="INSERT INTO book(name,bday,tel,addr) VALUES ('王丽','2002-07-20', '123456','重庆沙坪坝')";
  //echo $sql;  //如果出错，则输出 SQL 语句进行排错
 $result =mysqli_query($link,$sql);
 if($result){
```

```
            echo '插入记录成功！';
        echo '<a href=exp0503.php>单击显示</a>';
            }
    else
     {
    echo '插入联系人失败！'."<br />";
     }
      //关闭数据库连接
      mysqli_close($link);
      }
    ?>
```

（3）运行结果

将文件保存到“D:\php\ch05\exp0504.php”中，再在浏览器中访问 http://localhost/ch05/exp0504.php，运行结果如图 5-13 所示。

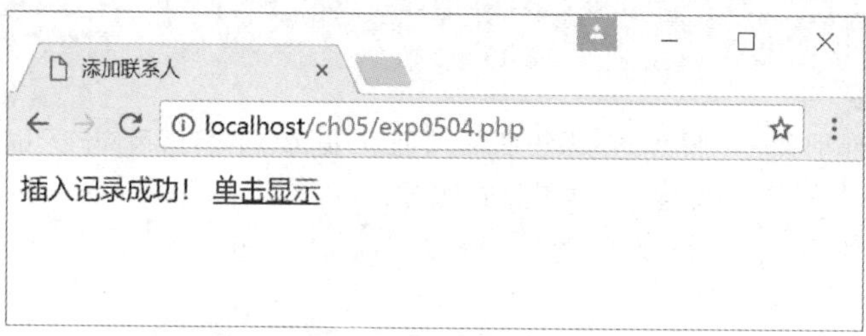

图 5-13 添加联系人

【案例 5-5】删除通讯录中 id 为 1003 的联系人。

（1）解题思路

① 连接数据库。

② 删除相应的记录。

③ 直接跳转到 exp0503.php 进行显示。

（2）实现代码

打开编辑器，新建文件，在文件中输入以下 PHP 代码。

```
<?php
//设置连接参数
$link = mysqli_connect('localhost','add_user','123456','address');
//连接失败时显示错误信息
if (!$link) {
   echo '连接错误('.mysqli_connect_errno().')'.mysqli_connect_error();
   }
else
   {
     $sql="delete from book where id='1003'";
   $result =mysqli_query($link,$sql);
 if($result){
           //删除成功，直接跳转以显示
       header("location:exp0503.php");
           }
 else
  {
           echo '删除联系人失败！'."<br />";
```

```
        }
    }
    //关闭数据库连接
    mysqli_close($link);
?>
```

（3）运行结果

将文件保存到“D:\php\ch05\exp0505.php”中，再在浏览器中访问 http://localhost/ch05/exp0505.php，运行结果如图 5-14 所示。

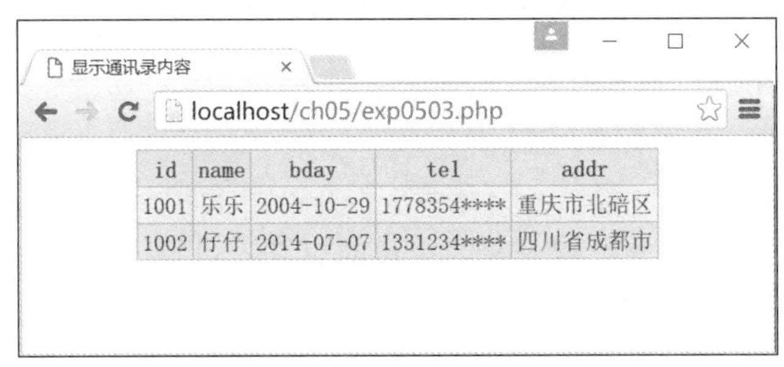

图 5-14　删除联系人

【案例 5-6】将通讯录中联系人姓名为“仔仔”的姓名修改为“梓轩”。

（1）解题思路

① 连接数据库。

② 修改相应的记录。

③ 直接跳转到 exp0503.php 进行显示。

（2）实现代码

打开编辑器，新建文件，在文件中输入以下 PHP 代码。

```
<?php
//设置连接参数
$link = mysqli_connect('localhost', 'tang', 'tang1234', 'addressdb');
//连接失败时显示错误信息
if (!$link) {
  echo '连接错误('.mysqli_connect_errno().')'.mysqli_connect_error();
  }
else
  {
      $query="update address_table set name='杨英英' where name='英英'";
 $result =mysqli_query($link,$query);
 if($result){
        echo '修改联系人成功！';
    echo '<a href=exp0603.php>单击显示</a>';  }
 else
  {
        echo '修改联系人失败！'."<br />";
        echo '<a href=exp0603.php>单击显示</a>';    }
     }
  //关闭数据库连接
  mysqli_close($link);
?>
```

（3）运行结果

将文件保存到“D:\php\ch05\exp0506.php”中，再在浏览器中访问 http://localhost/ch05/exp0506.php，运行结果如图 5-15 所示。

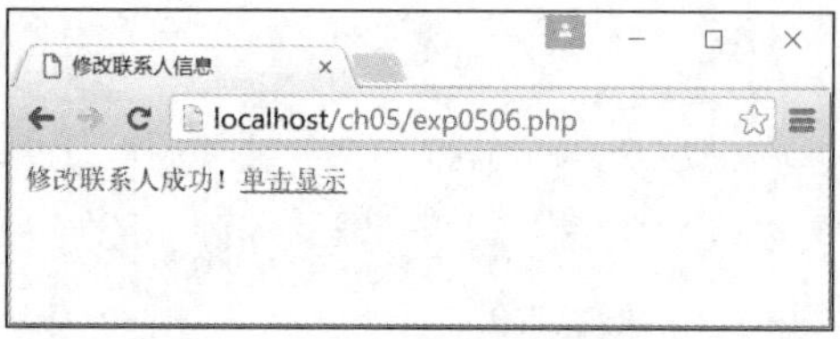

图 5-15　修改联系人信息

【项目实现】制作员工档案管理系统

接到项目后，周工分析了员工档案管理系统的要求，按照一般项目的开发流程把此项目分成以下 4 个任务来实现：数据库设计、主界面设计、添加员工档案功能和删除员工档案功能。

任务一　数据库设计

1. 任务分析

数据库的设计对员工档案管理系统的实现起着至关重要的作用，设计合理的数据表结构不仅有利于员工档案管理系统的开发，而且有利于提高员工档案管理系统的性能。根据员工档案管理系统的要求，创建一个数据库 employedb，然后设计如下两个数据表。

（1）员工信息表 employe

员工信息表用于保存员工的基本档案信息，其结构如表 5-11 所示。

表 5-11　员工信息表

字段名	数据类型	描述
id	int(4)	主键 ID，自动增长
name	varchar(20)	员工姓名
sex	enum ('男', '女')	员工性别
entry	date(3)	员工入职时间
dept	varchar(20)	员工所在部门
tel	varchar(20)	员工联系电话

（2）管理员表 manager

管理员表用于保存管理员账号和密码信息，其结构如表 5-12 所示。

表 5-12　管理员表

字段名	数据类型	描述
id	int(4)	主键 ID，自动增长
name	varchar(20)	用户姓名，唯一约束
pwd	varchar(20)	用户登录密码

2. 实现步骤

使用 phpMyAdmin 来创建数据库和数据表，操作过程参见案例 5-1，为数据库 employedb 添加一个用户——用户名为 empl_user，密码为 empl1234，如图 5-16 所示。

在主目录下建立一个项目目录 employe，然后建立一个连接数据库的文件 conn.php，将其保存在项目目录下的 inc 目录中，方便使用时调用。conn.php 文件内容如下。

```
<?php
$link=@mysqli_connect('localhost','empl_user','empl1234','employedb');
if(!$link)
 exit("数据库连接失败");        //出错则退出
?>
```

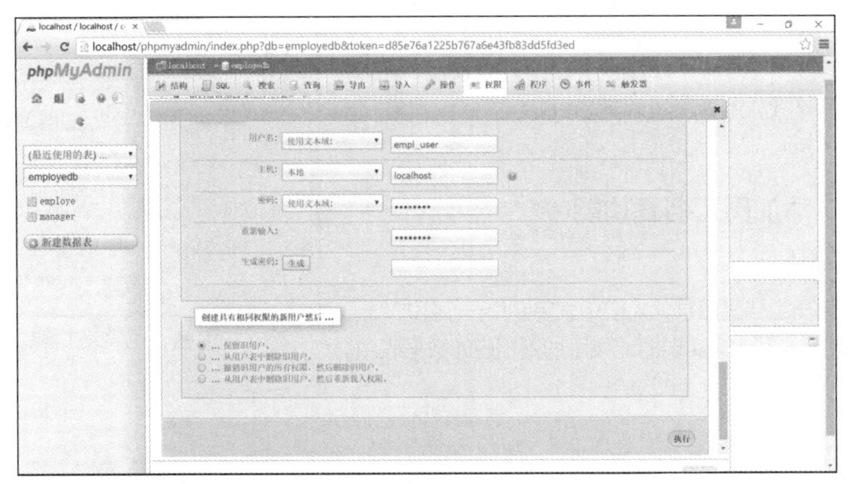

图 5-16　数据库 employedb

任务二　主界面设计

1. 任务分析

员工档案管理系统的主界面要显示员工档案信息，为了方便管理员操作，界面上要有实现添加、删除和修改等功能的按钮。

2. 代码实现

其核心代码如下。

```
<h1>云林科技员工档案管理</h1>
<?php
    include("inc/conn.php");        //连接数据库

    $sql="select * from employe";
    $rs=mysqli_query($link,$sql);
    echo "<table>";
    echo  "<tr><th>编号</th><th>姓名</th><th>性别</th><th>入职时间</th><th>部门</th><th>联系电话
</th><th>操作</th></tr>\n";
    while($row=mysqli_fetch_assoc($rs))
    {
      echo "<tr>";
      echo "<td>".$row['id'];
      echo "<td>".$row['name'];
      echo "<td>".$row['sex'];
      echo "<td>".$row['entry'];
      echo "<td>".$row['dept'];
      echo "<td>".$row['tel'];
      echo "<td><a href=modi.php?id=".$row['id'].">修改</a> <a href=del.php?id=".$row['id'].">删除</a>";
      echo "</tr>\n";
    }
    echo "</table>";
   mysqli_close($link);     //关闭数据库连接
?>
<p><a href="add.php">添加员工</a> <a href="logout.php">退出登录</a></p>
```

3. 运行效果

将文件保存到“D:\php\ch05\employe\index.php”中，再在浏览器中访问 http://localhost/ch05/employe/index.php，运行结果如图 5-17 所示。

图 5-17 员工档案管理

任务三 添加员工档案功能

1. 任务分析

要添加一条员工档案记录，先使用表单制作一个添加员工档案的界面，然后编写代码实现把记录添加到相应的数据表中。

2. 代码实现

其核心代码如下。

```
 <?php
include("inc/power.php");
if(!empty($_POST['btn_save']) && !empty($_POST['name'])){        //是否单击了提交按钮，并且用户名不为空
 include("inc/conn.php");              //连接数据库
 $name=$_POST['name'];          //取值
 $sex=$_POST['sex'];
 $entry=$_POST['entry'];
 $dept=$_POST['dept'];
 $tel=$_POST['tel'];
 $info="添加记录失败！ ";              //默认出错信息
 $sql="insert employe(name,sex,entry,dept,tel)values('$name','$sex','$entry','$dept','$tel')";
 $rs=mysqli_query($link,$sql);
 if($rs)
 {
        $info="";
        header("location:index.php");
 }
}
?>
<!DOCTYPE html>
<html>
<head>
<meta charset="utf-8">
<title>添加员工信息</title>
<link href="css/common.css" rel="stylesheet" type="text/css" />
</head>
<body>
<?php
if(!empty($info))
   echo "<p>".$info."</p>\n";
?>
<form method="post" action="">
     <h3>添加员工信息</h3>
     <div>
     <p>姓名：<input type="text" name="name" required>(*必填）</p>
     <p>性别：<input type="radio" name="sex" value="男" checked>男
              <input type="radio" name="sex" value="女">女</p>
```

```
        <p>入职时间：<input type="date" name="entry"></p>
        <p>部门：<input type="text" name="dept"></p>
        <p>联系电话：<input type="text" name="tel"></p>
        </div>
        <p><input type="submit" name="btn_save" value="添加员工">
          <input  type="reset"  name="res"  id="res"  onClick="{window.open('index.php','_self','');return  false;}"
value="返回">
        </p>
    </form>
    </body>
    </html>
```

3. 运行效果

将文件保存到“D:\php\ch05\employe\add.php”中，再在浏览器中访问 http://localhost/ch05/employe/add.php，运行结果如图 5-18 所示。

图 5-18　添加员工信息

任务四　删除员工档案功能

1. 任务分析

要删除一条员工档案记录，需要在主界面的每条记录后制作一个删除按钮，然后编写代码实现删除功能，单击删除按钮即可删除对应的记录。

图 5-18 彩图

2. 代码实现

其核心代码如下。

```
<?php
include("inc/power.php");
if(empty($_GET['id']))
  exit("非法进入！");
$id=$_GET['id'];                              //取值
include("inc/conn.php");                      //连接数据库
$sql="delete from employe where id='$id'";    //删除语句
$rs=mysqli_query($link,$sql);                 //执行 SQL 语句
mysqli_close($link);                          //关闭连接
header("location:index.php");                 //跳转
?>
```

3. 运行效果

将文件保存到“D:\php\ch05\employe\del.php”中，在主界面中单击“删除”按钮，即可删除对应的记录，如图 5-19 所示。

编号	姓名	性别	入职时间	部门	联系电话	操作	
1001	唐林	男	2022-06-01	销售部	1891234****	修改	删除
1002	黎云	男	2022-06-01	技术部	1890833****	修改	删除
1007	王丽	女	2022-06-03	技术部	1388373****	修改	删除

图 5-19　删除员工档案记录

【小结及提高】

本项目实现了员工档案管理系统的制作。通过本项目的学习，读者能够掌握 MySQL 数据库基础、MySQL 数据库的操作和常用的操作 MySQL 数据库的函数，并能够熟练应用这些知识来开发简单的数据库系统。

【项目实训】

微课

项目 5 【项目实训】

实训要求

本实训要求在员工档案管理系统的基础上继续实现如下功能。

（1）完成员工档案管理系统修改功能。

（2）完成员工档案管理系统登录功能。

（3）美化员工档案管理系统。

习题

一、填空题

1. 关闭 MySQL 服务器的命令是______。
2. DATETIME 类型使用______字节来表示日期和时间。
3. 当 UPDATE 语句中不使用______语句时，会将表中所有数据的指定字段全部更新。
4. 主键的值不能为________。

二、选择题

1. 以下能实现创建 book 表，并添加 id 字段和 title 字段的 SQL 语句是（　　）。

A．
```
create table book{
id varchar(32),
title varchar(50)
};
```
B．
```
create table book(
id varchar2(32),
title varchar2(50)
);
```
C．
```
create table book(
id varchar(32),
title varchar(50)
);
```
D．
```
create table book[
id varchar(32),
title varchar(50)
];
```

2. 用户表 user 中有字段 age，表示“查询年龄为 18 或 20 的用户”的 SQL 语句是（　　）。

A．select * from user where age = 18 or age = 20;

B．select * from user where age = 18 && age= 20;

C．select * from user where age = 18 and age = 20;

D．select * from user where age = (18,20);

3. 修改数据库表结构的命令是（　　）。

A．update　　B．Create　　C．updated　　D．alter

三、操作题

1. 以命令行方式连接 MySQL 服务器并进行相关操作。
2. 下载 phpMyAdmin 最新稳定版本并安装在自己的计算机上。
3. 用 PHP 直接实现用户留言表的建立。

项目6

制作新闻系统模板解析

06

【项目导入】

云林科技将在网上实时发布公司的各种新闻，因此需要开发一个新闻系统，唐经理把任务交给技术部赵工来完成，并提出如下需求：首先，因为此系统面向所有的互联网用户，所以其界面要美观、大方，并且要有一定的专业性；其次，要求新闻发布和管理很轻松，管理员只需设置标题、内容和图片等，系统就能自动生成对应的新闻网页。新闻系统界面设计如图 6-1 所示。

图 6-1　新闻系统界面设计

图 6-1 彩图

【项目分析】

为了更好地完成云林科技的新闻系统，技术部将此项目分成前端界面设计和系统后台管理设计与制作两部分来完成。本项目将学习新闻系统界面设计，包括用到的 HTML5 页面布局技术、CSS3 页面美化技术、模板解析技术以及各种浏览器兼容技术等。再综合运用这些知识来完成云林科技的新闻系统的前端界面设计。

【知识目标】

- 学习 HTML5 和常用布局方法。
- 学习 CSS3 和页面显示控制技术。
- 学习自定义模板解析技术。
- 学习模板解析案例的具体实施方法。

【能力目标】

- 能够熟练使用 HTML5 的常用布局方法。
- 能够熟练使用 CSS3 页面美化方法。

- 能够掌握自定义模板解析技术。
- 能够综合运用上述技术来实施新闻系统的前端界面设计。

【素质目标】

具有知识产权的保护意识。

【知识储备】

6.1 HTML 简介

HTML 不是一种编程语言，而是一种标记语言，其用一套标记来描述网页。

网页文件本身是一种文本文件，通过在文本文件中添加标记，告诉浏览器如何显示其中的内容，如文字如何处理、画面如何安排、图片如何显示等。浏览器按顺序阅读网页文件，然后根据标记符解释和显示其内容，对书写出错的标记将不指出其错误且不停止其解释执行过程，仅通过显示效果来分析出错的原因和部位。

一个网页对应多个 HTML 文件，HTML 文件以“.htm”或“.html”为扩展名。

HTML 从 1993 年诞生以来，不断地发展与完善。从 HTML 2.0、HTML 3.2、HTML 4.0、HTML 4.01，直到最新的 HTML 5.0，其功能越来越强大，表现越来越完美。

HTML 网页是由元素和标签构成的。

元素是符合文档类型定义（Document Type Definition，DTD）的文档组成部分，元素指的是从开始标签到结束标签的所有代码，如 title（文档标题）、img（图像）、table（表格）等，元素名不区分大小写。

HTML 用标签来规定元素的属性和它在文档中的位置。标签分为单独出现的标签和成对出现的标签（以下简称成对标签）两种。大多数的标签是成对出现的，由开始标签和结束标签组成。开始标签的格式为<元素名>，结束标签的格式为</元素名>。成对标签用于规定元素所含的范围。

1. <html>标签

<html>标签是文档标识符，它是成对出现的，开始标签<html>和结束标签</html>分别位于文档的最前面和最后面，明确地表示文档是以 HTML 编写的。该标签不带有任何属性。

2. <head>标签

一般把 HTML 文档分为文档头部和文档主题两个部分。文档主题部分就是在浏览器用户区看到的内容。而文档头部用来规定该文档的标题（出现在浏览器窗口的标题栏中）和文档的一些属性。HTML 文档的标签是可以嵌套的，即在一对标签中可以嵌套另一对子标签，用来规定母标签所含范围的属性和其中某一部分内容。嵌套在<head>标签中使用的子标签主要有<title>、<meta>、<link>和<style>。

（1）<title>标签是成对出现的，用来规定 HTML 文档的标题。

（2）<meta>标签可提供有关页面的元信息，其属性定义了与文档相关联的名称/值对，如其 charset 属性可定义文档的字符集：<meta charset="utf-8">。

（3）<link>标签：定义两个连接文档之间的关系，只能存在于<head>部分，不过它可出现任意次数。

（4）<style>标签：定义 HTML 文档的样式信息，规定 HTML 元素如何在浏览器中呈现。它有 3 个重要的属性：

- 属性 type，其值为“text/css”，定义内容类型；
- 属性 media，其值为 screen、tty、tv、projection、handheld、print、braille、aural、all，表示样式信息的目标媒介；
- 属性 scoped，其值为“scoped”，是 HTML5 的新属性，表示所规定的样式只能应用到 style 元素的父元素及其子元素。

3. <body>标签

<body>标签是成对标签。在<body></body>之间的内容将显示在浏览器窗口的用户区内，它是 HTML 文档的主体部分。在<body>标签中可以规定整个文档的一些基本属性，如表 6-1 所示。

表 6-1 <body>标签的基本属性

属性	描述
bgcolor	指定 HTML 文档的背景色
text	指定 HTML 文档中文字的颜色
link	指定 HTML 文档中待连接超链接对象的颜色
alink	指定 HTML 文档中连接中超链接对象的颜色
vlink	指定 HTML 文档中已连接超链接对象的颜色
background	指定 HTML 文档的背景文件

4. 文档类型标签<!DOCTYPE>

<!DOCTYPE> 声明必须位于 HTML 文档的第一行，也就是位于<html>标签之前。该标签告知浏览器文档所使用的 HTML 规范。在 HTML 文档中规定<!DOCTYPE>是非常重要的，这样浏览器就能了解预期的文档类型。

5. 注释标签<!--...-->

注释标签<!--...-->用于在源代码中插入注释。注释不会显示在浏览器中。

6. 布局标签

HTML 页面主要用表 6-2 所示的标签来进行布局。

表 6-2 常用的布局标签

标签	描述
<div>	定义 HTML 文档中的分隔（division）或部分（section）
<span>	定义行内元素
<header>	定义网页或文章的头部区域
<footer>	定义网页或文章的尾部区域。可包含版权、备案等内容
<section>	通常标注为网页中的一个独立区域
<article>	定义页面独立的内容区域
<aside>	定义页面的侧边栏内容
<details>	定义周围主内容之外的内容块，如注解
<summary>	定义 details 元素可见的标题
<nav>	标注页面导航链接。包含多个超链接的区域

7. 文章标签

常用的文章标签如表 6-3 所示。

表 6-3 常用的文章标签

标签	描述
<h1>~<h6>	定义标题。在 HTML 5 中不支持<h1>~<h6>的“align”属性
<p>	定义段落。在 HTML 5 中不支持其“align”属性
 	插入简单的换行符，它没有结束标签
<hr />	定义内容中的主题变化，并显示为一条水平线
<pre>	定义预格式化的文本
<address>	定义文档作者或拥有者的联系信息
<time>	定义日期或时间。其属性“datetime”用于定义元素的日期和时间

8. 列表标签

在 HTML 页面中，列表主要分为两种类型，一种是有序列表，另一种是无序列表。前者用数字或字母来标记项目的顺序，后者则使用符号来记录项目的顺序。常用的列表标签如下。

（1）<ul>

定义无序列表。可使用 CSS 来定义列表的类型。

（2）<ol>

定义有序列表。有序列表可以是数字或字母顺序。可使用<li>标签来定义列表项，使用 CSS 来设置列表的样式。其属性“start”规定有序列表的起始值；属性“reversed”规定列表顺序为降序；属性“type”的值有“1”“A”“a”“I”“i”，规定在列表中使用的标记类型。

（3）<li>

定义列表项，有序列表和无序列表中都使用<li>标签。

9. 图像标签

图像标签用于定义图像，注意加上“alt”属性。

【例 1】图像标签的用法。

```
<img src="smile.gif" alt="微笑" />
```

10. 超链接标签

超链接标签用于定义超链接，用于从一个页面链接到另一个页面。它最重要的属性是“href”，该属性指定链接的目标。属性“target”，其值有“_blank”“_parent”“_self”“_top”，表示在何处打开目标 URL，它仅在“href”属性存在时使用。

在所有浏览器中，链接的默认外观是：未被访问的链接带有下画线且是蓝色的，已被访问的链接带有下画线且是紫色的，活动链接带有下画线且是红色的。

除了上述基本标签，还有短语元素标签、字体样式标签、表格标签、表单标签等。由于篇幅所限，想要深入了解的读者请自行学习。

【案例 6-1】使用 HTML5 的布局标签来设计新闻系统的首页布局。

（1）解题思路

① 用布局标签来设计界面。

② 结合 HTML5 的新特性来设计界面将事半功倍。

（2）实现代码

打开编辑器，新建文件，在文件中输入以下代码。

```
<!DOCTYPE html>
<html>
<head>
<meta charset="utf-8">
<title>首页布局</title>
<style type="text/css">
header,nav,section,aside,article,footer {display:block; background:#CCC; margin:3px auto; text-align:center;}
header {height:100px; line-height:100px;}
nav {height:30px; line-height:30px;}
section {width:25%; float:right; height:450px; line-height:450px;margin:0px 0px 3px 0px;}
aside {width:25%; float:left; height:450px; line-height:450px;margin:0px 0px 3px 0px;}
article {width:49%; float:left; height:450px; line-height:450px;margin:0px 0px 0px 6px;}
footer {clear:both; height:100px; line-height:100px;}
</style>
</head>
<body>
<header>页头</header>
<nav>导航</nav>
<section>右侧</section>
```

```
<aside>左侧</aside>
<article>主要内容</article>
<footer>页脚</footer>
</body>
</html>
```

（3）运行结果

将文件保存到“D:\php\ch06\exp0601.htm”中，然后在浏览器中访问 http://localhost/ch06/exp0601.htm，运行结果如图 6-2 所示。

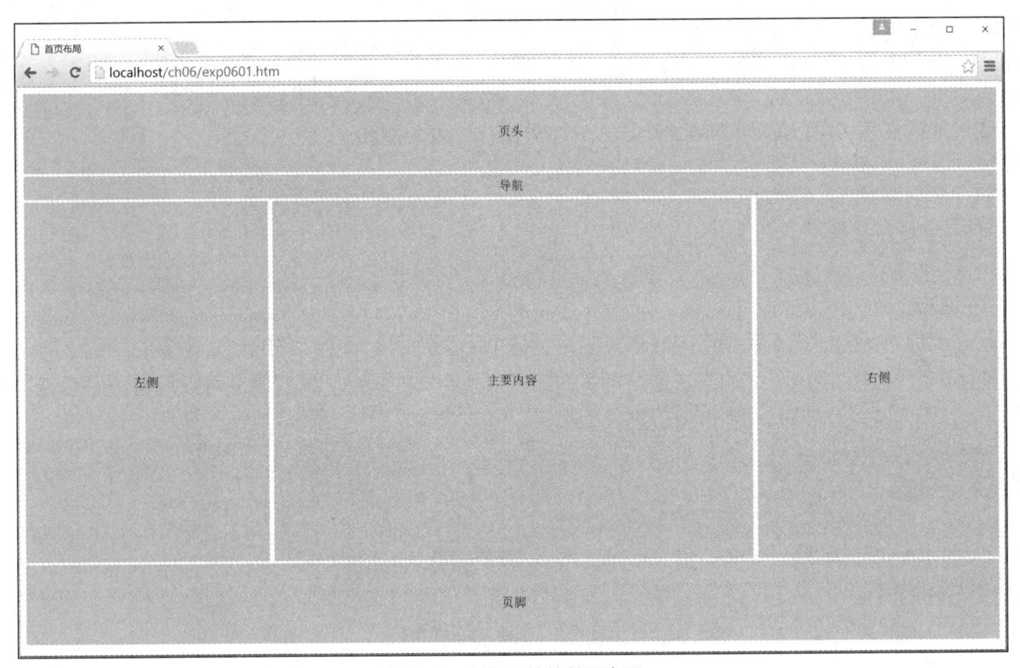

图 6-2　新闻系统的首页布局

6.2 CSS 简介

层叠样式表（Cascading Style Sheets，CSS）是一种用来表现 HTML 或可扩展标记语言（Extensible Markup Language，XML）等文件样式的计算机语言，是能够真正做到网页表现与内容分离的一种样式设计语言。相对于传统 HTML 的表现而言，CSS 能够对网页的布局、字体、颜色、背景和其他效果进行像素级的精确控制，并且拥有对网页对象和模型样式编辑的能力，能够进行初步交互设计，是目前基于文本展示最优秀的表现设计语言之一。CSS 能够根据不同使用者的理解能力，简化或者优化写法，有较强的易读性。

从 1996 年 12 月发布的 CSS1（层叠样式表第一版）、1998 年 5 月发布的 CSS2（层叠样式表第二版），到 2001 年 5 月 23 日 CSS3（层叠样式表第三版）工作草案的完成，CSS 走向了辉煌。CSS3 的新特性有很多，如圆角效果、图形化边界、块阴影与文字阴影、使用 RGBA 实现透明效果、渐变效果、使用@font-face 实现定制字体、多背景图、文字或图像的变形处理（旋转、缩放、倾斜、移动）、多栏布局、媒体查询等。

1. CSS 使用方法

在网页上使用 CSS 有以下 3 种方法。

（1）外联式

外联式也称为外部样式，就是将网页链接到外部样式表。当样式需要应用到很多页面时，外部样式表将是理想的选择。使用外部样式表，就可以通过更改一个文件来改变整个站点的外观。

【例 2】外联式的用法。

```
<link rel="stylesheet" type="text/css" href="mystyle.css" />
```

注意，外部样式表的文件扩展名一般为“.css”。

（2）嵌入式

嵌入式也称为内页样式，就是在网页上创建嵌入的样式表。当单个文件需要特别样式时，就可以使用嵌入式样式表。

【例 3】嵌入式的用法。

```
<style type="text/css">
body {background-color: red}
p {margin-left: 20px}
</style>
```

在嵌入式样式表中可以使用@import 导入一个外部样式表，例如：

```
<style type="text/css">
@import url(外部样式表位置);
其他嵌入式的样式定义
</style>
```

（3）内联式

内联式也称为行内样式，就是将内嵌样式应用到各个网页元素上。当特殊的样式需要应用到个别元素时，就可以使用内联式。使用内联式的方法是在相关的标签中使用样式属性。样式属性可以包含任何 CSS 属性。

【例 4】用内联式改变段落的颜色和左外边距。

```
<p style="color: red; margin-left: 20px">
这是一个段落。
</p>
```

CSS 的优先级：内联式 > 嵌入式 > 外联式 > 浏览器默认设置。

2. CSS 语法

CSS 规则由选择器、样式属性和属性值组成，其语法格式如下。

```
选择器 1,选择器 2,选择器 3,… {
属性 1: 值 1;
属性 2: 值 2;
属性 3: 值 3
…
}
```

选择器通常只有一个，也可以有多个；若有多个，则相互之间用逗号分开。

选择器通常有以下几种。

（1）通配选择器“*”：代表所有对象，即页面上所有对象都会应用该选择器定义的样式，一般用于网页字体、字体大小、字体颜色、网页背景等公共属性的设置。

【例 5】选择所有元素，并设置它们的背景色。

```
*{
background-color:yellow;
}
```

选择器也能选取另一个元素中的所有元素。

【例 6】选取 div 元素内部的所有元素。

```
div *{
background-color:yellow;
}
```

（2）标签选择器：即用 HTML 中的标签名称作为选择符，页面中的所有同类标签都会应用该选择器定义的样式。

【例 7】选择并设置所有 p 元素的样式。

```
p{
background-color:yellow;
}
```

（3）id 选择器：为 HTML 标签添加 id 属性，CSS 样式中以“#”加上 id 名称作为选择器，页面中 id 值相同的所有标签都会应用该选择器定义的样式。注意，id 是区分大小写的。

【例 8】id 选择器的用法。

```
#sidebar {
font-style: italic;
text-align: right;
margin-top: 5px;
}
```

（4）class 选择器：为 HTML 标签添加 class 属性，CSS 样式中以“.”加上 class 名称作为选择器，页面中 class 值相同的所有标签都会应用该选择器定义的样式。注意，class 是区分大小写的。

【例 9】class 选择器的用法。

```
.important {
color:red;
}
```

（5）伪类及伪对象选择器：主要用于超链接标签的样式设置，即在原有选择符的基础上添加样式。

3. 布局

在 HTML5 中通过布局标签可以将整体的布局拆分成各个部分的布局。

（1）多列

通过 CSS3 可以创建多列来对文本进行布局。常见的多列属性如表 6-4 所示。

表 6-4　常见的多列属性

属性	描述
column-count	规定元素应该划分的列数
column-fill	规定如何填充列，是否进行协调
column-rule	设置列的宽度、样式和颜色规则
column-gap	规定列之间的间隔
column-span	规定元素应横跨多少列
column-width	规定列的宽度

（2）display

display 规定元素应该生成的框的类型，它可能的值有很多。常见的 display 属性如表 6-5 所示。

表 6-5　常见的 display 属性

属性	描述
none	隐藏对象
inline	指定对象为内联元素
block	指定对象为块元素
list-item	指定对象为列表项目
table	指定对象作为块元素级的表格
table-caption	指定对象作为表格标题
table-cell	指定对象作为表格单元格

续表

属性	描述
table-row	指定对象作为表格行
table-column	指定对象作为表格列
flex	将对象作为弹性盒显示。这是 CSS3 中新增的
inline-flex	将对象作为内联块级弹性盒显示。这是 CSS3 中新增的

（3）flex

flex 为 flex-grow、flex-shrink 和 flex-basis 的简写属性，用于设置或检索弹性盒模型对象的子元素如何分配空间。

如果缩写为“flex: 1”，则其计算值为“1 1 0%”。

如果缩写为“flex: auto”，则其计算值为“1 1 auto”。

如果缩写为“flex: none“，则其计算值为“0 0 auto”。

如果缩写为“flex: 0 auto”或者“flex: initial”，则其计算值为“0 1 auto”，即“flex”初始值。

如果元素不是弹性盒模型对象的子元素，则 flex 属性不起作用。

flex-flow 是 flex-direction 和 flex-wrap 属性的复合属性，用于设置或检索弹性盒模型对象的子元素排列方式。

flex-direction 属性定义 flex 容器的主轴方向来决定 flex 子项在 flex 容器中的位置。

order 属性用于设置或检索弹性盒模型对象的子元素出现的顺序。

【案例 6-2】设计三列布局的主页样式，使其没有内容也要撑满整列。

（1）解题思路

① 使用弹性盒模型来设计布局。

② 同时考虑浏览器的兼容性设计。

（2）实现代码

打开编辑器，新建文件，在文件中输入以下代码。

```
<!DOCTYPE html>
<html>
<head>
<meta charset="utf-8">
<title>弹性盒模型布局</title>
<style>
*{font:400 1em/1.4 "宋体";}
.Demo {
 width:100%;
 padding:.8em 1em 0;
 background:hsla(31,15%,50%,.1);
 border-radius:3px
}
.Demo:after {
 content:'\00a0';
 display:block;
 margin-top:1em;
 height:0;
 visibility:hidden
}
.Grid {
```

```
display:-webkit-box;
display:-webkit-flex;
display:-ms-flexbox;
display:flex;
-webkit-flex-wrap:wrap;
-ms-flex-wrap:wrap;
flex-wrap:wrap;
list-style:none;
margin:0;
padding:1em 1em 0;
}
.Grid-cell {
-webkit-box-flex:1;
-webkit-flex:1;
-ms-flex:1;
flex:1
}
.Grid--flexCells>.Grid-cell {
display:-webkit-box;
display:-webkit-flex;
display:-ms-flexbox;
display:flex
}
.Grid--gutters {
margin:-1em 0 1em -1em
}
.Grid--gutters>.Grid-cell {
padding:1em 0 0 1em
}
</style>
</head>
<body>
<div class="Grid Grid--gutters Grid--flexCells">
  <div class="Grid-cell">
    <div class="Demo">
      弹性盒项目 1<br />
      高度撑满，即使内容没有填满空间。
    </div>
  </div>
  <div class="Grid-cell">
    <div class="Demo">
  弹性盒项目 2<br />
  第一行内容<br />
  第二行内容<br />
  第三行内容<br />
  第四行内容<br />
  第五行内容<br />
  ……<br />
  ……<br />
```

```
    ……<br />
    ……<br />
    ……<br />
    ……<br />
    ……<br />
    ……<br />
    ……<br />
    ……<br />
    ……<br />
    ……<br />
    ……<br />
    ……<br />
    ……<br />
    ……<br />
    ……<br />
    ……<br />
      <br />
      </div>
    </div>
    <div class="Grid-cell">
      <div class="Demo">
        弹性盒项目 3<br />
        高度撑满，即使内容没有填满空间。
      </div>
    </div>
  </div>
  </body>
  </html>
```

（3）运行结果

将文件保存到“D:\php\ch06\exp0602.htm”中，再在浏览器中访问 http://localhost/ch06/exp0602.htm，运行结果如图 6-3 所示。

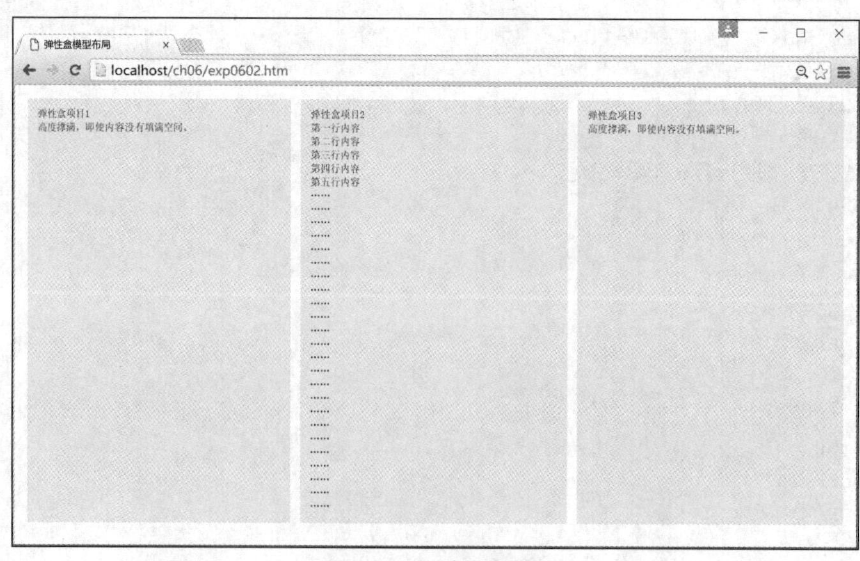

图 6-3 弹性盒模型布局

6.3 模板解析技术

开发一个应用系统一般可分为前端界面设计和后台代码编写两部分，分别由前端设计人员和程序员共同合作完成。为了让前端设计人员只负责制作前端界面设计部分，不去接触那些错综复杂的代码，程序员也不需要把前端界面设计的内容和后台代码混在一起，就有了模板解析技术。

在前面的项目中，前端界面设计和后台代码编写都是混合完成的，这种方式适合一个人完成比较小的项目。要完成大一点的项目，最好将前端界面设计和后台代码编写分开，由不同的人员来实现。这就需要用到模板解析技术。模板解析技术提供了一种易于管理和使用的方法，用来将原本与前端设计代码混在一起的 PHP 代码逻辑分离，目的是使程序员与前端设计人员分离，使程序员改变程序的逻辑内容不会影响到前端设计人员的界面设计，前端设计人员重新修改页面不会影响到程序逻辑，这在多人合作的项目中尤为重要。

模板解析技术的主要目的就是在系统开发中分离前端界面设计和后台代码编写，这样有如下两个好处。

- 前端设计人员可以与程序员独立工作，前端设计人员不需要为完成其工作而在程序语言上花费太多精力。
- 可以使用同样的代码基于不同目标生成数据，如生成输出的数据、生成 Web 页面或生成电子数据表等。若不使用模板解析技术，则需要针对每种输出而复制并修改代码，这将使代码冗余非常严重，极大地降低可管理性。

6.3.1 模板解析原理

模板解析的核心可以简单概括为变量替换：将不包含任何 PHP 代码的网站界面指定为模板文件，并将这个模板文件中有活动的内容，如数据库输出、用户交互等部分，定义成使用特殊定界符包含的变量，然后放在模板文件中相应的位置或者存入数据库中；当用户浏览时，由 PHP 程序打开该模板文件或者从数据库中读取，并将模板文件中定义的变量替换。这样，模板中的特殊变量被替换为不同的动态内容就能输出需要的页面。本书使用自定义模板解析技术，这样可以根据项目需求量身定制，设计出适合、完美的 PHP 模板。

【案例 6-3】使用模板解析技术显示新闻信息。

（1）解题思路

① 将 HTML 文件制作成模板。

② 利用 PHP 程序读取数据库中的数据，替换模板中的所有变量。

③ 输出替换后的文件内容。

（2）实现代码

① 打开编辑器，新建文件，在文件中输入以下代码。

```
<!DOCTYPE html>
<html>
<head>
<meta charset="utf-8">
<title><!--keyword:news_name--></title>
<style>
a{ color:#000000; text-decoration:none;}
a:hover{ color:#FF0000; text-decoration:none;}
.main{line-height:180%; font-size:14px; padding-top:10px;}
.main h1{text-align:center; color:#F00;   padding:0;margin:3px; line-height:150%;}
.main h5{text-align:center;}
.main h6{text-align:center; border-bottom:1px dashed #CCC; padding-bottom:1px; padding-top:0px;
margin:2px; }
```

```
.main .details{clear:both;}
</style></head>
<body>
<div class="main" id="mainpagebody">
    <h1><!--keyword:news_name--></h1>
    <h6><!--keyword:news_time--></h6>
    <div class="details"><!--keyword:news_content--></div>
    <h5><a href="javascript:void(0)" onClick="javascript:window.close();return false;">关闭</a></h5>
</div>
</body>
</html>
```

将文件保存到“D:\php\ch06\exp0603.htm”中。

② 打开编辑器，新建文件，在文件中输入以下代码。

```
<?php
//以下数据实际应从数据库中读取，此为演示程序，直接定义相关变量
$news_name = '鸿蒙到来！华为智能生态加速推进，加速万物互联到来';
$news_time = '发布日期：2022-05-30 18:08:30';
$news_content="　　随着鸿蒙的到来,智能家居的互联互通或再提速……";
$file=file_get_contents('exp0603.htm');
$file=str_replace(array('<!--keyword:news_name-->','<!--keyword:news_time-->','<!--keyword:news_
content-->'),array($news_name,$news_time,$news_content), $file);
echo $file;
?>
```

将文件保存到“D:\php\ch06\exp0603.php”中。

（3）运行结果

在浏览器中访问 http://localhost/ch06/exp0603.php，运行结果如图 6-4 所示。

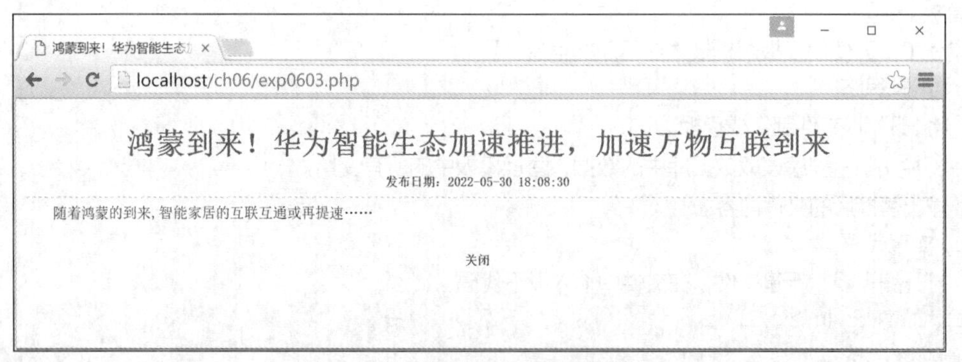

图 6-4　使用模板解析技术显示新闻信息

6.3.2　模板解析语法

下面介绍模板解析的定义变量、定义链接和定义列表的基本语法。

1. 定义变量

在模板中定义一个变量，变量名以英文字母开头，如“varname”，语法格式如下。

```
<!--keyword:varname-->
```

注意，上面的符号中，<、!、-、:等都是英文半角下的符号，下面没有特别说明的，也是相同的设置。

系统中内置了一些变量，部分如下。

- site_name：网站标题。
- search_keyword：网站的搜索关键字、站点描述。
- main_item_list：网站导航栏。
- about：网站页脚信息。
- index_websiteservice：网站客服信息。

【例 10】对于所有变量的处理，模板解析程序如下。

```
<?php
//$file 为模板内容
$file=preg_replace_callback("'<!--keyword:([_A-Za-z]+)-->'i",function($m){if(empty($m[1])) return ""; else{global ${$m[1]};return ${$m[1]};}},$file);
?>
```

这里定义一个匿名函数作为 preg_replace_callback()调用时的回调，这样做可以保留所有调用信息在同一个位置，并且不会因为一个不在任何其他地方使用的回调函数名称而污染函数名称空间。

【例 11】对于单个变量的处理，模板解析程序如下。

```
<?php
//$file 为模板内容
$file=preg_replace("'<!--keyword:varname-->'i","$varname",$file);
?>
```

【例 12】用函数 str_replace()代替 preg_replace()来完成模板解析。

```
<?php
//$file 为模板内容
$file=str_replace('<!--keyword:varname-->',"$varname",$file);
?>
```

2. 定义链接

在模板中定义一个获得栏目分类的链接，栏目分类为中文，如“图片新闻”，语法格式如下。

```
<!--keyfun::L:图片新闻-->
```

【例 13】对于链接，可用 preg_replace_callback()函数来完成模板解析。

```
<?php
//$file 为模板内容
$file=preg_replace_callback("'<!--keyfun::L:(.*?)-->'i",function($m){ eval("\$content= L(".preg_replace("/(^[\x{4e00}-\x{9fa5}]+)/u","'\${1}'",$m[1]).",1);");return $content;},$file);
?>
```

注意，这里的匿名函数先拼接 PHP 表达式，再用 eval()函数使其执行，这样就可以得到结果了。

3. 定义列表

在模板中定义一个获得栏目分类的列表，栏目分类为中文，如“国内要闻”，语法格式如下。

```
<!--keyfun::l:国内要闻,0,1,0,0,0,11-->
```

注意，在上述定义中，栏目分类后的参数是可选的。

第一个参数是返回信息标志，若为 1，则直接返回相关信息；若为 0，则直接显示信息。默认为 0。

第二个参数是分页显示标志，若为 1，则不显示分页信息；若为 0，则显示分页信息。默认为 1。

第三个参数是时间显示标志，若为 1，则显示时间；若为 0，则不显示时间。默认为 0。

第四个参数是限制查询标志，若为 1，则添加 limit 限制查询；若为 0，则不限制。默认为 0。

第五个参数是查询结果的索引值，可为非负整数，默认为 0，表示从第一条数据开始查询。此参数需第四个参数为 1 时才有效。

第六个参数是查询结果返回的数量，可为非负整数，默认为 11，表示最多返回 11 条数据。此参数需第四个参数为 1 时才有效。

【例 14】若全部使用默认参数，则全部可以省略。

```
<!--keyfun::l:国内要闻-->
```

【例 15】对于列表，可用 preg_replace_callback()函数来完成模板解析。

```
<?php
//$file 为模板内容
$file=preg_replace_callback("'<!--keyfun::l:(.*?)-->'i",function($m){global $link;global $tb_prefixion;global $PHP_SELF;global $updir; eval("\$content=l(".preg_replace("/(',[\d]+)/u", "',1",(preg_replace("/(^[\x{4e00}-\x{9fa5}]+)/u","'\${1}'",$m[1]))).''.(preg_match ("/,/i",$m[1])?"":",1").");");return $content;},$file);
?>
```

【项目实现】新闻系统界面设计

接到项目后，赵工分析了项目要求，把此项目整体分成两个任务来实现：制作新闻系统界面（包括首页与内页，并进一步做成模板页面）和编写 PHP 代码来解析模板。

任务一　制作新闻系统界面

1．任务分析

新闻系统的界面主要包括首页和内页，其中首页最重要，是该系统的门面；内页一般是根据首页的风格来制作的，但它与首页也有些不同，所以某些模块需要进行个性化设计。制作模板，一般根据需求，先用 Photoshop 之类的软件设计效果图，客户满意并确认后再据此制作 HTML 页面，进一步制作成模板页面。

2．代码实现

新闻系统界面设计采用自定义模板解析技术，下面讲解具体实现过程。为了方便学习，现将新闻系统界面文件清单列出（详情请参见电子素材），如表 6-6 所示。

表 6-6　新闻系统界面文件清单

编号	文件名（含相对路径）	功能
1	css/common.css	样式表
2	js/LoadPrint.js	JavaScript 输出程序
3	image/banner.jpg	网站横幅图片
4	image/menu_bg.jpg	菜单背景图片
5	image/icon1.jpg	信息列表图片
6	image/noimage.gif	图片新闻无图片时的默认图片
7	webuser.php	数据库基本设置，界面与应用程序共用
8	mysql.php	连接 MySQL 服务器，界面与应用程序共用
9	charset.php	设置字符集，界面与应用程序共用
10	fun.php	自定义函数库
11	templates.php	模板解析主程序
12	index.php	网站首页模板解析程序
13	p.php	网站内页模板解析程序及接口程序
14	show.php	网站信息页模板
15	tp_home.htm	网站首页模板
16	tp_main.htm	网站内页模板

（1）网站首页模板

这里主要用 HTML+CSS 代码来实现，其核心代码如下。

```
<!DOCTYPE html>
```

```
<html>
<head>
<meta charset="utf-8">
<title><!--keyword:site_name--></title>
<link href="css/common.css" rel="stylesheet" type="text/css" />
<!--keyword:search_keyword-->
<!--[if lte IE 8]>
<script src="js/html5.js"></script>
<![endif]-->
</head>
<body>
<header><img src="image/banner.jpg" /></header>
<nav>
  <!--keyword:main_item_list-->
</nav>
<div class="flexbody">
  <aside>
    <div class="txtcenter">
      <div class="lmtit"><a href="<!--keyfun::L:系统公告-->">系统公告</a><span><a href="<!--keyfun::L:
系统公告-->">more</a></span></div>
      <div class="clear"></div>
      <p><!--keyfun::l:系统公告--></p>
    </div>
  </aside>
  <article>
    <div class="txtcenter">
      <div class="lmtit"><a href="<!--keyfun::L:国内要闻-->">国内要闻</a><span><a href="<!--keyfun::L:
国内要闻-->">more</a></span></div>
      <div class="clear"></div>
      <ul class="newslist">
      <!--keyfun::l:国内要闻-->
      </ul>
    </div>
  </article>
  <section>
    <div class="txtcenter">
      <div class="lmtit"><a href="<!--keyfun::L:图片新闻-->">图片新闻</a><span><a href="<!--keyfun::L:
图片新闻-->">more</a></span></div>
      <div class="clear"></div>
      <ul class="newslist1">
        <!--keyfun::l:图片新闻-->
      </ul>
    </div>
  </section>
</div>
<footer>
<ul>
  <!--keyword:about-->
</ul>
</footer>
<!--keyword:index_websiteservice-->
```

```
</body>
</html>
```

（2）网站内页模板

内页主要依据首页制作而成，其核心代码如下。

```
<!DOCTYPE html>
<html>
<head>
<meta charset="utf-8">
<title><!--keyword:site_name--></title>
<link href="css/common.css" rel="stylesheet" type="text/css" />
<!--keyword:search_keyword-->
<!--[if lte IE 8]>
<script src="js/html5.js"></script>
<![endif]-->
</head>
<body>
<header><img src="image/banner.jpg" /></header>
<nav>
  <!--keyword:main_item_list-->
</nav>
<div class="flexbody">
  <aside>
    <div class="txtcenter">
      <div class="lmtit"><a href="<!--keyfun::L:国内要闻-->">国内要闻</a><span><a href="<!--keyfun::L:
国内要闻-->">more</a></span></div>
      <div class="clear"></div>
      <ul class="newslist2">
        <!--keyfun::l:国内要闻,0,1,0-->
      </ul>
  </aside>
  <article>
    <div class="txtcenter">
      <div
class="lmtit"><!--keyword:page_title_name--><span><!--keyword:current_column_pre--><!--keyword:curr
ent_column--></span></div>
      <div class="clear"></div>
      <div class="main" id="mainpagebody"><!--keyword:mainpagebody--></div>
    </div>
  </article>
</div>
<footer>
<ul>
  <!--keyword:about-->
</ul>
</footer>
<!--keyword:websiteservice-->
</body>
</html>
```

3. 运行效果

以下是新闻系统首页模板和内页模板的运行效果。

（1）新闻系统首页模板

新闻系统首页模板效果如图 6-5 所示。

图 6-5　新闻系统首页模板效果

（2）新闻系统内页模板

新闻系统内页模板效果如图 6-6 所示。

图 6-6　新闻系统内页模板效果

任务二 编写 PHP 代码来解析模板

1. 任务分析

根据模板设计实现的一般过程，需要解决两大问题，一是解析变量，二是解析相关函数；而链接与列表可以合在一起，都是调用相关函数完成相应功能。

2. 代码实现

要解析模板，先编写自定义函数库，再编写模板解析程序。

（1）自定义函数库 fun.php，既有新闻列表读取函数，又有链接生成函数，核心代码如下。

```
<?php
//新闻信息显示模块
function get_news_info($type,$indexflag=0,$homeflag=0,$limitflag=0,$limitstart=0,$limitnum=11)
  {
  global $link;
  global $cur_page;
  global $updir;
  if(empty($type)) return "";
  $type=urldecode($type);
  $show_class_ware="";
  if($type=="系统公告")
    {
    include("charset.php");
 $query = "select * from news_info where news_type='".$type."' order by news_id DESC limit 1";
    $result = mysqli_query($link,$query);
    $row = mysqli_fetch_array($result);
    if (empty($row["news_pic"]) || $indexflag==1)
      $disp_news_pic ="";
    else
      $disp_news_pic ="<img border='0' src='".$updir."/".$row["news_pic"]."' align='".$row["news_pic_align"]."'>";
    $show_class_ware.=$disp_news_pic."".preg_replace("/\r\n/","<br>",$row["detail"]);
    return($show_class_ware);
    }
  else
    {
  //主内容读取
  include("charset.php");
  $order_by="news_id DESC";                    //定义栏目信息显示顺序
  if(!empty($limitflag) && $limitflag==1) $order_by.=" limit $limitstart,$limitnum";
  $query = "select * from news_info   where news_type='".$type."' ORDER BY $order_by";
  $result = mysqli_query($link,$query);        //得到查询结果
  $num = mysqli_num_rows($result);
  if($num==0)                                  //如果结果为 0，则退出
    {
    $show_class_ware.="<h3>抱歉，没有信息。</h3>";
    return($show_class_ware);
    }
  //计算页面总数，设置每页显示的记录数
  if($indexflag==1)
    switch ($type){
        case '图片新闻':$records_per_page = (!empty($limitflag) && $limitflag==1)?$limitnum:1;break;
```

```
                default:$records_per_page = (!empty($limitflag) && $limitflag==1)?$limitnum:11;break;
                }
        else
          switch ($type){
                case '图片新闻':$records_per_page = 9;break;
                default:$records_per_page = 10;break;
                }
        //分页

    //查询站点标题
    …
    //得到网站首页名称
    function get_Homepage_name(){return "网站首页";}
    //查询站点搜索信息
    function get_search_keyword(){
      return "<meta name=\"robots\" content=\"all\" />
    <meta name=\"keywords\" content=\"新闻系统, 新闻, PHP, 电子商务, 商务, PHP 8, MySQL 8, MySQL 5.7\" />
    <meta name=\"description\" content=\"本系统是一款既具有教学功能又非常具有商业价值的新闻系统！ \" />";
    }
    //查询栏目信息
    function get_main_item_list($ulclass="menu",$lineclass="line")
      {
      global $link;
      include("charset.php");
      $main_item_list="";
      $query = "select * from news_type order by news_type_id ASC";
      $result = mysqli_query($link,$query);
      $nav_num = mysqli_num_rows($result);
      $current_sub_item_num=0;
      $j=0;
      while($row = mysqli_fetch_array($result))
        {
        if($no_end_flag==1 && $j==$nav_num-1)
          break;
        $current_sub_item_flag=0;
        $j++;
        if($j==1 && $div_css_style==0)
          $main_item_list.="\n<ul  class=\"".$ulclass."\">\n<li><a  href=\"index.php\"  target=\"_top\">网站首页
</a></li><li class=\"".$lineclass."\">|</li>\n";
        $main_item_list.="<li><a href=\"p.php?type=".urlencode($row["news_type"])."\" target=\"_top\">".$row
["news_type"]."</a></li>".($j<$nav_num?"<li class=\"".$lineclass."\">|</li>":"")."\n";
        }
      if($j>=1 && $div_css_style==0)
        $main_item_list.="</ul>\n";
      return $main_item_list;
      }
    //格式化链接
    function L($text,$return=0)
      {
      $tmpinfo="p.php?type=".urlencode($text);
      if($return==1)
```

```
        return $tmpinfo;
    else
        echo $tmpinfo;
    }
?>
```

（2）模板解析主程序 templates.php，核心代码如下。

```
<?php
if(!isset($needless_template_flag) || $needless_template_flag!=1)
{
if(!isset($templatename)) $templatename="main";        //初始化模板名称
$main_template=getTemplate($templatename);              //查询主模板
$site_name=get_site_name();                              //查询站点标题
$about=get_aboutinfo();                                  //查询站点信息
$search_keyword=get_search_keyword();                    //查询站点搜索信息
$main_item_list=get_main_item_list();                    //查询栏目信息
//导航解析开始
//导航信息初始化
$current_column_pre="当前位置：首页→";
$main_template=preg_replace("'<!--keyword:current_column_pre-->'i","$current_column_pre",$main_template);
$current_column=$type;
$main_template=preg_replace("'<!--keyword:current_column-->'i",$current_column,$main_template);
//当前位置反向解析
$uncurrent_column="";
$current_column_reverser=explode("→",strip_tags($current_column));
for($i=count($current_column_reverser)-1;$i>=0;$i--)
  {
  if(!$uncurrent_column)
     $uncurrent_column.=$current_column_reverser[$i];
  else
     $uncurrent_column.="←".$current_column_reverser[$i];
}
if($templatename!="home")
  {
  $tmptitle="".preg_replace("'<[\/\!]*?[^<>]*?>'si","",$uncurrent_column)."←".$site_name."";
  $main_template=preg_replace("'<title[^>]*?>.*?</title>'si","<title>".$tmptitle."</title>",$main_template);
  }
//当前页面名称
$page_title_name=(empty($type))?(''):($type);
//导航解析结束
//网站客服$index_websiteservice、$websiteservice
//通用变量替换
$main_template=preg_replace_callback("'<!--keyword:([_A-Za-z]+)-->'i",function($m){if(empty($m[1]))
return ""; else{global ${$m[1]};return ${$m[1]};}},$main_template);
//链接、列表类解析
$main_template=preg_replace_callback("'<!--keyfun::([_A-Za-z]+):(.*?)-->'i",function($m){global $link;global
$tb_prefixion;global $PHP_SELF;global $updir; eval("\$content=$m[1](".preg_replace("/(',[\d]+)/u","',1",(preg_replace
("/(^[\x{4e00}-\x{9fa5}]+)/u","'\${1}'",$m[2])))."".(preg_match ("/,/i",$m[2])?"":",1").");");return $content;},$main_template);
//不使用缓存
}
?>
```

（3）网站首页模板解析程序 index.php，核心代码如下。

```
<?php
require("webuser.php");                         //包含头文件
require("mysql.php");                           //连接到 MySQL 服务器
include_once("fun.php");                        //网站前台主函数
$templatename="home";                           //查询首页模板
include("templates.php");                       //解析模板
header("Content-type:text/html;charset=utf-8"); //设置编码格式
echo $main_template;                            //显示内容
?>
```

（4）网站内页模板解析程序 p.php，核心代码如下。

```
<?php
require("webuser.php");                                          //包含头文件
require("mysql.php");                                            //连接到 MySQL 服务器
include_once("fun.php");                                         //网站前台主函数
$type=urldecode($_GET["type"]);                                  //接收参数
$mainpagebody=get_news_info($type)."\n".$baidu_share;  //查询网页主体内容
include("templates.php");                                        //解析模板
header("Content-type:text/html;charset=utf-8");                  //设置编码格式
echo $main_template;                                             //显示内容
?>
```

（5）网站信息页模板解析程序 show.php，核心代码如下。

```
<?php
require("webuser.php");                                          //包含头文件
require("mysql.php");                                            //连接到 MySQL 服务器
include_once("fun.php");                                         //网站前台主函数
header("Content-type:text/html;charset=utf-8");                  //设置编码格式
include("charset.php");
$show_class_ware="";                                             //新闻信息内容初始化
if(!empty($_GET["id"]))
{
$query = "select * from news_info where news_id='".$_GET["id"]."' limit 1";
$result = mysqli_query($link,$query);
$num = mysqli_num_rows($result);
if(!$num){ ?><script>alert("非法进入，本窗口将关闭！ ");window.close();</script><?php exit();}
$row = mysqli_fetch_array($result);
//栏目导航解析初始化
$type=$row["news_type"];
$news_pic=empty($row["news_pic"])?"":$row["news_pic"];
$news_pic_align=$row["news_pic_align"];
if ($news_pic=="")
   $disp_news_pic ="";
else if($news_pic_align=="middle")
   $disp_news_pic ="<center><img border='0' src='$updir/$news_pic' align='$news_pic_align'></center><br>";
else if($news_pic_align=="background")
   $disp_news_pic ="<script>
function news_pic_align_onload() {mainpagebody.style.backgroundImage = \"url($updir/$news_pic)\";}
window.onLoad=news_pic_align_onload();
```

```
    </script>\n";
    else
      $disp_news_pic ="<img border='0' src='$updir/$news_pic' align='$news_pic_align'>";
    $show_class_ware.=$disp_news_pic."".preg_replace("'\r\n'","<br>",$row["detail"]);
    }
    else
    {
    ?><script>alert("数据读取失败!");window.close();</script><?php
    exit();
    }
    $mainpagebody="<h1>".$row["title"]."</h1>
    <h6>发布日期: ".$row["post_time"]."<span class=Noprint> <a href='javascript:{LoadPrint(\"mainpagebody\");}'>
<u>打印</u></a></span></h6>
    ".$baidu_share."
    <div class=\"details\">".$show_class_ware."</div>
    <div class=\"clear\"></div>
    <h5><a href=\"javascript:void(0)\" onClick=\"javascript:window.close();return false;\">关闭</a></h5>\n";
    //解析模板
    include_once("templates.php");
    //重写标题
    $tmptitle="".$row["title"]."←".preg_replace("'<[\/\!]*?[^<>]*?>'si","",$uncurrent_column)."←".$site_name."";
//echo $tmptitle;
    $main_template=preg_replace("'<title[^>]*?>.*?</title>'si","<title>".$tmptitle."</title>",$main_template);
    echo $main_template;
    ?>
```

3. 运行效果

在浏览器中访问 http://localhost/ch06/index.php，新闻系统首页运行效果见图 6-1。从新闻系统首页单击“国内要闻”，以运行 p.php，其效果如图 6-7 所示。

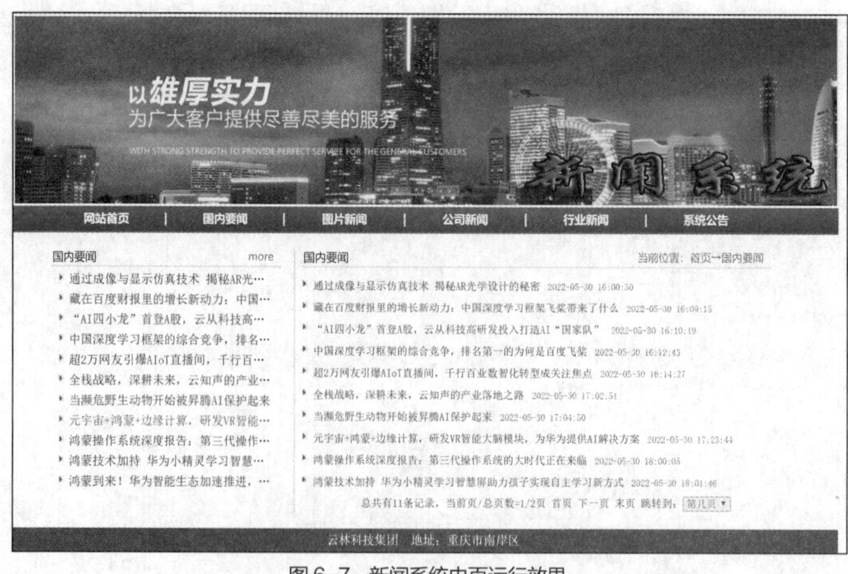

图 6-7 新闻系统内页运行效果

从新闻系统首页单击“国内要闻”栏目最下面的新闻标题以运行 show.php，效果如图 6-8 所示。至此，新闻系统界面设计项目成功实现。

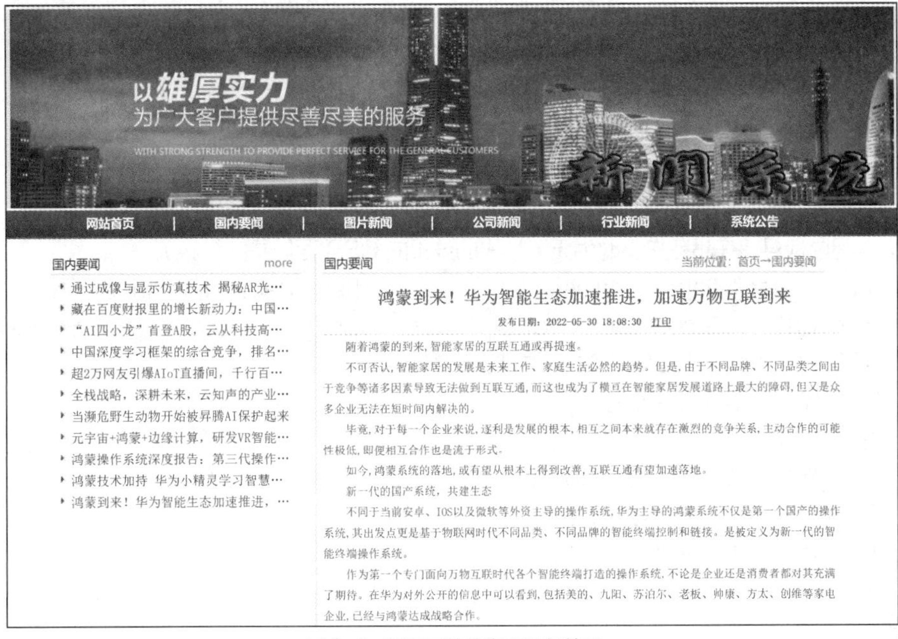

图 6-8　新闻系统信息页运行效果

【小结及提高】

本项目设计了新闻系统界面，制作了模板，编写了模板解析程序。通过对本项目的学习，读者能够更进一步掌握结构化程序设计的特点和 3 种基本流程控制语句，特别是在函数中调用匿名函数更是一个好的技巧。正则表达式功能强大，充分利用它可以完成很多难度很大的问题。在平时编写程序时，我们要具有知识产权的保护意识，一方面要保护自己的代码不被侵权，另一方面要防止自己的代码侵犯他人的权利。

【项目实训】

微课

项目 6 【项目实训】

1. 实训要求

利用页面缓存技术重写模板解析程序。

2. 步骤提示

所谓的页面缓存技术，就是以函数 ob_start()开始保存页面数据，以函数 ob_get_contents()获取页面数据，并以函数 ob_end_clean()清空页面数据的技术。栏目的链接需要用程序进行编码，栏目的具体内容也需要用程序读取，这两个看似不相关的操作实际上是调用相关函数来实现的，而在模板解析程序中可以用一个 PHP 接口程序来实现。默认情况下，调用的程序都是直接从页面输出的。利用页面缓存技术可以获得页面的任何输出，这样就可以完成模板解析了。

习题

一、填空题

1. HTML 不是一种编程语言，而是一种______________________语言。
2. 超链接标签最重要的属性是____________，用于指定链接的目标。
3. 使用 CSS 时，单个文件需要特别样式时可以使用___________。
4. CSS3 的优势是______________________和______________________________。
5. 模板解析的核心是________________________。

二、不定项选择题

1. 在 HTML5 中用于注释的标签是（　　）。

   A. <meta>　　B. <!DOCTYPE>　　C. <div>　　D. <!--...-->

2. 在 HTML 中有效规范的注释声明是（　　）。

   A. //这是注释　　B. <!--这是--注释-->

   C. /*这是注释*/　　D. <!--这是注释-->

3. 可以实现鼠标悬停在超链接上时为无下划线的效果的 CSS 语句是（　　）。

   A. a{text-decoration:underline}　　B. a{text-decoration:none}

   C. a:hover{text-decoration:none}　　D. a:link{text-decoration:underline}

4. 在 HTML 中，下面关于 CSS 样式的说法正确的是（　　）。

   A. CSS 代码严格区分大小写

   B. 每条样式规则使用逗号隔开

   C. CSS 样式无法实现页面的精确控制

   D. CSS 样式实现了内容与样式的分离，利于团队开发

5. HTML5 新增的结构元素有（　　）。

   A. header　　B. article　　C. aside　　D. nav

三、操作题

1. 利用 HTML5 的新特性设计登录页面。
2. 利用 CSS3 实现气泡效果。
3. 利用 CSS 实现淡入淡出效果。
4. 利用 CSS 实现移动与旋转的圆。
5. 利用 JavaScript 与 CSS 实现机械时钟效果。

项目7 新闻系统开发

07

【项目导入】

云林科技将在网上实时发布公司的各种新闻，因此需开发一个新闻系统，技术部唐工把新闻系统的开发分成新闻系统界面设计和新闻系统后台管理两个项目来实现，在项目 6 中已经完成了新闻系统界面设计，本项目的主要任务是新闻系统后台管理的设计与制作。要求如下：第一，管理员管理，只有管理员才可以登录系统后台进行管理，并且可以实现对管理员的添加、删除和修改等操作；第二，新闻分类管理，可以实现对新闻类别的添加、删除和修改等操作；第三，新闻信息管理，可以实现对新闻信息的添加、修改和删除等操作。新闻系统后台管理的默认首页如图 7-1 所示。

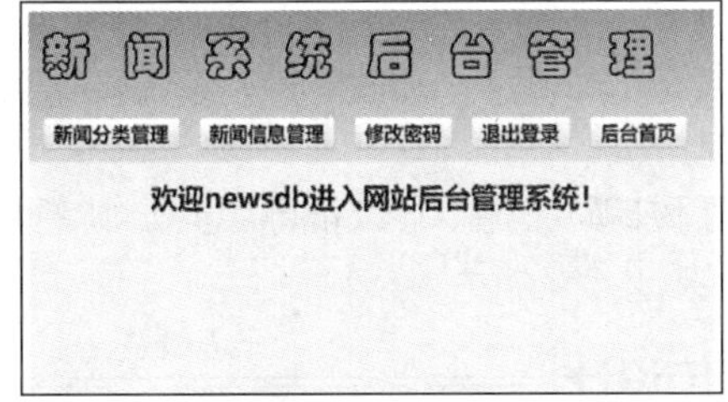

图 7-1　新闻系统后台管理的默认首页

图 7-1 彩图

【项目分析】

为了更好地完成云林科技的新闻系统，技术部将此项目分成前端界面设计和系统后台管理设计与制作两部分来完成。本项目将学习如何完成新闻系统后台管理的设计与制作，主要包括软件系统的设计方法、数据库和数据表的设计与创建方法、新闻系统后台管理的设计方法以及各种浏览器兼容技术等。

【知识目标】

- 学习软件系统的设计。
- 学习数据库和数据表的设计与创建。
- 学习新闻系统后台管理的设计。
- 学习整个新闻系统的设计与制作实现过程。

【能力目标】

- 能够熟练掌握软件系统的设计方法。
- 能够熟练掌握数据库和数据表的设计与创建方法。
- 能够掌握新闻系统后台管理的设计方法。
- 能够熟悉整个新闻系统的设计与制作实现过程。

【素质目标】

善于与他人交流、合作。

【知识储备】

综合运用 HTML5、CSS3、JavaScript、PHP 的相关知识，再加上软件项目开发的相关技能，即可构建出好用的软件系统。

【项目实现】新闻系统后台管理

接到项目后，唐工分析了项目要求，把此项目整体分成 6 个任务来实现：系统功能设计、数据库设计、后台管理系统设计、管理员管理、新闻分类管理和新闻信息管理。

任务一　系统功能设计

新闻系统是一个基于新闻和内容管理的一站式管理系统，可以将杂乱无章的信息（包括文字、图片和影音）经过组织，合理、有序地呈现在大家面前。

使用新闻系统可以使新闻发布和管理变得很轻松，管理员只需设置标题、内容和图片等就可以了，系统将自动生成对应的新闻网页。

新闻系统一般分为前台显示系统和后台管理系统。前台显示系统最有代表性的是界面设计和模板解析，这已经在项目 6 中实现。而后台管理系统主要实现下面的功能。

（1）管理员管理

在登录页面，用户输入信息后提交到验证程序进行密码比对，如果正确，则成功登录到后台进行相应的操作；否则显示错误信息并跳转回登录页面。

（2）新闻分类管理

新闻分类管理包括添加新闻分类、修改新闻分类和删除新闻分类。

（3）新闻信息管理

新闻信息管理包括添加新闻信息、修改新闻信息和删除新闻信息。新闻系统后台管理功能模块如图 7-2 所示。

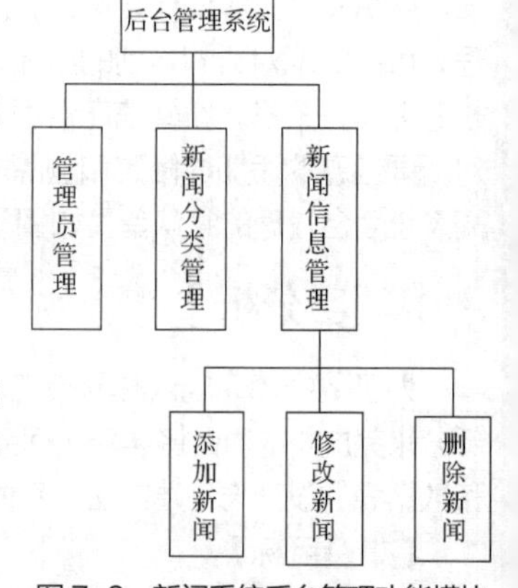

图 7-2　新闻系统后台管理功能模块

任务二　数据库设计

1. 任务分析

数据库的设计对新闻系统的实现起着至关重要的作用，设计合理的数据库表结构不仅有利于新闻系统的开发，而且有利于提高新闻系统的性能。根据新闻系统的功能设计要求，本系统需要如下 4 个数据表。

（1）管理员表 manager

管理员表用于保存新闻系统后台的管理员账号，为了防止明文密码存储带来安全隐患，这里对密码进行 SHA-512 加密处理。本着实用的目的，表的字段较多，其结构如表 7-1 所示。

表 7-1　管理员表

字段名	数据类型	描述
key_users	int(10) unsigned	主键 ID，自动增长
id	varchar(50)	用户名，唯一约束
password	varchar(128)	加密后的密码
login_time	varchar(20)	最后登录时间

（2）新闻分类表 news_type

新闻分类表用于保存新闻分类信息，如“国内要闻”“图片新闻”“系统公告”等，其结构如表 7-2 所示。

表 7-2　新闻分类表

字段名	数据类型	描述
news_type_id	int(10) unsigned	主键 ID，自动增长
news_type	varchar(50)	新闻分类名称

（3）新闻信息表 news_info

新闻信息表用于保存新闻的详细信息，其结构如表 7-3 所示。

表 7-3　新闻信息表

字段名	数据类型	描述
news_id	int(10) unsigned	主键 ID，自动增长
title	varchar(100)	新闻标题
news_type	varchar(50)	所属新闻分类
source	varchar(50) NULL	新闻来源或发布者
post_time	varchar(20)	新闻发布时间
detail	text	新闻详细内容
news_pic	varchar(50) NULL	新闻图片
news_pic_align	varchar(10)	图片对齐方式

（4）模板信息表 template_info

模板信息表用于保存网站模板的具体信息，如首页模板、内页模板等，其结构如表 7-4 所示。

表 7-4　模板信息表

字段名	数据类型	描述
template_id	int(10) unsigned	主键 ID，自动增长
template_name	varchar(10)	模板名称
template_content	text	模板内容

2. 代码实现

用 MySQL 数据库建立新闻系统的数据库和 4 个数据表。

（1）用“root”登录 MySQL 服务器，创建名为“newsdb”的数据库，其“排序规则”选择“utf8mb4_unicode_ci”。

（2）执行如下 SQL 语句，完成数据表的创建以及管理员的设置（用户名为“newsdb”，密码为“news331”，并给予查询、添加、修改、删除、索引、建立临时表等权限）。

```
-- 数据库'newsdb'
-- 表 'manager'
CREATE TABLE 'manager' (
  'key_users' int(10) UNSIGNED NOT NULL PRIMARY KEY AUTO_INCREMENT,
  'id' varchar(50) COLLATE utf8mb4_unicode_ci NOT NULL,
  'password' varchar(128) COLLATE utf8mb4_unicode_ci NOT NULL,
  'login_time' varchar(20) COLLATE utf8mb4_unicode_ci NOT NULL
) ENGINE=InnoDB DEFAULT CHARSET=utf8mb4 COLLATE=utf8mb4_unicode_ci COMMENT='管理员表';
-- 表'manager'的数据
INSERT INTO 'manager' VALUES(1, 'newsdb', 'bf016e24b08ff5141eb425f5a13444fe1907332575fe
385996e0cecd7db6fefc8f4036a8e31e5a44d7900a479ef6b76b947feb4d752766bd5258dfe59b14169d', '');

-- 表 'news_info'
CREATE TABLE 'news_info' (
  'news_id' int(10) UNSIGNED NOT NULL PRIMARY KEY AUTO_INCREMENT,
  'title' varchar(100) COLLATE utf8mb4_unicode_ci NOT NULL,
  'news_type' varchar(50) COLLATE utf8mb4_unicode_ci NOT NULL,
  'source' varchar(50) COLLATE utf8mb4_unicode_ci DEFAULT NULL,
```

```
    'post_time' varchar(20) COLLATE utf8mb4_unicode_ci NOT NULL,
    'detail' text COLLATE utf8mb4_unicode_ci NOT NULL,
    'news_pic' varchar(50) COLLATE utf8mb4_unicode_ci DEFAULT NULL,
    'news_pic_align' varchar(10) COLLATE utf8mb4_unicode_ci NOT NULL
) ENGINE=InnoDB DEFAULT CHARSET=utf8mb4 COLLATE=utf8mb4_unicode_ci COMMENT='新闻信息表';

-- 表 'news_type'
CREATE TABLE 'news_type' (
    'news_type_id' int(10) UNSIGNED NOT NULL PRIMARY KEY AUTO_INCREMENT,
    'news_type' varchar(50) COLLATE utf8mb4_unicode_ci NOT NULL
) ENGINE=InnoDB DEFAULT CHARSET=utf8mb4 COLLATE=utf8mb4_unicode_ci COMMENT='新闻分类表';

-- 表 'template_info'
CREATE TABLE 'template_info' (
    'template_id' int(10) UNSIGNED NOT NULL PRIMARY KEY AUTO_INCREMENT,
    'template_name' varchar(10) COLLATE utf8mb4_unicode_ci NOT NULL,
    'template_content' text COLLATE utf8mb4_unicode_ci NOT NULL
) ENGINE=InnoDB DEFAULT CHARSET=utf8mb4 COLLATE=utf8mb4_unicode_ci COMMENT='模板信息表';
```

注意，管理员的密码是用加密算法生成的，代码如下。

```
<?php
echo hash("sha512","news331");
?>
```

3. 运行效果

构建好的数据表如图 7-3 所示。

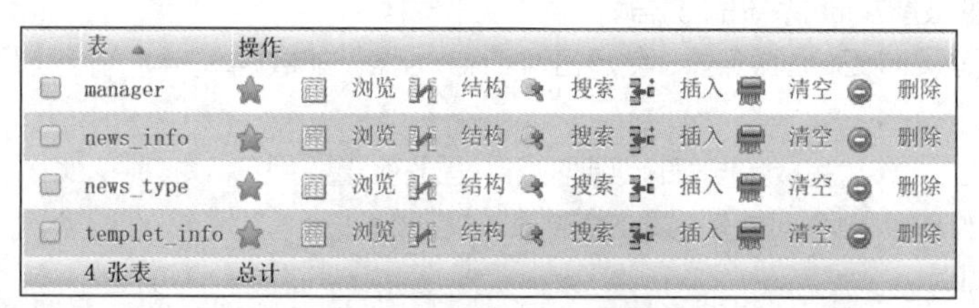

图 7-3 新闻系统所有数据表

任务三 后台管理系统设计

数据库设计完成以后，就可以进行后台管理系统的设计了，包括管理员管理、新闻分类管理和新闻信息管理等功能。

本项目为一个综合项目，设其根目录为“D:\PHP\ch07”。为了提高新闻系统开发效率和减少代码重复，将本项目用到的公共程序文件清单列出，如表 7-5 所示。由于篇幅所限，文件的代码就不一一列出了，详情请参见电子素材。

表 7-5 公共程序文件清单

编号	文件名（含相对路径）	功能
1	css/admin.css	样式表，后台共用
2	js/jquery-1.12.4.js	jQuery 库，后台共用
3	js/jquery.validate.js	jQuery 验证插件，后台共用
4	js/additional-methods.js	jQuery 验证插件，后台共用

续表

编号	文件名（含相对路径）	功能
5	js/messages_zh.js	jQuery 验证插件，后台共用
6	js/news.js	JavaScript 验证程序，后台共用
7	webuser.php	数据库基本设置，前后台共用
8	mysql.php	连接 MySQL 服务器，前后台共用
9	charset.php	设置字符集，前后台共用
10	head.php	后台功能模块链接，后台共用
11	admin_session.php	Session 设置，后台共用
12	admin.php	后台管理默认首页

根据后台管理系统要实现的功能，主要将完成以下程序文件的开发，为了方便学习，将这些程序文件清单列出，如表 7-6 所示。

表 7-6 后台管理系统程序文件清单

编号	文件名（含相对路径）	功能	所属模块
1	loginadmin.php	管理员登录入口	管理员管理模块
2	loginend.php	管理员登录验证	
3	password.php	管理员密码修改入口	
4	updatepassword.php	管理员密码修改处理	
5	logout.php	管理员退出登录	
6	news_type.php	新闻分类管理	新闻分类管理模块
7	add_type.php	添加新闻分类入口	
8	add_type_end.php	添加新闻分类处理	
9	update_type.php	修改新闻分类入口	
10	update_type_end.php	修改新闻分类处理	
11	del_type.php	删除新闻分类入口	
12	news_info.php	新闻信息管理	新闻信息管理模块
13	add_news.php	添加新闻信息入口	
14	add_news_end.php	添加新闻信息处理	
15	update_news.php	修改新闻信息入口	
16	update_news_end.php	修改新闻信息处理	
17	del_news.php	删除新闻信息入口	

任务四 管理员管理

1. 任务分析

管理员管理包括管理员登录、管理员修改密码、管理员退出登录、管理员主界面、增加管理员、修改管理员、删除管理员等。由于篇幅所限，这里只对前 3 项进行讲解。

2. 代码实现

以下是管理员登录、管理员修改密码和管理员退出登录功能的代码实现。

（1）管理员登录

管理员登录由登录表单页面“loginadmin.php”和表单验证页面“loginend.php”组成，其中登录表单页面“loginadmin.php”的核心代码如下。

```
<?php
require("admin_session.php");                              //使用 Session
require("webuser.php");
if (isset($_SESSION['key_manager']) && $_SESSION['key_manager']!=0)
  {
  header("Location: admin.php\n");
  exit();
  }
header("Content-type:text/html;charset=utf-8");            //设置编码格式
?>
<!DOCTYPE html>
<html>
<head>
<meta charset="utf-8">
<title>管理员登录</title>
<link href="css/admin.css" rel="stylesheet" type="text/css" />
<script src="js/jquery-1.12.4.js"></script>
<script src="js/jquery.validate.js"></script>
<script src="js/additional-methods.js"></script>
<script src="js/messages_zh.js"></script>
</head>
<body>
<form name="form1" id="form1" class="login" action="loginend.php" method="post">
  <fieldset>
    <legend>管理员登录</legend>
    <p>用户名：<input name="username" type="text" id="username" size="30" required placeholder="6～50
位字母、数字或下画线，字母开头"></p>
    <p>密码：<input name="userpwd" type="password" id="userpwd" size="30" required placeholder="6～
50 位字母、数字或符号"></p>
  </fieldset>
  <p><input type="submit" name="submitbtn" id="submitbtn" class="item-submit" value="登录">
    <input type="reset" name="resetbtn" id="resetbtn" class="item-submit" value="重置">
  </p>
</form>
</body>
</html>
```

表单验证页面“loginend.php”的核心代码如下。

```
<?php
require("admin_session.php");                    //使用 Session
require("webuser.php");                          //数据库基本设置
header("Content-type:text/html;charset=uft-8");  //设置编码格式
$dispinfo="非法进入！";                          //设置默认出错信息
$jump_pages="loginadmin.php";                    //设置默认跳转页面
if (isset($_POST['submitbtn']) && isset($_POST["username"]) && preg_match("/^[A-Za-z]{1}([_A-Za-z0-9])
{5,49}$/",urldecode($_POST["username"])))
  {
  include("mysql.php");                          //连接到 MySQL 服务器
  include("charset.php");
  $query = "select * from manager where id='".urldecode($_POST["username"])."'";
  $result = mysqli_query($link,$query);
  $num = mysqli_num_rows($result);
```

```
    if($num==0)
      { //如果没有记录，则说明该管理员不存在
      $dispinfo="对不起，此管理员不存在，请重新登录!";
      $_SESSION['key_manager']=0;
      $_SESSION['manager_timestamp']="";
      $_SESSION['manager_name']="";
      }
    else
      { //如果该管理员存在，则再确认他的密码是否正确
      $row = mysqli_fetch_array($result);
      if(!hash_equals(hash("sha512",$_POST["userpwd"]),$row["password"]) )
        {
        $dispinfo="对不起，密码错误，请重新登录！";
        $_SESSION['key_manager']=0;
        $_SESSION['manager_timestamp']="";
        $_SESSION['manager_name']="";
        }
      else
        {
        $dispinfo="登录成功！\n\n 为了安全，退出前请单击网页顶部注销！";
        //得到当前时间
        $login_time= date("Y-m-d H:i:s",time());
        $query123 = "update manager set login_time='$login_time' where id='".urldecode($_POST
["username"])."'";
        mysqli_query($link,$query123);
        $_SESSION['key_manager']=$row["key_users"];
        $_SESSION['manager_timestamp']= time();
        $_SESSION['manager_name']=$row["id"];
        $jump_pages="admin.php";
        }
     }
    }
    echo "<div style='display:none' id='dispinfo'>".$dispinfo."</div>
    <div style='display:none' id='jump_pages'>".$jump_pages."</div>\n";
  ?>
  <script>
    alert(document.getElementById('dispinfo').innerHTML);
    window.open((document.getElementById('jump_pages').innerHTML),'_self','');
  </script>
```

（2）管理员修改密码

管理员修改密码包括修改密码表单页面“password.php”和表单验证页面“updatepassword.php”，其中修改密码表单页面“password.php”的核心代码如下。

```
  <?php
  require("admin_session.php");                //使用 Session
  require("webuser.php");
  if (!isset($_SESSION['key_manager']) || $_SESSION['key_manager']==0)
    {
    header("Location: loginadmin.php\n");
    exit();
    }
```

```
header("Content-type:text/html;charset=utf-8");          //设置编码格式
?>
<!DOCTYPE html>
<html>
<head>
<meta charset="utf-8">
<title>更改密码</title>
<link href="css/admin.css" rel="stylesheet" type="text/css" />
<script src="js/jquery-1.12.4.js"></script>
<script src="js/jquery.validate.js"></script>
<script src="js/additional-methods.js"></script>
<script src="js/messages_zh.js"></script>
</head>
<body>
<?php include("head.php"); ?>
<form name="form1" id="form1" class="login" action="updatepassword.php" method="post">
  <fieldset>
    <legend>更改密码</legend>
    <p>用 户 名：<?php echo $_SESSION['manager_name']; ?><input name="username" type="hidden"
id="username" value="<?php echo $_SESSION['manager_name']; ?>"></p>
    <p>旧 密 码：<input type="password" name="old_password" id="old_password" size="30" required
placeholder="6-50 位字母、数字或符号"></p>
    <p>新 密 码：<input type="password" name="new_password1" id="new_password1" size="30"
required placeholder="6-50 位字母、数字或符号"></p>
    <p>再输入一次：<input type="password" name="new_password2" id="new_password2" size="30"
required placeholder="6～50 位字母、数字或符号"></p>
  </fieldset>
  <p><input type="submit" name="submitbtn" id="submitbtn" class="item-submit" value="修改">
    <input type="reset" name="resetbtn" id="resetbtn" class="item-submit" value="重置">
  </p>
</form>
</body>
</html>
```

表单验证页面“updatepassword.php”的代码请见电子素材。

（3）管理员退出登录

管理员退出登录模块比较简单，单击“退出登录”按钮跳转到“logout.php”，即可执行销毁 Session 的工作，其核心代码如下。

```
<?php
require("admin_session.php");                    //使用 Session
require("webuser.php");
header("Content-type:text/html;charset=utf-8");  //设置编码格式
$dispinfo="";
if (!isset($_SESSION['key_manager']) || $_SESSION['key_manager']==0)
  {
  $dispinfo.="你还没有登录呢！";
  }
else
  {
```

```
    unset($_SESSION['key_manager']);
    unset($_SESSION['manager_name']);
    unset($_SESSION['manager_timestamp']);
    session_destroy();
    $dispinfo.="注销成功！再见！";
    }
    echo "<div style='display:none' id='dispinfo'>".$dispinfo."</div>\n";
?>
<script>
    alert(document.getElementById('dispinfo').innerHTML);
    window.close();
</script>
```

3. 运行效果

以下是管理员登录、管理员修改密码和管理员退出登录功能的运行效果。

（1）管理员登录

在浏览器中访问 http://localhost/ch07/loginadmin.php，运行结果如图 7-4 所示。

输入用户名“newsdb”，密码“news331”，经“loginend.php”验证后即可登录后台管理系统，见图 7-1。

（2）管理员修改密码

在后台管理系统界面中单击“修改密码”按钮，运行修改密码表单程序，输入旧密码和新密码后，经过“updatepassword.php”验证后，即可成功修改密码，如图 7-5 所示。

图 7-4　管理员登录表单页面

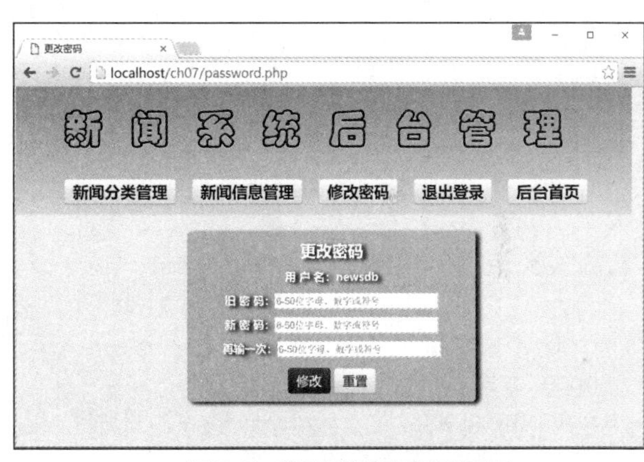

图 7-5　管理员修改密码表单页面

（3）管理员退出登录

完成后台管理工作后，单击“退出登录”按钮，执行“logout.php”，可以安全退出系统，如图 7-6 所示。

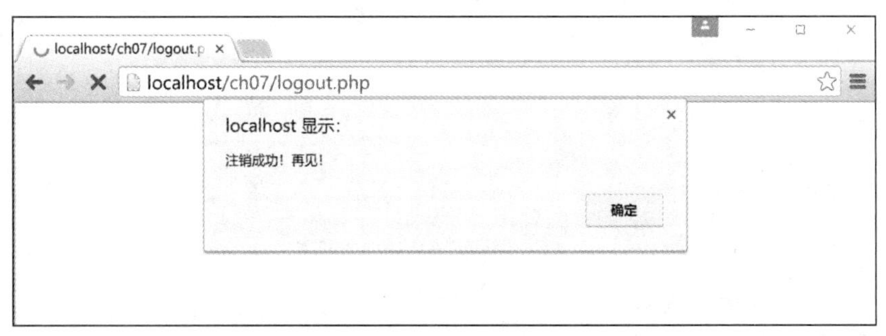

图 7-6　管理员退出登录

任务五　新闻分类管理

1. 任务分析

新闻一般需要分类展示，这样既便于管理，又便于阅读。新闻分类管理包括新闻分类管理主界面、新闻分类添加、新闻分类修改、新闻分类删除等。

2. 代码实现

以下是新闻分类管理主界面、新闻分类添加、新闻分类修改和新闻分类删除功能的实现代码。

（1）新闻分类管理主界面

新闻分类管理主界面“news_type.php”可以展示现有的新闻分类，并且带有添加、修改和删除的链接，以便于相关管理，其核心代码如下。

```
<?php
require("admin_session.php");                              //使用 Session
require("webuser.php");
if (!isset($_SESSION['key_manager']) || $_SESSION['key_manager']==0)
  {
  header("Location: loginadmin.php\n");
  exit();
  }
header("Content-Type:text/html;charset=utf-8");            //设置编码格式
?>
<!DOCTYPE html>
<html>
<head>
<meta charset="utf-8">
<title>新闻分类管理</title>
<link href="css/admin.css" rel="stylesheet" type="text/css" />
<script src="js/news.js"></script>
</head>
<body>
<?php
include("head.php");
require("mysql.php");          //连接到 MySQL 服务器
$query = "select * from news_type";
$result = mysqli_query($link,$query);
$num = mysqli_num_rows($result);
if($num==0)
  {                            //如果没有记录，说明新闻分类不存在
  printf("<h4>对不起，没有分类！ </h4>");
  }
else
  {
  printf("<h4>现有新闻分类</h4>");
  while($row = mysqli_fetch_array($result))
    {
    $timid = $row["news_type_id"];
    $timname = $row["news_type"];
```

```
        echo "<p>".$timname."<a href=\"update_type.php?id=$timid\">修改</a><a href=\"del_type.php?id=$timid\" title=\"".$timname."\" onclick=\"{del(this);return false;}\">删除</a></p>\n";
        }
      }
    @mysqli_close($link);
    ?>
    <h5><a href="add_type.php">添加新闻分类</a></h5>
    </body>
    </html>
```

（2）新闻分类添加

新闻分类添加包括新闻分类添加主界面程序“add_type.php”、添加处理程序“add_type_end.php”，其中添加主界面程序的核心代码如下。

```
    <?php
    require("admin_session.php");                    //使用 Session
    require("webuser.php");
    if (!isset($_SESSION['key_manager']) || $_SESSION['key_manager']==0)
      {
      header("Location: loginadmin.php\n");
      exit();
      }
    header("Content-Type:text/html;charset=utf-8");        //设置编码格式
    ?>
    …
    <body>
    <?php include("head.php"); ?>
    <form name="form1" id="form1" class="login" action="add_type_end.php" method="post">
      <fieldset>
        <legend>添加新闻分类</legend>
        <p>请输入新闻分类名称：<input type="text" name="news_type" id="news_type" size="20" required placeholder="25 个汉字以内"></p>
      </fieldset>
      <p><input type="submit" name="submitbtn" id="submitbtn" value="添加">
        <input type="reset" name="resetbtn" id="resetbtn" value="重置">
      </p>
    </form>
    </body>
    </html>
```

添加处理程序的核心代码如下。

```
    <?php
    require("admin_session.php");                    //使用 Session
    require("webuser.php");
    if (!isset($_SESSION['key_manager']) || $_SESSION['key_manager']==0)
      {
      header("Location: loginadmin.php\n");
      exit();
      }
    header("Content-Type:text/html;charset=utf-8"); //设置编码格式
```

```
    $dispinfo="非法进入！";                    //默认出错信息
    $jump_pages="add_type.php";              //默认跳转页面
    if (isset($_POST['submitbtn']) && isset($_POST["news_type"]) && preg_match("/^[\x{4e00}-\x{9fa5}]{4,25}
$/u",urldecode($_POST["news_type"])))
      {                                      //验证新闻分类名称是否全部为中文
      include("mysql.php");                  //连接到 MySQL 服务器
      include("charset.php");                //数据库编码设置
      $query = "insert into news_type (news_type) values ('".$_POST["news_type"]."')";
      $result = mysqli_query($link,$query);
     if($result)
       {
       $dispinfo="新闻分类添加成功！";
       }
     else
       {
       $dispinfo="新闻分类添加失败！";
       $jump_pages="add_type.php";
       }
      }
      echo "<div style='display:none' id='dispinfo'>".$dispinfo."</div>
      <div style='display:none' id='jump_pages'>".$jump_pages."</div>\n";
    ?>
    <script>
      alert(document.getElementById('dispinfo').innerHTML);
      window.open((document.getElementById('jump_pages').innerHTML),'_self','');
    </script>
```

（3）新闻分类修改

新闻分类修改包括新闻分类修改主界面程序“update_type.php”、修改处理程序“update_type_end.php”，其中新闻分类修改主界面程序的核心代码如下。

```
    <body>
    <?php
    include("head.php");
    if (isset($_GET["id"]) && preg_match("/^[\d]+$/",urldecode($_GET["id"])))
      {                                  //验证 id 是否为数字
      include("mysql.php");              //连接到 MySQL 服务器
      include("charset.php");            //默认数据库编码设置
      $query = "select * from news_type where news_type_id=".$_GET["id"]."";
      $result = mysqli_query($link,$query);
      $num = mysqli_num_rows($result);
      if($num==0)
     {
     echo "<h4>非法进入！</h4>";
     }
      else
     {
     $row = mysqli_fetch_array($result);
    ?>
    <form name="form1" id="form1" class="login" action="update_type_end.php" method="post">
```

```
    <fieldset>
      <legend>修改新闻分类</legend>
      <p>新闻分类名称：<input type="text" name="news_type" id="news_type" value="<?php echo $row["news_type"]; ?>" size="20" required placeholder="25 个汉字以内"></p>
    </fieldset>
    <p><input type="submit" name="submitbtn" id="submitbtn" value="修改">
      <input name="id" type="hidden" value="<?php echo $row["news_type_id"]; ?>">
      <input type="reset" name="resetbtn" id="resetbtn" value="重置">
    </p>
  </form>
  <?php
   }
    }
  else
    {
    echo "<h4>非法进入！ </h4>";
    }
  ?>
  </body>
```

修改处理程序的核心代码如下。

```
  <?php
  require("admin_session.php");                              //使用 Session
  require("webuser.php");
  if (!isset($_SESSION['key_manager']) || $_SESSION['key_manager']==0)
    {
    header("Location: loginadmin.php\n");
    exit();
    }
  header("Content-Type:text/html;charset=utf-8");            //设置编码格式
  $dispinfo="非法进入！ ";                                    //默认出错信息
  $jump_pages="news_type.php";
  if (isset($_POST['submitbtn']) && isset($_POST["id"]) && preg_match("/^[\d]+$/",urldecode($_POST["id"])) && isset($_POST["news_type"]) && preg_match("/^[\x{4e00}-\x{9fa5}]{4,25}$/u",urldecode($_POST["news_type"])))
    {                                    //验证 id 是否全部为数字、新闻分类名称是否全部为中文
    include("mysql.php");                //连接到 MySQL 服务器
    include("charset.php");              //默认数据库编码设置
    $query = "update news_type set news_type='".$_POST["news_type"]."' where news_type_id=".$_POST["id"]."";
    $result = mysqli_query($link,$query);
   if($result)
     {
     $dispinfo="新闻分类修改成功！ ";
     }
   else
     {
     $dispinfo="新闻分类修改失败！ ";
     }
```

```
    }
    echo "<div style='display:none' id='dispinfo'>".$dispinfo."</div>
    <div style='display:none' id='jump_pages'>".$jump_pages."</div>\n";
?>
<script>
    alert(document.getElementById('dispinfo').innerHTML);
    window.open((document.getElementById('jump_pages').innerHTML),'_self','');
</script>
```

（4）新闻分类删除

删除新闻分类由文件“del_type.php”来执行，其核心代码如下。

```
<?php
require("admin_session.php");                    //使用 Session
require("webuser.php");
if (!isset($_SESSION['key_manager']) || $_SESSION['key_manager']==0)
    {
    header("Location: loginadmin.php\n");
    exit();
    }
header("Content-Type:text/html;charset=utf-8"); //设置编码格式
$dispinfo="非法进入！";
$jump_pages="news_type.php";
if (isset($_GET["id"]) && preg_match("/^[\d]+$/",urldecode($_GET["id"])))
    {                           //验证 id 是否全部为数字
    include("mysql.php");       //连接到 MySQL 服务器
    include("charset.php");     //默认数据库编码设置
    $query = "delete from news_type where news_type_id=".$_GET["id"]."";
    $result = mysqli_query($link,$query);
  if($result)
     {
     $dispinfo="新闻分类删除成功！";
     }
  else
     {
     $dispinfo="新闻分类删除失败！";
     }
    }
    echo "<div style='display:none' id='dispinfo'>".$dispinfo."</div>
    <div style='display:none' id='jump_pages'>".$jump_pages."</div>\n";
?>
<script>
    alert(document.getElementById('dispinfo').innerHTML);
    window.open((document.getElementById('jump_pages').innerHTML),'_self','');
</script>
```

3. 运行效果

以下是新闻分类管理主界面、新闻分类添加、新闻分类修改和新闻分类删除功能的运行效果。

（1）新闻分类管理主界面

单击“新闻分类管理”，运行新闻分类管理主界面程序“news_type.php”，其效果如图 7-7 所示。

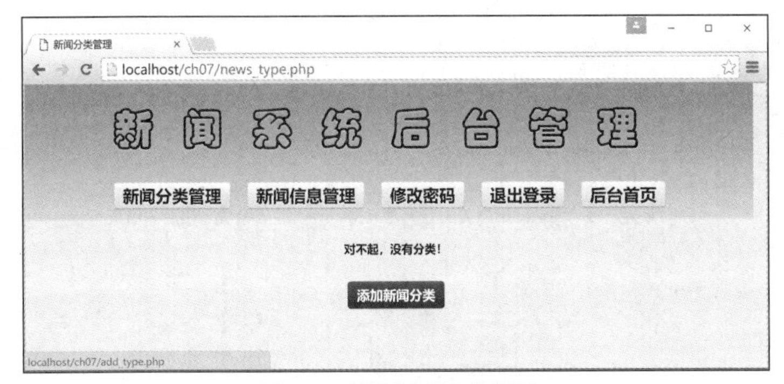

图 7-7 新闻分类管理主界面

（2）新闻分类添加

在新闻分类管理主界面中单击“添加新闻分类”按钮，运行“add_type.php”，在弹出的对话框（见图 7-8）中输入新闻分类名称，如“国内要闻”，单击“添加”按钮，经“add_type_end.php”处理后，新闻分类即可成功添加。

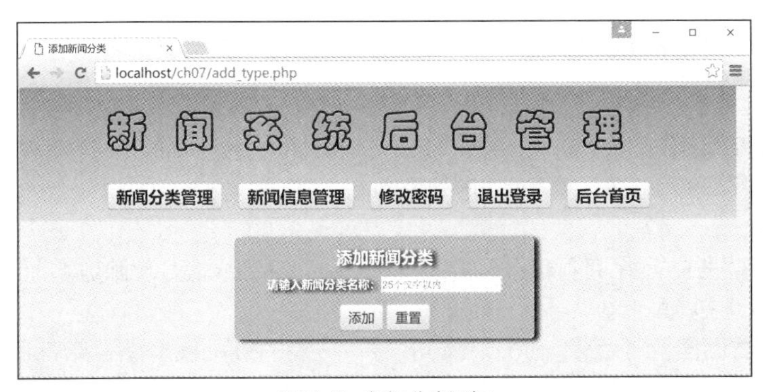

图 7-8 新闻分类添加

把前台首页设计的新闻分类全部加上，最后的结果如图 7-9 所示。

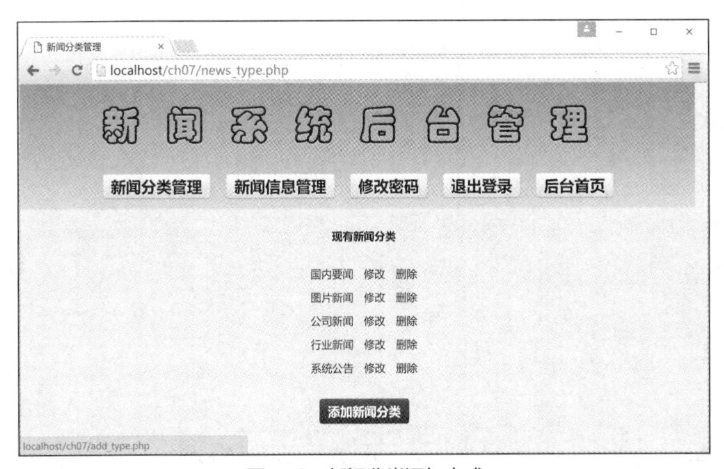

图 7-9 新闻分类添加完成

（3）新闻分类修改

在新闻分类管理主界面中单击新闻分类名称后面的“修改”链接，运行“update_type.php”，在弹出的对话框（见图 7-10）中输入新的分类名称，单击“修改”按钮，经“update_type_end.php”验证通过后，新闻分类修改即可成功。

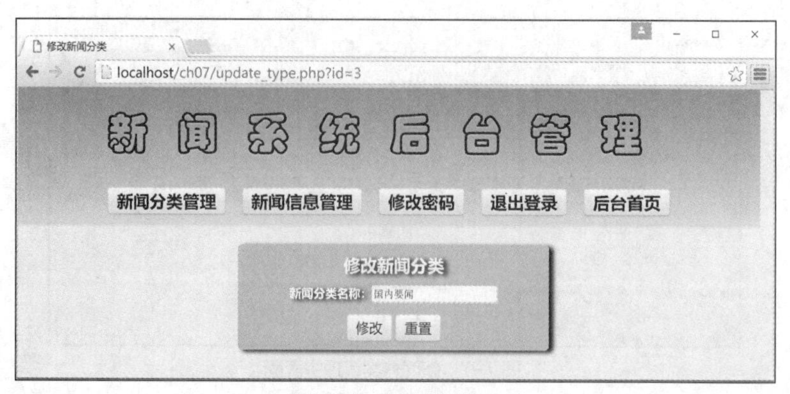

图 7-10　新闻分类修改

（4）新闻分类删除

在新闻分类管理主界面中单击新闻分类名称后面的“删除”链接，运行“del_type.php”，即可完成删除操作。注意，删除操作需谨慎，删除后不可恢复。

任务六　新闻信息管理

1. 任务分析

新闻信息管理是新闻系统的核心功能，是新闻系统设计成功的关键。新闻信息管理包括新闻信息管理主界面，新闻信息添加、新闻信息修改、新闻信息删除等功能。

2. 代码实现

以下是新闻信息管理主界面，新闻信息添加、新闻信息修改和新闻信息删除功能的代码实现。

（1）新闻信息管理主界面

新闻信息管理主界面程序“news_info.php”可以展示现有的新闻信息，并且带有添加、修改和删除的链接，以便于相关管理，其核心代码如下。

```
<?php
require("admin_session.php");                          //使用 Session
require("webuser.php");
if (!isset($_SESSION['key_manager']) || $_SESSION['key_manager']==0)
  {
  header("Location: loginadmin.php\n");
  exit();
  }
header("Content-Type:text/html;charset=utf-8"); //设置编码格式
?>
…
<body>
<?php include("head.php"); ?>
<h5>
<?php
require("mysql.php");                                  //连接到 MySQL 服务器
$query = "select * from news_type";
$result = mysqli_query($link,$query);
$num = mysqli_num_rows($result);
while($row = mysqli_fetch_array($result))
{
```

```
    $timname = $row["news_type"];
    echo "<a href=\"news_info.php?type=".$timname."\">".$timname."</a>   \n";
    }
    ?>
    </h5>
    <div class="news">
    <?php
    if(!empty($_GET["type"]))
      $query = "select * from news_info where news_type='".urldecode($_GET["type"])."' order by news_id
DESC";
    else
      $query = "select * from news_info order by news_id DESC";
    $result = mysqli_query($link,$query);
    $num = mysqli_num_rows($result);
    if($num==0)
      {                         //如果没有记录，说明新闻信息不存在
      printf("<h4>对不起，没有信息！</h4>");
      }
    else
      {
      printf("<h4>".(empty($_GET["type"])?"全部新闻信息":"“".$_GET["type"]."”信息")."</h4>");
      while($row = mysqli_fetch_array($result))
        {
        $timid = $row["news_id"];
        $timname = $row["title"];
     echo "<p><span> ☆ </span>".$timname."<a href=\"update_news.php?id=$timid\"> 修 改 </a><a
href=\"del_news.php?id=$timid\" title=\"".$timname."\" onclick=\"{del(this);return false;}\">删除</a></p>\n";
     }
      }
    @mysqli_close($link);
    ?>
    </div>
    <h5><a href="add_news.php">添加新闻信息</a></h5>
    </body>
```

（2）新闻信息添加

新闻信息添加包括新闻信息添加主界面程序“add_news.php”、添加处理程序“add_news_end.php”，其中新闻信息添加主界面程序的核心代码如下。

```
    <body>
    <?php include("head.php"); ?>
    <form name="form1" id="form1" class="news" action="add_news_end.php" method="post"
encType="multipart/form-data" onSubmit="javascript:{return calform(this)}">
      <fieldset>
        <legend>添加新闻信息</legend>
        <p>新闻标题：<input type="text" name="title" id="title" size="20" class="text3" placeholder="50 个汉字以内
"></p>
        <div>新闻分类：<select size="1" name="news_type">
    <?php
    //连接到 MySQL 服务器
    require("mysql.php");
    $query = "select * from news_type";
```

```
$result = mysqli_query($link,$query);
$num = mysqli_num_rows($result);
while($row = mysqli_fetch_array($result))
{
$timname = $row["news_type"];
echo "<option value=\"".$timname."\">".$timname."</option>\n";
}
?>
</select></div>
    <p>新闻来源：<input type="text" name="source" id="source" size="20" class="text3" placeholder="25 个汉字以内"></p>
    <div class="text2"><p class="text1">新闻内容：</p><p class="text1"><textarea name="detail" rows="10" class="text2 text3"></textarea></p></div>
    <p class="clear">新闻图片：<input name="news_pic" id="news_pic" type="file" onchange="cal()"><input type="hidden" name="onload_pic_align" id="onload_pic_align" value="left">
<select size="1" name="news_pic_align" id="news_pic_align" onchange="pic_align(this)">
  <option value="left" selected>左对齐</option>
  <option value="right">右对齐</option>
  <option value="middle">居中对齐</option>
  <option value="top">顶部对齐</option>
  <option value="middle">中部对齐</option>
  <option value="bottom">下面对齐</option>
  <option value="texttop">文字顶部</option>
  <option value="absmiddle">绝对中间</option>
  <option value="absbottom">绝对底部</option>
  <option value="background">作为背景</option>
</select></p>
    <div id="pr"><img src="image/noimage.gif" name="preview" id="preview" align="left" onload="setImgAutoSize(this)" />这里将放置您的新闻图片
    <div style="position:absolute; width:0; height:0;z-index:-100; overflow: hidden;"><img id="divview" name="divview" src="image/noimage.gif"></div>
    <input type="hidden" value="" name="news_pic_width">
    <input type="hidden" value="" name="news_pic_height"></div>
  </fieldset>
  <h4><input type="submit" name="submitbtn" id="submitbtn" value="添加">
    <input type="reset" name="resetbtn" id="resetbtn" value="重置">
  </h4>
</form>
</body>
```

添加处理程序的核心代码如下。

```
<?php
header("Content-Type:text/html;charset=utf-8");          //设置编码格式
$dispinfo="非法进入！";                                    //默认出错信息
$jump_pages="news_info.php";
if (isset($_POST['submitbtn']))
  {
  $dispinfo="";
  include("mysql.php");                                   //连接到 MySQL 服务器
  include("charset.php");                                 //数据库编码设置
  $post_time=date("Y-m-d H:i:s",time());                  //新闻更新时间
  $new_news_pic="";
```

```
    //添加新闻图片
    if(file_exists($_FILES["news_pic"]["tmp_name"]) && filesize($_FILES["news_pic"]["tmp_name"])<1024*1024)
    {//验证图片的大小是否超过 1MB
    include("mysql.php");
    //检测上传文件类型
    $upfile=explode(".",$_FILES["news_pic"]["name"]);
    $numbers=count($upfile)-1;
    $upfiletype=strtolower($upfile[$numbers]);
    if ($upfiletype=="gif"||$upfiletype=="jpg"||$upfiletype=="png")
      {                         //只允许上传 GIF、JPG、PNG 格式的图片
      $v=opendir($updir);
      if ($v==0)
        { mkdir($updir);        //若目录不存在，则新建一个
        $v=opendir($updir);     //取得目录
        }
      //重命名上传文件
      $newfilename=date("YmdHis",time()).''.substr(session_id(),5,6).".".$upfiletype;
      $up=copy($_FILES["news_pic"]["tmp_name"],$updir."/$newfilename"); //关键一步，将临时文件复制到
updir 目录下
      if($up==1)
        {
        $new_news_pic=$newfilename;
        $dispinfo.="成功上传图片！\n\n";
        unlink($_FILES["news_pic"]["tmp_name"]);        //从临时文件夹中删除档案
        closedir ($v);                                  //关闭目录
        }
      else
         {
         $dispinfo.="对不起，图片上传失败!\n\n";
         }
      }
    else
      {
      $dispinfo.="您选择的文件类型为*.$upfiletype!\\n 对不起，您只能上传*.gif、*.jpg 或*.png 格式文件！\n\n 对不
起，图片上传失败!\n\n";
      }
    }
    $query = "insert into news_info (title,news_type,source,post_time,detail,news_pic,news_pic_align)
values

('".$_POST["title"]."','".$_POST["news_type"]."','".$_POST["source"]."','$post_time','".$_POST["detail"]."','".$new_
news_pic."','".$_POST["news_pic_align"]."')";
    $result = mysqli_query($link,$query);
   if($result)
     {
     $dispinfo.="新闻信息添加成功！";
     }
   else
     {
     $dispinfo.="新闻信息添加失败！";
     $jump_pages="add_news.php";
```

```
        }
      }
      echo "<div style='display:none' id='dispinfo'>".$dispinfo."</div>
      <div style='display:none' id='jump_pages'>".$jump_pages."</div>\n";
    ?>
    <script>
      alert(document.getElementById('dispinfo').innerHTML);
      window.open((document.getElementById('jump_pages').innerHTML),'_self','');
    </script>
```

（3）新闻信息修改

新闻信息修改包括新闻信息修改主界面程序“update_news.php”、修改处理程序“update_news_end.php”，其中新闻信息修改主界面程序的核心代码如下。

```
    <body>
    <?php
    include("head.php");
    if (isset($_GET["id"]) && preg_match("/^[\d]+$/",urldecode($_GET["id"])))
      {                                    //验证 id 是否全部为数字
      include("mysql.php");        //连接到 MySQL 服务器
      include("charset.php");      //数据库编码设置
      $query = "select * from news_info where news_id=".$_GET["id"]."";
      $result = mysqli_query($link,$query);
      $num = mysqli_num_rows($result);
      if($num==0)
     {
     echo "<h4>非法进入！ </h4>";
     }
      else
     {
     $row = mysqli_fetch_array($result);
    ?>
    <form  name="form1"  id="form1"  class="news"  action="update_news_end.php"  method="post" encType="multipart/form-data" onSubmit="javascript:{return calform(this)}">
      <fieldset>
        <legend>修改新闻信息</legend>
        <p>新闻标题：<input type="text" name="title" id="title" size="20" class="text3" value="<?php echo $row["title"]; ?>"></p>
        <div>新闻分类：<select size="1" name="news_type">
    <?php
    $disp_type=$row["news_type"];
    $query1 = "select * from news_type";
    $result1 = mysqli_query($link,$query1);
    $num1 = mysqli_num_rows($result1);
    while($row1 = mysqli_fetch_array($result1))
    {
    $timname = $row1["news_type"];
    if($timname==$disp_type)
      echo "<option value=\"".$timname."\" selected>".$timname."</option>\n";
    else
```

```
        echo "<option value=\"".$timname."\">".$timname."</option>\n";
    }
    ?>
    </select></div>
        <p>新闻来源：<input type="text" name="source" id="source" size="20" class="text3" value="<?php echo $row["source"]; ?>"></p>
        <div class="text2"><p class="text1">新闻内容：</p><p class="text1"><textarea name="detail" rows="10" class="text2 text3"><?php echo $row["detail"]; ?></textarea></p></div>
        <p class="clear">新闻图片：<input name="news_pic" id="news_pic" type="file" onchange="cal()"><input type="hidden" name="onload_pic_align" id="onload_pic_align" value="<?php echo $row["news_pic_align"]; ?>">
    <select size="1" name="news_pic_align" id="news_pic_align" onchange="pic_align(this)">
      <option value="left" selected>左对齐</option>
      <option value="right">右对齐</option>
      <option value="middle">居中对齐</option>
      <option value="top">顶部对齐</option>
      <option value="middle">中部对齐</option>
      <option value="bottom">下面对齐</option>
      <option value="texttop">文字顶部</option>
      <option value="absmiddle">绝对中间</option>
      <option value="absbottom">绝对底部</option>
      <option value="background">作为背景</option>
    </select></p>
        <div id="pr"><img src="<?php $tmpimg= (!empty($row["news_pic"]))?$updir."/".$row["news_pic"]:"image/noimage.gif"; echo $tmpimg; ?>" align="<? echo $row["news_pic_align"]; ?>" name="preview" id="preview" onload="setImgAutoSize(this)" />这里将放置您的新闻图片
        <div style="position:absolute; width:0; height:0;z-index:-100; overflow: hidden;"><img id="divview" name="divview" src="<? echo $tmpimg; ?>"></div>
        <input type="hidden" value="" name="news_pic_width">
        <input type="hidden" value="" name="news_pic_height"></div>
      </fieldset>
      <h4><input type="submit" name="submitbtn" id="submitbtn" value="修改">
        <input name="id" type="hidden" value="<?php echo $row["news_id"]; ?>">
        <input type="reset" name="resetbtn" id="resetbtn" value="重置">
      </h4>
    </form>
    <?php
     }
      }
    else
      {
      echo "<h4>非法进入！</h4>";
      }
    ?>
    </body>
```

修改处理程序的核心代码如下。

```
    <?php
      //修改图片
      if(file_exists($_FILES["news_pic"]["tmp_name"]) && filesize($_FILES["news_pic"]["tmp_name"])<1024*1024)
```

```
{   include("mysql.php");
//检测上传文件类型
$upfile=explode(".",$_FILES["news_pic"]["name"]);
$numbers=count($upfile)-1;
$upfiletype=strtolower($upfile[$numbers]);
if ($upfiletype=="gif"||$upfiletype=="jpg"||$upfiletype=="png")
  {                              //只允许上传 GIF、JPG、PNG 格式的图片
  $v=opendir($updir);
  if ($v==0)
    { mkdir($updir);          //若目录不存在，则新建一个
    $v=opendir($updir);  //取得目录
    }
  //重命名上传文件
  $newfilename=date("YmdHis",time()).''.substr(session_id(),5,6).".".$upfiletype;
  $up=copy($_FILES["news_pic"]["tmp_name"],$updir."/$newfilename"); //关键一步，将临时文件复制到
updir 目录下
  if($up==1)
    {
    $query = "update news_info set news_pic='$newfilename' where news_id='".$_POST["id"]."'";
    $result = mysqli_query($link,$query);
    if ($result)
      $dispinfo.="成功上传图片！ \n\n";
    else
      $dispinfo.="图片上传失败！ \n\n";
    unlink($_FILES["news_pic"]["tmp_name"]);          //从临时文件夹中删除档案
    closedir ($v);                                     //关闭目录
    }
  else
    {
    $dispinfo.="对不起，图片上传失败!\n\n";
    }
  }
else
  {
  $dispinfo.="您选择的文件类型为*.$upfiletype!\\n 对不起，您只能上传*.gif、*.jpg 或*.png 格式文件！ \n\n 对不
起，图片上传失败!\n\n";
  }
}
$query = "update news_info set title='".$_POST["title"]."', news_type='".$_POST["news_type"]."',
source='".$_POST["source"]."', post_time='$post_time', detail='".$_POST["detail"]."', news_pic_align='".$_POST
["news_pic_align"]."' where news_id='".$_POST["id"]."'";
$result = mysqli_query($link,$query);
if($result)
  {
  $dispinfo.="新闻信息修改成功！ ";
  }
else
  {
```

```
        $dispinfo.="新闻信息修改失败！";
        }
      }
    echo "<div style='display:none' id='dispinfo'>".$dispinfo."</div>
    <div style='display:none' id='jump_pages'>".$jump_pages."</div>\n";
?>
```

（4）新闻信息删除

删除新闻信息由文件“del_news.php”执行，其核心代码如下。

```
<?php
header("Content-Type:text/html;charset=utf-8");         //设置编码格式
$dispinfo="非法进入！";
$jump_pages="news_info.php";
if (isset($_GET["id"]) && preg_match("/^[\d]+$/",urldecode($_GET["id"])))
  {                                  //验证 id 是否全部为数字
  include("mysql.php");        //连接到 MySQL 服务器
  include("charset.php");     //数据库编码设置
  $query4 = "select news_pic from news_info where news_id='".$_GET["id"]."'";
  $result4 = mysqli_query($link,$query4);
  $row4 = mysqli_fetch_array($result4);
  $news_pic=$row4["news_pic"];
  $v=opendir($updir);
  if ($news_pic && file_exists($updir."/$news_pic"))
 @unlink($updir."/$news_pic");
  closedir ($v);                    //关闭目录
  $query = "delete from news_info where news_id='".$_GET["id"]."'";
  $result = mysqli_query($link,$query);
 if($result)
   {
    $dispinfo="新闻信息删除成功！";
   }
 else
   {
    $dispinfo="新闻信息删除失败！";
   }
  }
  echo "<div style='display:none' id='dispinfo'>".$dispinfo."</div>
  <div style='display:none' id='jump_pages'>".$jump_pages."</div>\n";
?>
```

3. 运行效果

以下是新闻信息管理主界面、新闻信息添加、新闻信息修改和新闻信息删除功能的运行效果。

（1）新闻信息管理主界面

单击“新闻信息管理”，运行新闻信息管理主界面程序“news_info.php”，其效果如图 7-11 所示。

（2）新闻信息添加

在新闻信息管理主界面中单击“添加新闻信息”按钮，运行“add_news.php”，输入表单标签相应信息和图片，单击“添加”按钮，经“add_news_end.php”处理后就可添加一条图文并茂的新闻，如图 7-12 所示。

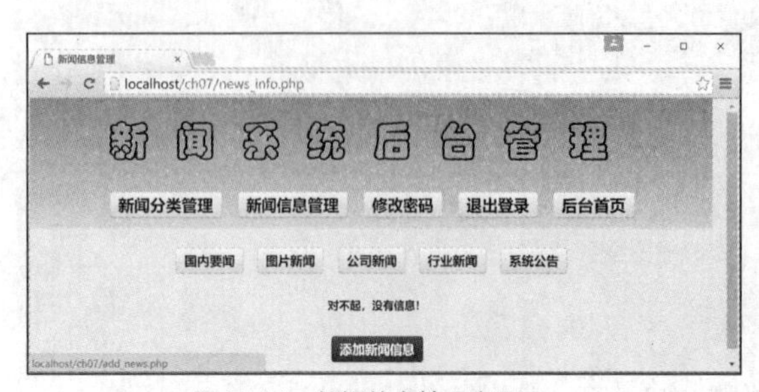

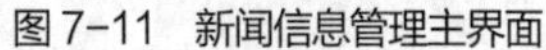

图 7-11　新闻信息管理主界面

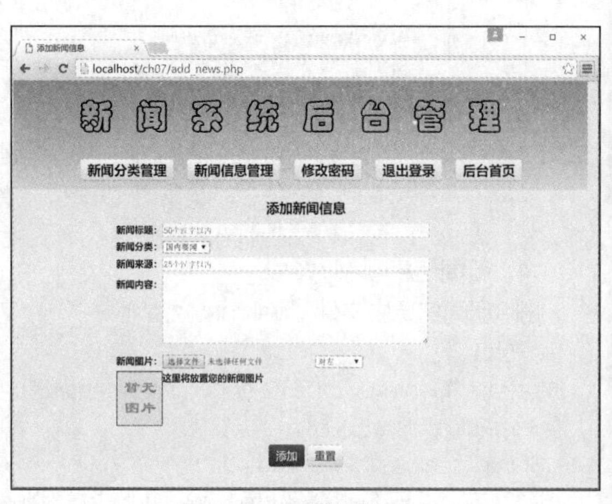

图 7-12　新闻信息添加

把前台首页设计的新闻信息全部加上，最后的结果如图 7-13 所示。

（3）新闻信息修改

在新闻信息管理主界面中单击新闻标题后面的“修改”链接，运行“update_news.php”，输入新的新闻信息，单击“修改”按钮，经“update_news_end.php”验证通过后，新闻信息修改即可成功，如图 7-14 所示。

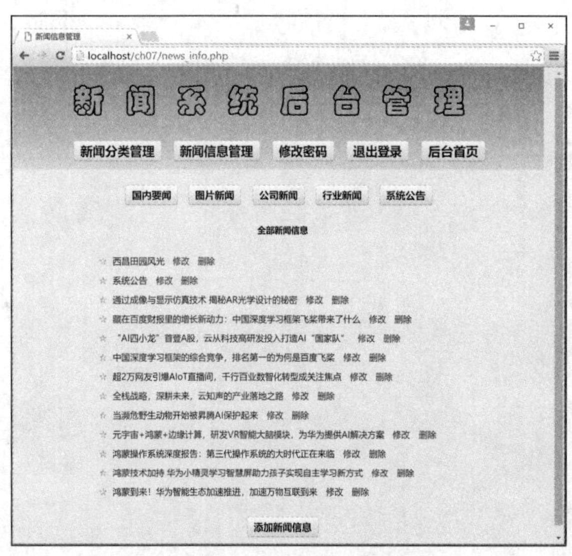

图 7-13　新闻信息添加完成

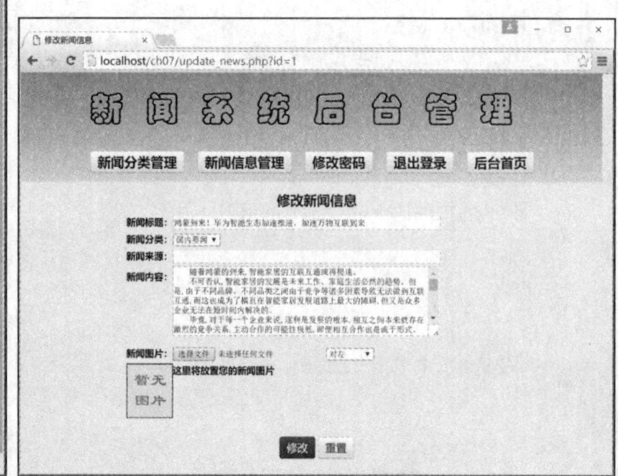

图 7-14　新闻信息修改

（4）新闻信息删除

在新闻信息管理主界面中单击新闻标题后面的“删除”链接，执行“del_news.php”，即可完成删除操作。注意，删除操作需谨慎，一旦删除后不可恢复。

【小结及提高】

本项目设计和创建了数据库与数据表，设计和制作了新闻系统后台管理，包括管理员管理、新闻分类管理以及新闻信息管理等，并且综合运用 HTML5、CSS3、JavaScript 和 PHP 创造了易用、好用的软件系统。

为了方便大家调试程序，这里特意导出完整的数据库保存为“sql/newsdball.sql”。大家只有多多动手练习，才能收获更多。没有天生的软件工程师，只有亲自输入千行万行的代码、亲自运行调试之后，才有可能成为一名合格的软件工程师。

微课

项目 7 【项目实训】

【项目实训】

1. 实训要求

添加管理员管理主界面程序。

2. 步骤提示

新闻系统仅用 SQL 语句设置了一个管理员。为了更好地管理新闻系统，可以添加管理员管理主界面程序“manager_list.php”，包括读取现有的管理员，并给出添加管理员（文件“manager_add.php”）、修改管理员（文件“manager_update.php”）、删除管理员（文件“manager_del.php”）的链接。

习题

一、填空题

1. 开发一个应用系统，一般可由________________和_______________两部分来实现。
2. 为了防止明文密码带来安全隐患，可对存储在数据表里的密码进行_____________。

二、不定项选择题

1. 新闻系统开发流程一般包括（　　）。
   A. 系统总体设计　　B. 数据库设计
   C. 新闻管理模块开发　　D. 新闻发布模块开发
2. 对数据库中数据表的操作一般包括（　　）。
   A. 插入数据　　B. 修改数据　　C. 查询数据　　D. 删除数据
3. 新闻管理模块开发也称为新闻系统后台管理开发，一般包括（　　）。
   A. 新闻分类管理　　B. 新闻信息管理　　C. 新闻首页设计　　D. 新闻内页设计
4. 新闻发布模块开发也称为新闻系统前台界面设计，一般包括（　　）。
   A. 新闻首页设计　　B. 数据库设计　　C. 新闻列表页设计　　D. 新闻内页设计
5. 字符串加密算法常见的有（　　）。
   A. MD5　　B. SHA-1　　C. SHA-256　　D. SHA-512

三、操作题

1. 实现栏目“系统公告”的修改。
2. 实现栏目“图片新闻”的管理。
3. 编写项目实训中提到的添加管理员（文件“manager_add.php”）程序。注意，添加时需查询数据库是否有同名的管理员，若有则不允许添加。
4. 编写项目实训中提到的修改管理员（文件“manager_update.php”）程序。
5. 编写项目实训中提到的删除管理员（文件“manager_del.php”）程序。注意，在删除时需保证数据库中至少要有一名管理员，否则退出系统后就不能正常登录系统了。

项目8 实现新闻系统登录验证功能

08

【项目导入】

云林科技将加强新闻系统的登录安全性，因此需要升级新闻系统登录模块，此任务由技术部唐工程师（以下简称唐工）来完成，要实现如下功能：主要防止非法用户恶意登录和恶意破解密码等，因此可以通过验证码的方式来实现，而安全验证首选中文 GIF 动态验证码。新闻系统新登录模块如图 8-1 所示。

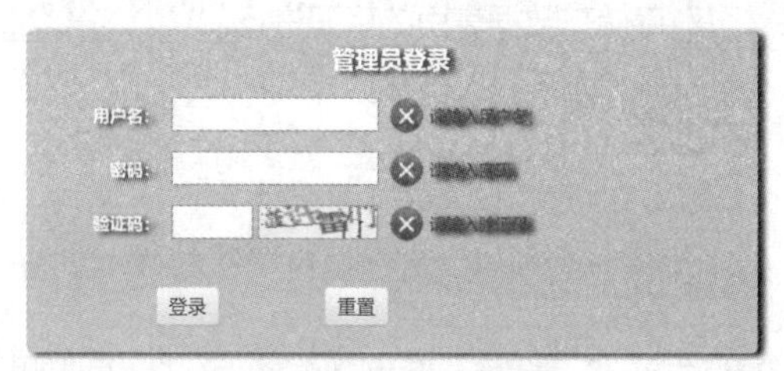

图 8-1　新闻系统新登录模块

图 8-1 彩图

【项目分析】

想要完成此项目，仅靠前面项目学习到的基础知识还远远不够。本项目将学习 HTML5 页面布局技术、CSS3 页面美化技术、中文 GIF 动态验证码生成技术，以及各种浏览器兼容技术和面向对象编程知识等。最后综合运用这些知识来完成云林科技的新闻系统登录模块升级项目，提高综合编程能力。

【知识目标】

- 学习面向对象基本概念。
- 学习类的声明、类的实例化与访问。
- 学习面向对象三大特点：封装、继承、多态。
- 学习抽象类、接口、特性集合类、匿名类。
- 学习 PHP 重要关键字、魔术方法及其单例模式的应用。
- 学习中文 GIF 动态验证码生成技术。

【能力目标】

- 能够掌握面向对象基本概念。
- 能够掌握类的声明、类的实例化与访问。
- 能够掌握面向对象三大特点：封装、继承、多态。
- 能够掌握抽象类、接口、特性集合类、匿名类。
- 能够掌握 PHP 重要关键字、魔术方法及其单例模式的应用。
- 能够掌握中文 GIF 动态验证码生成技术。

【素质目标】

培养良好的职业道德素养。

【知识储备】

8.1 面向对象基本概念

PHP 是一个混合型语言，既可以使用面向对象编程，也可以使用面向过程编程。对于小型的应用，使用传统的面向过程编程可能更简单，也更有效率，然而对于大型的复杂应用，面向对象编程就是更佳选择。

对象的含义是指具体的某一个事物，即在现实生活中能够看得见摸得着的事物。在面向对象程序设计中，对象指的是计算机系统中的某一个成分，它包含两个含义，其一是数据，二是动作。对象不仅能够进行操作，还能够及时记录操作结果。

面向对象达到了软件工程的 3 个目标：重用性、灵活性和扩展性。为了实现整体运算，每个对象都能够接收信息、处理数据和向其他对象发送信息。首先，面向对象符合人类看待事物的一般规律。其次，面向对象可以使系统各部分各司其职、各尽所能，为编程人员敞开了一扇大门，使其编写的代码更简洁、更易于维护，并且具有更强的可重用性。

在面向对象程序设计中，包括类、对象、类的属性、类的方法、派生和继承、多态和多态性、封装等基本概念。

1. 类

万物皆对象。具有相同特性（属性）和行为（方法）的对象的抽象就是类。类实际上就是一种数据类型。类具有属性，它是对象的状态的抽象，用数据结构来描述。类具有操作性，它是对象的行为的抽象，用操作名和实现该操作的方法来描述。

比如，可以抽象出这个世界上的一个物种为人类。

2. 对象

对象是人们要进行研究的任何事物，它不仅能表示具体的事物，还能表示抽象的规则、计划或事件。对象具有状态（属性），一个对象用数据值来描述它的状态。对象还有操作，用于改变对象的状态，对象及其操作就是对象的行为。对象实现了数据和操作的结合，使数据和操作封装于对象的统一体中。

类与对象的关系就如模具和铸件的关系，类的实例化的结果就是对象，而对对象的抽象就是类，类描述了一组有相同特性（属性）和相同行为（方法）的对象。

比如，人类具有身高、体重等属性，同时人类还可以执行一些动作，如行走、吃饭、跳跃等。人是一个类，而具体的某一个人就是一个对象，每一个对象都符合这个类型的标准。

3. 类的属性

通常，用户不仅能很容易地将两类事物区分开，对于同一类事物的不同个体，也可以区分。比如，如果定义一个人的类，那么人的姓名、年龄、性别等便可以看作人这个类的属性。

可见，可以通过对象的不同特征来区分同一类的不同对象。类的属性就是用来保存对象的特征的。

4. 类的方法

类的方法代表一类事物所具备的动作，可以理解为一种动态的特征。比如，汽车具备的方法有启动、行驶、静止、拐弯等。

类的方法是不会自动发生的，而是在满足某种条件（或者说某种事件发生）时才会被激发。可见，一个对象通常是静态的，不会有任何动作，只有在某个事件发生时，才会激活该对象所具备的某个方法，实现某种特定功能。

5. 派生和继承

派生是指江河的源头产生出支流，引申为从一个主要事物的发展中分化出来。

在日常生活中，常常把一些属于同一种类型的事物再细分成不同的类型。比如乐器可以分为传统乐器和电子乐器，于是电子键盘乐器和小提琴都是乐器，但是电子键盘乐器属于电子乐器，而小提琴属于传统乐器。这就是类之间的继承和派生关系。

通过继承可以在一般类的基础上建立新类，被继承的类称为基类，在基类上建立的新类称为派生类。继承可以使子类具有父类的属性和方法或者重新定义、追加的属性和方法等。继承和派生其实都是一回事，只是说法不同罢了，比如，子类继承了父类，父类派生了子类。

6. 多态和多态性

多态是指对于同一个类的对象，在不同的场合能够表现出不同的行为和特征。

多态性主要是指在一般类中定义的属性或行为被特殊类继承之后，可以具有不同数据类型或表现出不同的行为。比如，某个属于“笔”基类的对象，在调用“写”的方法时，程序会自动判断出它的具体类型，如果是毛笔，则调用毛笔对应的“写”方法；如果是铅笔，则调用铅笔对应的“写”方法。

7. 封装

封装，即隐藏对象的属性和实现细节，仅对外公开接口。封装提供了外界与对象交互的控制机制，设计和实施者可以公开外界需要直接操作的属性和行为，而把其他的属性的行为隐藏在对象内部。这样可以让软件程序模块化，而且可以避免外界错误地使用属性和方法。

比如汽车，厂商可以把汽车的颜色公开给外界，用户怎么改都行，但是防盗系统的内部构造最好隐藏起来。

8.2 类和对象

对象是对客观事物的抽象，类是对对象的抽象。类是一种抽象的数据类型，对象是类的实例，类是对象的模板。

8.2.1 类的声明与实例化

声明对象只是单纯地说明有这个对象，但还没真正实例化，实例化了就有自己的内存空间了。

1. 类的声明

面向对象程序的单位就是对象，但对象又是通过类的实例化产生的，所以首先要做的就是搞清楚如何声明类。PHP 类在使用前需要声明。

声明类的语法格式如下。

```
class 类名{
类的常量;
类的属性;
类的方法;
}
```

具体说明如下。

- 类名必须是合法的 PHP 标识符。一个合法的类名以字母、下画线或汉字开头，后面跟着若干字母、数字、下画线或汉字。用正则表达式表示为：^[a-zA-Z_\x80-\xff][a-zA-Z0-9_\x80-\xff]*$。
- 类中只有 3 种成员——常量、属性、方法，除这 3 种成员外，其他的如流程控制语句 if、while 等只能在方法中使用。
- 属性的本质就是变量，方法的本质就是函数。
- 在类中定义的常量叫类常量。类常量可用关键字 const 来定义。它只存在于类中，不存在于对象之中。

2. 类的实例化

在 PHP 中声明一个类之后，要使用类的方法或属性，需要先实例化一个类，这个实例便是类中的对象。创建一个类的实例（对象）使用关键字 new。

实例化类的语法格式如下。

```
对象名=new 类名;
```

【例 1】定义一个学生类并进行类的实例化。

```
<?php
```

```
class Student {                //定义学生类
 public $Name;                 //定义成员变量——姓名
 public $Age;                  //定义成员变量——年龄
 public $Classes;              //定义成员变量——班级
 public function Hello(){      //定义方法
        echo "大家好<br/>";
 }
}
 $stu1=new Student();          //实例化
 $stu2=new Student;            //如果没有参数要传递，则类名后的圆括号可以省略
 $stu2->addr='重庆';            //可以为对象增加属性
 echo "<pre>\n";
 var_dump($stu2);
 echo "</pre>\n";
?>
```

运行以上程序会输出如下内容。

```
object(Student)#2 (4) {
  ["Name"]=>
  NULL
  ["Age"]=>
  NULL
  ["Classes"]=>
  NULL
  ["addr"]=>
  string(6) "重庆"
}
```

一个类可以实例化多个对象，每个对象都是独立的个体，这些实例化的对象拥有类中定义的全部属性和方法。当对其中一个对象进行操作时，如改变该对象的属性等，不会影响其他对象。

3. 访问类的成员

实例化一个类后，要访问类的成员，访类的成员的语法格式如下。

```
类名或对象名::常量名;
对象名->属性名;          //注意，属性名前不加$
对象名->方法名;
```

“::”称为范围解析运算符，多用于访问类中的静态方法、类常量、类中重写的属性与方法。

在对象方法执行时会自动定义一个“ $this”特殊变量，表示对当前对象的引用。通过“$this->”的形式可引用当前对象的方法和属性，其作用是完成对象内部成员之间的访问。“->”称为对象运算符。

8.2.2 构造方法和析构方法

构造方法和析构方法是对象中的两个特殊方法，构造方法是对象创建完成后第一个被对象自动调用的方法，而析构方法是对象在销毁之前最后一个被对象自动调用的方法。所以通常使用构造方法完成一些对象的初始化工作，使用析构方法完成一些对象在销毁前的清理工作。

1. 构造方法

构造方法是类中的一个特殊方法。当使用 new 关键字创建一个类的实例时，构造方法将会自动调用，其名称必须是 __construct()。

在PHP的一个类中定义一个方法作为构造方法，具有构造方法的类会在每次创建新对象时先调用此方法，所以非常适合在使用对象之前做一些初始化工作，即为对象成员变量赋初始值。

语法格式如下。

```
function __construct(arg1,arg2,...)
{
    ...
}
```

【例 2】利用构造方法进行初始化。

```
<?php
  class Student{
        private $name;
        private $age;
        //构造方法，初始化
        public function __construct($name,$age){
          $this->name=$name;
          $this->age=$age;
        }
      //显示
      public function show(){
       echo "姓名:".$this->name."<br>年龄:".$this->age;
      }
    }
    $stu1=new Student('Tanglele','16');   //测试
    $stu1->show();
?>
```

运行以上程序输出如下内容。

```
姓名:Tanglele
年龄:16
```

注意，在其他编程语言中，与类名同名的函数是构造方法，在 PHP 中不允许这种写法。

2. 析构方法

与构造方法对应的是析构方法，它是在一个对象的所有引用都被删除或者当对象被显式销毁之前执行的一些操作或者功能，它不能带有任何参数，其名称必须是__destruct()。

析构方法不能手动调用，在销毁对象时会自动调用。析构方法可以用于清理一些在 PHP 代码结束后不能清理的数据，如生成的文件等。

语法格式如下。

```
function __destruct()    //析构方法不能带有参数
{
    ...
}
```

【例 3】利用析构方法自动销毁变量。

```
<?php
   class Student{
      private $name;
      public function __construct($name){   //构造方法
           $this->name=$name;
           echo "{$name}出生了<br>";
      }
      function __destruct(){                    //析构方法
           echo "销毁{$this->name}<br>";
```

```
        }
    }
        $stu1=new  Student('张三');
        $stu2=new  Student('李四');  //以栈的方式销毁
      echo "<br>";
?>
```

运行以上程序输出如下内容。

```
张三出生了
李四出生了
销毁李四
销毁张三
```

当 PHP 程序结束后，所有的对象被自动销毁，也可以使用 unset()函数手动销毁变量。

8.3 面向对象三大特点

封装、继承、多态是面向对象的三大特点，也是面向对象的三大要素，缺一不可。

8.3.1 封装

封装是将数据和代码捆绑到一起，通过访问修饰符控制对象的某些数据和代码不能被外界访问，以此实现对数据和代码不同级别的访问权限。

常见的访问修饰符如下。

- public：类中的成员将没有访问限制，在类的外部和内部都可以调用。如果类的成员没有指定成员访问修饰符，则被视为 public。使用 var 关键字声明类属性是一种过时的方法，其访问控制属性将默认声明为 public。
- protected：声明受保护类中的成员，只能在类的内部和子类使用。
- private：声明私有的类中的成员，只能在类的内部使用。

【案例 8-1】实现对类 MyClass1 的封装。

（1）解题思路

① 定义类。

② 实例化类。

③ 输出相应内容，测试访问权限。

（2）实现代码

打开编辑器，新建文件，在文件中输入以下代码。

```
<?php
class MyClass1
{
 public $a = '公共变量<br>';              //声明一个公共变量
 protected $b = '受保护变量<br>';          //声明一个受保护变量
 private $c = '私有变量<br>';             //声明一个私有变量
 function printAll()
 {
       echo $this->a;
       echo $this->b;
       echo $this->c;
 }
}
```

```
  $obj1 = new MyClass1();          //实例化对象
  echo $obj1->a;                   //正常输出：公共变量
  //echo $obj1->b;                 //报错：Cannot access protected property
  //echo $obj1->c;                 //报错：Cannot access protected property
  $obj1->printAll();               //正常输出：公共变量、受保护变量、私有变量
?>
```

将文件保存到“D:\php\ch08\exp0801.php”中。

（3）运行结果

在浏览器中访问 http://localhost/ch08/exp0801.php，运行结果如图 8-2 所示。

图 8-2　实现对类 MyClass1 的封装

8.3.2　继承

继承是让子类拥有父类的所有属性和方法，其目的是实现代码的重复利用，相同的代码不需要重复编写。继承父类的子类可以对父类进行扩展，也可以拥有自己的属性和方法。

继承使用关键字 extends，其语法格式如下。

```
class 子类 extends 父类{
...
}
```

在 PHP 中，一个类只能直接从一个类中继承，即单继承。子类继承了父类的所有属性和方法，但是不一定有权限调用。

在 PHP 中继承父类后，在子类写一个与父类相同的方法名会覆盖掉父类的方法，但是强制参数必须与父类的一致。若子类还需要使用父类的方法，则可以使用“parent::父类方法名”当然也可以写一个与父类相同的方法名，并且可以使用父类的一些特性。

【案例 8-2】实现对类“中国人”的继承。

（1）解题思路

① 定义类和子类。

② 实例化类。

③ 输出相应内容，测试继承特性。

（2）实现代码

打开编辑器，新建文件，在文件中输入以下代码。

```
<?php
class 中国人
{
 public $姓名;
 public $性别;
 public $年龄;
 public $籍贯;
```

```
const 信息="【类名、类属性、类方法都支持中文】<br>\n";
    public function __construct($姓名,$性别,$年龄,$籍贯='重庆')
    {
      $this->姓名=$姓名;
      $this->性别=$性别;
      $this->年龄=$年龄;
      $this->籍贯=$籍贯;
    }
 public function 输出()
 {
      echo "姓名: ".$this->姓名." 性别: ".$this->性别." 年龄: ".$this->年龄." 籍贯: ".$this->籍贯."";
 }
}
class 个人 extends 中国人{
 public $身高;                    //增加属性
 public function 设置身高($身高)
 {
      $this->身高=$身高;
 }
 public function 获得身高()
 {
      return $this->身高;
 }
}
header("Content-Type: text/html; charset=utf-8");
echo 个人::信息;                  //访问父类常量
$个人 1= new 个人("张三","男","22");
echo "个人 1 ";
$个人 1->输出();                  //访问父类方法
echo "<br>\n";
$个人 2= new 个人("李菲","女","20","重庆);
echo "个人 2 ";
$个人 2->输出();
$个人 2->设置身高("175cm");        //子类添加的方法
echo " 身高: ".$个人 2->获得身高();
?>
```

将文件保存到“D:\php\ch08\exp0802.php”中。

（3）运行结果

在浏览器中访问 http://localhost/ch08/exp0802.php，运行结果如图 8-3 所示。

图 8-3 实现对类“中国人”的继承

8.3.3 多态

多态是指相同的操作或函数、过程可作用于多种类型的对象上并获得不同的结果，即不同的对象收到同一消息可以产生不同的结果。

多态允许每个对象以适合自身的方式去响应共同的消息。多态增强了软件的灵活性和重用性。

多态通过继承复用代码来实现，可编写出健壮、可扩展的代码，减少流程控制语句的使用。

【案例 8-3】展示类“中国人”的多态特点。

（1）解题思路

① 定义类和子类并重写方法。

② 实例化类。

③ 输出相应内容，测试多态特性。

（2）实现代码

打开编辑器，新建文件，在文件中输入以下代码。

```
<?php
class 中国人
{
 public $姓名;
 public $性别;
 public $年龄;
 public $籍贯;
 const 信息="【类名、类属性、类方法都支持中文】<br>\n";
      public function __construct($姓名,$性别,$年龄,$籍贯='重庆')
      {
         $this->姓名=$姓名;
         $this->性别=$性别;
         $this->年龄=$年龄;
         $this->籍贯=$籍贯;
      }
 public function 输出()
 {
         echo "姓名：".$this->姓名." 性别：".$this->性别." 年龄：".$this->年龄." 籍贯：".$this->籍贯."";
 }
}
class 个人 extends 中国人{
 public $身高;      //增加属性
      public function __construct($姓名,$性别,$年龄,$籍贯='重庆',$身高='')
      {              //重写方法，利用可选参数，允许变量设置默认值
         parent::__construct($姓名,$性别,$年龄,$籍贯);
         $this->身高=$身高;
      }
 public function 输出()
 {                   //重写方法
         parent::输出();
         if(!empty($this->身高)) echo " 身高：".$this->身高;
 }
}
header("Content-Type: text/html; charset=utf-8");
```

```
echo 个人::信息;          //访问父类常量
$个人 1=new 个人("王霖","女","21","北京","170cm");
echo "个人 1";
$个人 1->输出();          //访问子类方法
echo "<br>\n";
$个人 2=new 个人("周生","男","25");
echo "个人 2";
$个人 2->输出();          //访问子类方法
?>
```

将文件保存到“D:\php\ch08\exp0803.php”中。

（3）运行结果

在浏览器中访问 http://localhost/ch08/exp0803.php，运行结果如图 8-4 所示。

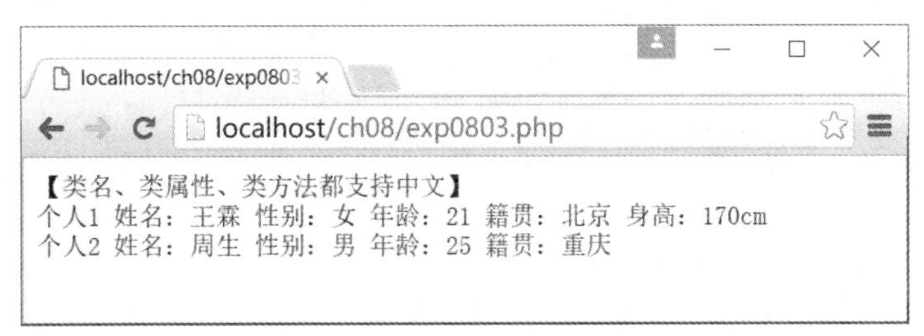

图 8-4　展示类“中国人”的多态特点

8.4 抽象类

以 abstract 关键字声明的类称为抽象类。以 abstract 关键字声明的方法称为抽象方法。定义为抽象的类不能被实例化。任何一个类，如果它里面至少有一个方法是被声明为抽象方法的，这个类就必须声明为抽象类。被定义为抽象的方法只是声明了其调用方式（参数），不能定义其具体的功能实现。

继承一个抽象类时，子类必须定义父类中的所有抽象方法；另外，这些方法的访问控制必须和父类中的一样（或者更宽松）。例如，某个抽象方法被声明为受保护的，子类中实现的方法就应该声明为受保护的或者公有的，而不能声明为私有的。此外，方法的调用方式必须匹配，即类型和强制参数数量必须一致。例如，子类定义了一个可选参数，而父类抽象方法的声明里没有，则两者的声明并不冲突。

【案例 8-4】使用抽象类。

（1）解题思路

① 定义抽象类和子类并重写方法。

② 实例化子类。

③ 输出相应内容，测试抽象类的特点。

（2）实现代码

打开编辑器，新建文件，在文件中输入以下代码。

```
<?php
abstract class 抽象类
{
 protected $姓名;
 protected $性别;
 protected $年龄;
 protected $籍贯;
 const 信息="【类名、类属性、类方法都支持中文】<br>\n";
     abstract protected function __construct($姓名,$性别,$年龄,$籍贯='重庆');
```

```
 abstract protected function 打印();
}
class 个人 extends 抽象类{
 protected $身高;//增加属性
      public function __construct($姓名,$性别,$年龄,$籍贯='重庆',$身高='')
      {        //重写方法，利用可选参数，允许变量设置默认值
        $this->姓名=$姓名;
        $this->性别=$性别;
        $this->年龄=$年龄;
        $this->籍贯=$籍贯;
        $this->身高=$身高;
      }
 public function 输出()
 {          //重写方法
        echo "姓名：".$this->姓名." 性别：".$this->性别." 年龄：".$this->年龄." 籍贯：".$this->籍
贯."".((!empty($this->身高))?" 身高：".$this->身高:"")."<br>\n";
 }
}
header("Content-Type: text/html; charset=utf-8");
echo 个人::信息;        //访问抽象类常量
$个人 1=new 个人("郑娅","女","18","上海,"172cm");
echo "个人 1 ";
$个人 1->输出();        //访问子类方法
$个人 2=new 个人("赵乾","男","20");
echo "个人 2 ";
$个人 2->输出();        //访问子类方法
?>
```

将文件保存到“D:\php\ch08\exp0804.php”中。

（3）运行结果

在浏览器中访问 http://localhost/ch08/exp0804.php，运行结果如图 8-5 所示。

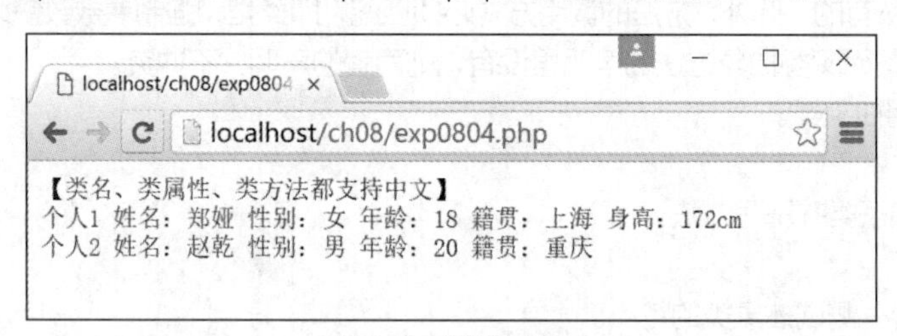

图 8-5 使用抽象类

8.5 接口

接口是用 interface 关键字定义的类，可以指定必须实现哪些方法，但不需要定义这些方法的具体内容，并且所有方法都必须是公有的；可以定义常量，其和类常量的使用完全相同，但是在 PHP 8.1 之前不能被子类或子接口所覆盖；可以定义魔术方法，以便要求类实现这些方法。

在实践中一般出于两个辅助目的来使用接口。

（1）由于实现了同一个接口，故开发者创建的对象虽然源自不同的类，但可以交换使用。接口常用于多个数据库的服务访问、多个支付网关、不同的缓存策略等。可能不需要修改任何代码就可切换不同的实现方式。

（2）能够让函数与方法接收符合接口的参数，而不需要关心对象如何做、如何实现。接口常命名为 Iterable、Cacheable、Renderable 等，以便体现出接口功能的含义。

实现一个接口可以使用 implements 关键字。类中必须实现接口中定义的所有方法，否则会出现致命错误。类可以实现多个接口，用逗号分隔多个接口的名称。

接口也可以通过 extends 关键字扩展，当类实现接口时，必须以兼容的签名（遵守协变与逆变规则；强制参数可以改为可选参数；新参数为可选参数）定义接口中的所有方法。

【案例 8-5】接口的使用。

（1）解题思路

① 定义接口和子类并重写方法。

② 实例化子类。

③ 输出相应内容，测试接口的特点。

（2）实现代码

打开编辑器，新建文件，在文件中输入以下代码。

```
<?php
interface 接口
{
 const 信息="【类名、类属性、类方法都支持中文】<br>\n";
 public function 打印();
}
class 个人 implements 接口{
 protected $姓名;
 protected $性别;
 protected $年龄;
 protected $籍贯;
 protected $身高;
      public function __construct($姓名,$性别,$年龄,$籍贯='重庆',$身高='')
      {          //添加构造方法，利用可选参数，允许变量设置默认值
         $this->姓名=$姓名;
         $this->性别=$性别;
         $this->年龄=$年龄;
         $this->籍贯=$籍贯;
         $this->身高=$身高;
      }
 public function 输出()
 {              //实现接口中的方法
         echo "姓名：".$this->姓名."  性别：".$this->性别."  年龄："..$this->年龄."  籍贯："..$this->籍
贯."".((!empty($this->身高))?" 身高："..$this->身高:"")."<br>\n";
 }
}
header("Content-Type: text/html; charset=utf-8");
echo 个人::信息;          //访问接口中的常量
$个人 1=new 个人("周娅","女","17","天津","171cm");
echo "个人 1 ";
$个人 1->输出();          //访问类方法
$个人 2=new 个人("孙林","男","21");
echo "个人 2 ";
$个人 2->输出();          //访问类方法
?>
```

将文件保存到“D:\php\ch08\exp0805.php”中。

（3）运行结果

在浏览器中访问 http://localhost/ch08/exp0805.php，运行结果如图 8-6 所示。

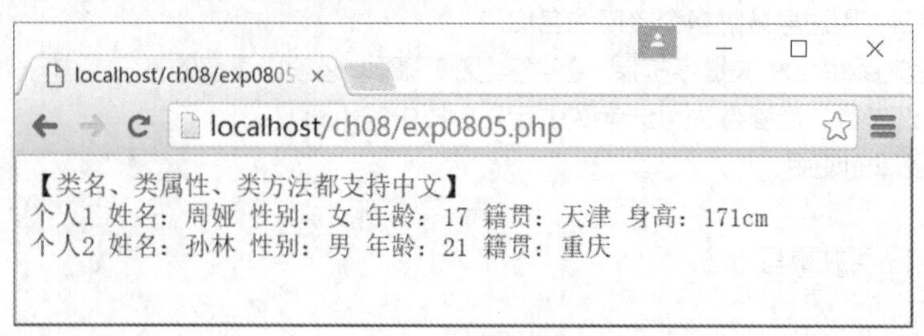

图 8-6　接口的使用

8.6 重要关键字

在面向对象编程中有 3 个关键字非常重要，分别是 static、self、final 关键字。其中，static 关键字可以声明静态变量与静态方法，self 关键字总是指向当前类及类的实例，final 关键字可以声明类为最终类并禁止对其进行扩展。

8.6.1 static 关键字

以 static 关键字声明的变量为静态变量，以 static 关键字声明的方法为静态方法，使用范围解析运算符“::”来访问类中的静态方法和静态变量。

由于静态方法不需要通过对象即可调用，所以伪变量$this 在静态方法中不可用，并且静态方法中不能访问普通成员，只能访问静态成员。

一般情况下，需要用到某个类时，都必须先实例化这个类，才能对其进行调用。静态属性不需要对类实例化就可以直接使用，在对象还没有创建时就可以直接使用它的字段、方法等。

静态方法的优势是比类实例化效率更高；静态方法的缺点是不能自动销毁，而类实例化则可以。

【例 4】实现静态属性、静态方法以及后期静态绑定。

```
<?php
class 父类
{
 public static $信息="父类定义的静态属性<br>\n";
 public static function 获得信息()
 {
      return static::$信息;
 }
 public static function 类名() {
           echo __CLASS__;
     }
 public static function 测试() {
           static::类名();          //后期静态绑定从这里开始
     }
}
class 子类 extends 父类{
    public function 子类信息()
    {
```

```
            return parent::$信息;
        }
    public static function 类名() {
            echo __CLASS__;
        }
}
header("Content-Type: text/html; charset=utf-8");
echo "从父类直接访问静态属性：".父类::$信息;
echo "从父类方法访问静态属性：".父类::获得信息();
echo "从子类直接访问继承的静态属性：".子类::$信息;
echo "从子类方法访问继承的静态属性：".子类::获得信息();
echo "获得父类类名：";
父类::测试();
echo "<br>获得子类类名：";
子类::测试();
$对象 1=new 子类();
echo "<br>从子类方法访问静态属性：".$对象 1->子类信息();
?>
```

运行以上程序会输出如下内容。

```
从父类直接访问静态属性：父类定义的静态属性
从父类方法访问静态属性：父类定义的静态属性
从子类直接访问继承的静态属性：父类定义的静态属性
从子类方法访问继承的静态属性：父类定义的静态属性
获得父类类名：父类
获得子类类名：子类
从子类方法访问静态属性：父类定义的静态属性
```

8.6.2 self 关键字

self 关键字总是指向当前类及类的实例，它有两个作用，其一是替代类名，引用当前类的静态成员属性和静态方法；其二是抑制多态行为，引用当前类的方法而非子类中覆盖的实现。

在静态成员方法中不能通过“$this->”调用非静态成员方法，但是可以通过“self::”调用，且在调用方法中未使用“$this->”的情况下还能顺畅运行。

self 与 parent、static 以及$this 的区别如下。

（1）self 与 parent 的区别

parent 引用父类被隐藏的方法或属性，self 则引用自身方法或属性，例如，在构造方法中调用父类构造方法。

【例 5】 在构造方法中调用父类构造方法。

```
<?php
class 父类{
    public function __construct() {
        echo "父类构造方法！<br>\n";
    }
}
class 子类 extends 父类 {
    public function __construct() {
        parent::__construct();
        echo "子类构造方法！<br>\n";
    }
```

```
}
new 子类;
?>
```

运行以上程序会输出如下内容。

```
父类构造方法!
子类构造方法!
```

（2）self 与 static 的区别

在方法引用上，self 与 static 的区别是：对于静态成员方法，self 指向代码当前类，static 指向调用类；对于非静态成员方法，self 抑制多态，指向当前类的成员方法，static 等同于$this，动态指向调用类的方法。

在常规用途上，static 修饰方法或属性使其成为类方法或类属性，也可以修饰方法内属性延长其生命周期至整个应用程序的生命周期，当它与 self 关联则可用于后期静态绑定，可以在运行时动态确定归属的类。

parent、self、static 这 3 个关键字联合在一起看挺有意思，分别指向父类、当前类、子类，有点儿“过去、现在、未来”的味道。

【例 6】 实现后期静态绑定。

```
<?php
class 父类{
    public function __construct() {
        echo "父类构造方法! <br>\n";
    }
    public static function getSelf() {
        return new self();
    }
    public static function getInstance() {
        return new static();
    }
    public function foo() {
        echo  "父类方法 Foo!<br>\n";
    }
    public function selfFoo() {
        return self::foo();
    }
    public function staticFoo() {
        return static::foo();
    }
    public function thisFoo() {
        return $this->foo();
    }
}
class 子类 extends 父类{
    public function __construct() {
        echo "子类构造方法! <br>\n";
    }
    public function foo() {
        echo "子类方法 Foo!<br>\n";
    }
}
$父类对象 = 父类::getSelf();
```

```
$对象 = 子类::getInstance();
$对象->selfFoo();
$对象->staticFoo();
$对象->thisFoo();
?>
```

运行以上程序会输出如下内容。

```
父类构造方法!
子类构造方法!
父类方法 Foo!
子类方法 Foo!
子类方法 Foo!
```

new self 和 new static 的区别：两者都是实例化自身，区别在于继承。如果没有继承，则两者返回的实例都属于一个类；如果有继承，则子类调用该方法，new self 仍然返回原类的实例，而 new static 返回实际子类的实例。

（3）self 与$this 的区别

$this 不能用在静态成员方法中，self 则可以。对静态成员方法或属性的访问建议用 self，不要用“$this::”或“$this->”的形式。

对非静态成员属性的访问不能用 self，只能用$this，$this 要在对象已经实例化的情况下使用，self 没有此限制。

在非静态成员方法内使用，self 抑制多态行为，引用当前类的方法；而$this 引用调用类的重写方法（如果有的话）。

8.6.3 final 关键字

一个类如果没有特别声明，则可以随意拿过来使用并对之进行扩展，这就是继承。但是，如果某个类不希望对其进行扩展，则可用 final 关键字将其声明为“最终类”。

语法格式如下。

```
final class 类名{//声明该类不可继承
    //类定义
}
```

一个方法如果没有特别声明，则下级类可以对其进行重写。但是，如果某个方法不希望被下级类重写，就可用 final 关键字将其声明为“最终方法”。

语法格式如下。

```
final function 方法名(){        //声明该方法不可重写
    //方法定义
}
```

注意，属性不能被定义为 final，只有类和方法才能被定义为 final。

从 PHP 8.0.0 起，除构造方法之外，私有方法也不能被声明为 final。

从 PHP 8.1.0 起，常量也可以定义为 final。例如：

```
final public const 常量= "常量内容";
```

8.7 特性集合类

特性集合类就是用 trait 关键字定义的描述某个特性的属性与方法集合的类。它主要是为了解决单继承语言的限制问题，是 PHP 多重继承的一种解决方案。例如，需要同时继承两个抽象类，这将是一件很麻烦的事情。特性集合类就用于解决这个问题。特性集合类能加入一个或多个已经存在的类中，它声明了类能做什么（表明了其接口特性），同时包含具体实现（表明了其类特性）。

特性集合类和一般的类相似，但仅仅旨在用细粒度和一致的方式来组合功能。特性集合类无法通过自身来实例化，它为传统继承增加了水平特性的组合，也就是说，应用的几个一般类之间不需要继承。

要在一般的类中使用特性集合类，可以使用 use 关键字。在类中用 use 声明列出多个 Trait，多个 Trait 都可以插入一个类中。为了解决多个特性集合类在同一个类中的命名冲突问题，需要使用 insteadof 关键字明确指定使用冲突方法中的哪一个，还可以用 as 关键字为某个方法引入别名。

从基类继承的成员会被特性集合类插入的成员所覆盖。优先顺序是来自当前类的成员覆盖了特性集合类的方法，而特性集合类则覆盖了被继承的方法。

在特性集合类定义时，使用一个或多个其他特性集合类可以组合其他特性集合类中的部分或全部成员。

为了对使用的类施加强制要求，特性集合类支持使用抽象方法，支持 public、protected 和 private 方法。在 PHP 8.0.0 之前仅支持 public 和 protected 抽象方法。

特性集合类可以定义静态变量、静态方法和静态属性。

特性集合类同样可以定义属性。它定义了一个属性后，类就不能定义同名的属性，否则会产生致命错误。当然有一种情况例外：如果属性是兼容的（同样的访问可见度、初始默认值），则可以定义同名的属性。

【案例 8-6】特性集合类的使用。

（1）解题思路

① 定义接口、特性集合类和子类并重写方法。

② 实例化子类。

③ 输出相应内容，测试特性集合类的特点。

（2）实现代码

打开编辑器，新建文件，在文件中输入以下代码。

```
<?php
interface 接口
{       //定义接口
 const 信息="【类名、类属性、类方法都支持中文】<br>\n";
 public function 输出();
}
trait 输出
{       //定义特性集合类
 public function 输出()
 {
        foreach ($this as $key => $value) {
                if(!empty($value))
                echo $key.": ".$value." ";
        }
     echo "<br>\n";
 }
}
class 个人 implements 接口{     //定义类
 protected $姓名;
 protected $性别;
 protected $年龄;
 protected $籍贯;
 protected $身高;
     public function __construct($姓名,$性别,$年龄,$籍贯='重庆',$身高='')
     {//添加构造方法，利用可选参数，允许变量设置默认值
```

```
        $this->姓名=$姓名;
        $this->性别=$性别;
        $this->年龄=$年龄;
        $this->籍贯=$籍贯;
        $this->身高=$身高;
    }
 use 输出;//使用特性集合类
}
header("Content-Type: text/html; charset=utf-8");
echo 个人::信息;//访问接口中的常量
$个人 1=new 个人("郑娅","女","16","北京","171cm");
echo "个人 1 ";
$个人 1->输出();//访问类方法
$个人 2=new 个人("周林","男","20");
echo "个人 2 ";
$个人 2->输出();//访问类方法
?>
```

将文件保存到“D:\php\ch08\exp0806.php”中。

（3）运行结果

在浏览器中访问 http://localhost/ch08/exp0806.php，运行结果如图 8-7 所示。

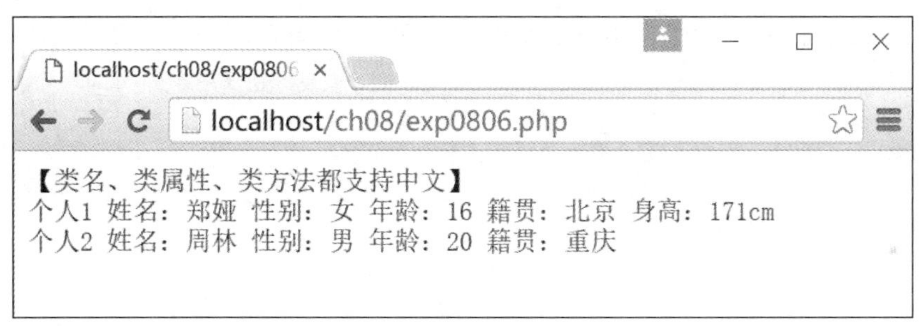

图 8-7　特性集合类的使用

8.8 匿名类

匿名类是指通过 new class 创建的不需要设置名字的类，它不能被引用。

匿名类可以在一个类的内部方法中声明，也可以直接赋值给变量。当匿名类被嵌套进普通类后，不能访问这个外部类中使用 private、protected 修饰的方法或者属性。如果要访问外部类中使用 protected 修饰的属性或方法，则可以使用匿名类来继承此外部类。如果要访问外部类中使用 private 修饰的属性，则必须通过构造方法传进来。

匿名类也可以扩展其他类、实现接口，以及像其他普通的类一样使用特性集合类。

【例 7】匿名类的使用。

```
<?php
//创建一个简单的匿名类
$对象 = new class('云林科技'){
 private $name;
 public function __construct($name){
      $this->name = $name;
 }
```

```
 public function output(){
        echo $this->name;
 }
};
$对象->output();
echo "<br>\n";
//创建一个可以扩展、实现接口、使用特性集合类的匿名类
class 父类 {
 public $name;
 public function __construct($name){
        $this->name = $name;
 }
}
interface 接口 {
 public function 输出();
}
trait 输出 {
 public function 输出(){
        echo $this->name;
 }
}
$对象 2 = new class('云林科技集团') extends 父类 implements 接口 {
      use 输出;
};
$对象 2->输出();
?>
```

运行以上程序会输出如下内容。

```
云林科技
云林科技集团
```

8.9 魔术方法

魔术方法是以“__”（两个下画线）开头的类方法，当对对象执行某些操作时会覆盖 PHP 的默认操作。

常见的魔术方法有：__construct()、__destruct()、__call()、__callStatic()、__get()、__set()、__isset()、__unset()、__sleep()、__wakeup()、__serialize()、__unserialize()、__toString()、__invoke()、__set_state()、__clone()、__debugInfo()等。

除__construct()、__destruct()和__clone()之外的所有魔术方法都必须声明为 public，否则会发出错误警告。

如果定义魔术方法时使用类型声明，则它们必须与本文描述的签名相同，否则会发生致命错误。在 PHP 8.0.0 之前，魔术方法不会发出诊断信息。然而，__construct() 和__destruct()不能声明返回类型，否则会发生致命错误。

8.9.1 属性重载

重载是指动态地创建类属性和方法，可以通过魔术方法来实现重载。

当调用当前环境下未定义或不可见的类属性或方法，即不可访问属性和不可访问方法时，重载方法会被调用。所有的重载方法都必须声明为 public。

语法格式如下。

```
public __set(string $name, mixed $value): void
public __get(string $name): mixed
public __isset(string $name): bool
public __unset(string $name): void
```

具体说明如下。

- 在给不可访问（protected 或 private）或不存在的属性赋值时，__set()会被调用。
- 当读取不可访问（protected 或 private）或不存在的属性的值时，__get()会被调用。
- 当对不可访问（protected 或 private）或不存在的属性调用 isset()或 empty()时，__isset()会被调用。
- 当对不可访问（protected 或 private）或不存在的属性调用 unset()时，__unset()会被调用。

参数$name 是指要操作的变量名称。__set()方法的$value 参数指定了$name 变量的值。

mixed 的值可以为任何类型，从 PHP 8.0.0 起可用。

属性重载只能在对象中进行。在静态方法中，这些魔术方法将不会被调用，所以这些魔术方法都不能声明为 static。将这些魔术方法定义为 static 会产生一个警告。

【例 8】使用__get()、__set()、__isset() 和__unset()进行属性重载。

```
<?php
class 属性测试{
    private $data = array();        //保存被重载的数据
    public $declared = 1;           //重载不能用在已经定义的属性中
    private $hidden = 2;            //只有从类外部访问这个属性时，重载才会发生
    public function __set($name, $value)
    {
        echo "将“".$name."”设置为“".$value."”\n";
        $this->data[$name] = $value;
    }
    public function __get($name)
    {
        echo "得到“".$name."”：";
        if (array_key_exists($name, $this->data)) {
            return $this->data[$name];
        }
        $trace = debug_backtrace();
        echo '通过__get()未定义的属性：'.$trace[0]['file'].'中的'.$name.'，在第'.$trace[0]['line'].'行上';
        return null;
    }
    public function __isset($name)
    {
        echo "是否设置了“".$name."”？\n";
        return isset($this->data[$name]);
    }
    public function __unset($name)
    {
        echo "正在取消设置“".$name."”\n";
        unset($this->data[$name]);
    }
    public function getHidden()
```

```
    {        //非魔术方法
        return $this->hidden;
    }
}
echo "<pre>\n";
$对象 = new 属性测试;
$对象->a = 1;
echo $对象->a . "\n\n";
var_dump(isset($对象->a));
unset($对象->a);
var_dump(isset($对象->a));
echo "\n";
echo $对象->declared."\n";
echo "让我们尝试一下名为“hidden”的私有属性：\n";
echo "私有属性在类中可见，因此__get()未被使用...\n";
echo $对象->getHidden()."\n";
echo "私有属性在类外不可见，因此使用__get()...\n";
echo $对象->hidden."\n";
echo "</pre>\n";
?>
```

运行以上程序会输出如下内容。

```
将“a”设置为“1”
得到“a”：1

是否设置了“a”？
bool(true)
正在取消设置“a”
是否设置了“a”？
bool(false)

1
让我们尝试一下名为“hidden”的私有属性：
私有属性在类中可见，因此__get()未被使用...
2
私有属性在类外不可见，因此使用__get()...
得到“hidden”：通过__get()未定义的属性：D:\php\ch08\exp8.8.php 中的 hidden，在第 49 行上
```

8.9.2 方法重载

使用__call()和__callStatic()进行方法重载，语法格式如下。

```
public __call(string $name, array $arguments): mixed
public static __callStatic(string $name, array $arguments): mixed
```

在对象中调用一个不可访问方法时，__call()会被调用。

在静态上下文中调用一个不可访问方法时，__callStatic()会被调用。

$name 参数为要调用的方法名称。$arguments 参数是一个枚举数组，包含要传递给$name 的参数。

【例 9】使用__call()和__callStatic()进行方法重载。

```
<?php
class 方法测试
```

```
{
    public function __call($name, $arguments)
    {       //$name 的值区分大小写
        echo implode(', ',$arguments)."调用对象方法 “".$name."” \n";
    }
    public static function __callStatic($name, $arguments)
    {       //$name 的值区分大小写
        echo implode(', ', $arguments)."调用静态方法 “".$name."” \n";
    }
}
echo "<pre>\n";
$对象 = new 方法测试;
$对象->运行测试('在对象上下文中');
方法测试::运行测试('在静态上下文中');
echo "</pre>\n";
?>
```

运行以上程序会输出如下内容。

```
在对象上下文中调用对象方法“运行测试”
在静态上下文中调用静态方法“运行测试”
```

8.9.3 克隆对象

在多数情况下并不需要完全复制一个对象来获得其中的属性，但有一种情况确实需要：若有一个持有窗口相关资源的 GTK（GIMP Toolkit，是一套用于创建图形用户界面的工具包）窗口对象，就可能需要复制一个新窗口，保持所有属性与原来的窗口相同，但必须是一个新的对象，因为如果不是新的对象，一个窗口中的改变就会影响到另一个窗口。还有一种情况是，对象 A 中保存着对象 B 的引用，当复制对象 A 时，若想其中使用的对象不再是对象 B 而是 B 的一个副本，则必须得到对象 A 的一个副本。

对象复制通过 clone 关键字来完成，若有可能，则将调用对象的__clone()方法。

语法格式如下。

```
$copy_of_object = clone $object;
```

对象被复制后，PHP 会对对象的所有属性执行一个浅复制，所有的引用属性仍是一个指向原来变量的引用。

语法格式如下。

```
__clone(): void
```

当复制完成时，若定义了__clone()方法，则复制生成的对象中的__clone()方法会被调用，可用于修改属性的值（若有必要的话）。

【例 10】复制一个对象并访问其成员。

```
<?php
class 子对象
{
    static $instances = 0;
    public $instance;
    public function __construct() {
        $this->instance = ++self::$instances;
    }
    public function __clone() {
        $this->instance = ++self::$instances;
    }
```

```
}
class 我的对象
{
    public $object1;
    public $object2;
    function __clone()
    {       //强制复制一份，否则仍指向同一个对象
        $this->object1 = clone $this->object1;
    }
}
echo "<pre>\n";
$对象 = new 我的对象();
$对象->object1 = new 子对象();
$对象->object2 = new 子对象();
$对象 2 = clone $对象;
print("原始对象:\n");
print_r($对象);
print("克隆对象:\n");
print_r($对象 2);
echo "克隆对象->object1->instance:".$对象 2->object1->instance;
echo "</pre>\n";
?>
```

运行以上程序会输出如下内容。

```
原始对象:
我的对象 Object
(
    [object1] => 子对象 Object
        (
            [instance] => 1
        )
    [object2] => 子对象 Object
        (
            [instance] => 2
        )
)
克隆对象:
我的对象 Object
(
    [object1] => 子对象 Object
        (
            [instance] => 3
        )
    [object2] => 子对象 Object
        (
            [instance] => 2
        )
)
克隆对象->object1->instance:3
```

8.9.4 自动加载

在编写面向对象程序时，很多开发者为每个类新建一个 PHP 文件。这会带来一个烦恼：每个脚本的开头都需要包含一个长长的列表。

spl_autoload_register()函数可以注册任意数量的自动加载器，当使用尚未定义的类和接口时自动加载。通过注册自动加载器，脚本引擎在 PHP 出错失败前有最后一个机会加载所需的类。

其语法格式如下。

```
spl_autoload_register(callable $autoload_function = ?, bool $throw = true, bool $prepend = false): bool
```

具体说明如下。

- 参数$autoload_function 是想要注册的自动加载函数，若没有提供任何参数，则自动注册自动加载的默认实现函数 spl_autoload()。
- 参数$throw 设置了$autoload_function 无法成功注册时，spl_autoload_register()是否抛出异常。
- 参数$prepend 若为 true，则 spl_autoload_register()会添加函数到队列首部，而不是队列尾部。

在 PHP 8.0.0 之前，可使用__autoload()自动加载类和接口，然而它仅为 spl_autoload_register()的一种不太灵活的替代函数，并且__autoload()从 PHP 7.2.0 起被弃用，从 PHP 8.0.0 起被移除。

【例 11】自动加载异常处理。

```
<?php
spl_autoload_register(function ($name) {
    echo "想要加载“".$name."”。<br>\n";
 //require_once $name.'.php';              //正式使用时可直接加载相关类库文件
    throw new Exception("无法加载“".$name."”。");
});
try {
    $obj = new NonClass();
} catch (Exception $e) {
    echo $e->getMessage(), "\n";
}
?>
```

运行以上程序会输出如下内容。

```
想要加载“NonClass”。
无法加载“NonClass”。
```

8.9.5 序列化对象

PHP 中的所有值都可以使用 serialize()函数返回的一个包含字节流的字符串来表示。unserialize()函数能够重新把字符串变回 PHP 原来的值。序列化一个对象将会保存对象的所有变量，但是不会保存对象的方法，只会保存类的名字。

当需要反序列化一个对象时，这个对象的类必须已经定义过。若想在另外一个文件中反序列化一个对象，则这个对象的类必须在反序列化之前定义，可以通过包含一个定义该类的文件或使用函数 spl_autoload_register()来实现自动加载。

语法格式如下。

```
public __sleep(): array
public __wakeup(): void
public __serialize(): array
public __unserialize(array $data): void
```

serialize()函数会检查类中是否存在魔术方法__serialize()或__sleep()。如果存在_sleep()方法，则该方法会先被调用，然后才执行序列化操作。此功能可以用于清理对象，并返回一个包含对象中所有应被序列化的变量名称的数组，若没有返回数组，则会抛出一个类型错误。

自 PHP 7.4.0 起，若类中同时定义了__unserialize()和__wakeup()两个魔术方法，则只有__unserialize()方法会生效，__wakeup()方法会被忽略。

【例 12】序列化和反序列化。

```
<?php
class Connection
{
    private $dsn, $username, $password;
    public function __construct($dsn, $username, $password)
    {
        $this->dsn = $dsn;
        $this->username = $username;
        $this->password = $password;
    }
//*
    public function __sleep()
    {
      echo "对象序列化成功！ __sleep\n";
        return array('dsn'=> $this->dsn, 'user'=> $this->username, 'pass'=> $this->password);
    }
    /**/
    public function __serialize(): array
    {
      echo "对象序列化成功！ __serialize\n";
      return [
          'dsn' => $this->dsn,
          'user' => $this->username,
          'pass' => $this->password
        ];
    }
//*
    public function __wakeup()
    {
        echo "对象正在被反序列化！ __wakeup\n";
    }
/**/
    public function __unserialize(array $data): void
    {
        $this->dsn = $data['dsn'];
        $this->username = $data['user'];
        $this->password = $data['pass'];
      echo "对象正在被反序列化！ __unserialize\n";
    }
}
echo "<pre>\n";
$obj=new Connection('dsn1','user1','pass1');
```

```
$str=serialize($obj);
echo $str."\n";
$str1=unserialize($str);
echo "</pre>\n";
?>
```

以上程序在 PHP 7.4.0 之下运行会输出如下内容。

```
对象序列化成功！__sleep
O:10:"Connection":3:{s:4:"dsn1";N;s:5:"user1";N;s:5:"pass1";N;}
对象正在被反序列化！__wakeup
```

而在 PHP 7.4.0 以上运行会输出如下内容。

```
对象序列化成功！__serialize
O:10:"Connection":3:{s:3:"dsn";s:4:"dsn1";s:4:"user";s:5:"user1";s:4:"pass";s:5:"pass1";}
对象正在被反序列化！__unserialize
```

8.9.6 __toString()

魔术方法__toString()的作用是在把对象转换成字符串时会自动调用该方法，该方法必须返回一个字符串，否则将发出一条“E_RECOVERABLE_ERROR”级别的致命错误。

__toString()方法的语法格式如下。

```
public __toString(): string
```

从 PHP 8.0.0 起，返回值会强制转换为字符串，另外任何包含魔术方法__toString()的类都将隐式实现 Stringable 接口。

【例 13】魔术方法__toString() 的应用。

```
<?php
class IP 地址{
    private $ip1;
    private $ip2;
    private $ip3;
    private $ip4;
    public function __construct(string $ip1, string $ip2, string $ip3, string $ip4){
        $this->ip1 = $ip1;
        $this->ip2 = $ip2;
        $this->ip3 = $ip3;
        $this->ip4 = $ip4;
    }
    public function __toString(){
        return "$this->ip1.$this->ip2.$this->ip3.$this->ip4";
    }
}
$ip = new IP 地址('211','125','89','66');
echo $ip;//调用魔术方法__toString()
?>
```

运行以上程序会输出如下内容。

```
211.125.89.66
```

【项目实现】实现新闻系统登录验证功能

接到项目后，唐工分析了项目要求，把此项目整体分成两个任务来实现：升级新闻系统登录模块界面（包括验证码输入项的添加和 JavaScript 的即时验证）和实现中文 GIF 动态验证码。

任务一　升级新闻系统登录模块界面

1．任务分析

升级新闻系统登录模块界面主要添加验证码的输入项，以及每一项输入之后的即时、准确的验证，即无须刷新就可验证输入内容是否正确。

2．代码实现

升级新闻系统登录模块界面除添加表单的输入项外，还需要做适当的调整：原有的 JavaScript 是可以继续使用的，为了完成即时验证，添加了“jquery.validate.login.js”；而为了在客户端进行 SHA-512 加密，引入了“sha512.js”；此外还需要对表单布局做一些调整，以方便实时显示验证信息。为了方便学习，将新闻系统登录模块文件清单列出，如表 8-1 所示。

表 8-1　新闻系统登录模块文件清单

编号	文件名（含相对路径）	功能
1	css/admin.css	样式表
2	css/login.css	针对登录模块的样式表，新增
3	js/jquery-1.12.4.js	jQuery 库，后台共用
4	js/jquery.validate.js	jQuery 验证插件，后台共用
5	js/additional-methods.js	jQuery 验证插件，后台共用
6	js/messages_zh.js	jQuery 验证插件，后台共用
7	js/sha512.js	jQuery 验证插件，新增
8	js/jquery.validate.login.js	jQuery 验证插件扩展，新增
9	image/error.png	验证错误提示，新增
10	image/tip.png	验证提示信息，新增
11	image/valid.png	验证通过，新增
12	font/msyhbd.ttc	微软雅黑字库，新增
13	font/simsun.ttc	宋体和新宋体字库，新增
14	font/STXINGKA.TTF	华文行楷字库，新增
15	webuser.php	数据库基本设置，界面与应用程序共用
16	mysql.php	连接 MySQL 服务器，界面与应用程序共用
17	charset.php	设置字符集，界面与应用程序共用
18	loginadmin.php	管理员登录入口，需修改升级
19	loginend.php	管理员登录验证，需修改升级
20	logout.php	管理员退出登录
21	verifyCode.php	中文 GIF 动态验证码，新增
22	checklogin.php	用户检查，新增
23	head.php	后台功能模块链接，后台共用
24	admin_session.php	Session 设置，后台共用，需修改
25	admin.php	后台管理默认首页

（1）登录主界面

登录主界面文件为“loginadmin.php”，其核心代码如下。

```
<form name="form1" id="form1" action="loginend.php" method="post">
  <fieldset>
    <legend>管理员登录</legend>
    <p><label for="username" class="item-label">用户名：</label><input name="username" type="text" id="username" class="item-text" value="" size="30" tip="6～50 位字母、数字或下画线，字母开头"></p>
    <p><label for="userpwd" class="item-label">密码：</label><input name="userpwd" type="password" id="userpwd" class="item-text" size="30" tip="6～50 位字母、数字或符号"></p>
    <p><label for="verifyCode" class="item-label">验证码：</label><input name="verifyCode" type="text" id="verifyCode" class="item-text1" size="4" tip="4～6 位汉字" />
     <label class="item-label1"><a id="getCheckCode" style="display:inline-block;" href="javascript:void(0);">获取验证码</a>
     <img class="item-label1" id="vcode" style="width:100px;height:26px;border:1px solid #7f9db9;margin-bottom: -5px; display:none;" alt="看不清楚,请单击图片" title="看不清楚,请单击图片"/></label>
    </p>
  </fieldset>
  <p><input type="submit" name="submitbtn" id="submitbtn" class="item-submit" value="登录">
    <input type="hidden" name="response" id="response"  value="">
    <input type="reset" name="resetbtn" id="resetbtn" class="item-submit" value="重置">
  </p>
</form>
</body>
</html>
```

（2）登录验证客户端程序

登录验证客户端程序主要由“jquery.validate.login.js”承担，其核心代码如下。

```
//自定义方法，完成用户名的验证
//name 表示自定义方法的名称，method 表示函数体，message 表示错误消息
$.validator.addMethod("validateUsersName", function(value, element, param){
/*方法中又有 3 个参数，value 表示被验证的值，element 表示当前验证的 DOM 对象，param 表示参数（多个即数组）*/
 return new RegExp(/^[A-Za-z]{1}([_A-Za-z0-9]){5,49}$/).test(value);
}, "用户名不正确");

//自定义方法，完成密码的验证
$.validator.addMethod("validateUsersPWD", function(value, element, param){
 return new RegExp(/^[_A-Za-z0-9,.V;<>?:"\[\]\\\{\}\|`~!@#$%\^&*\(\)+-=]{6,50}$/).test(value);

}, "密码不正确");

$.validator.setDefaults({
 submitHandler: function(form) {
      $("#response").val(CryptoJS.SHA512($("#userpwd").val()));
      $("#userpwd").val("");
   form.submit();
 }
});
//自定义方法，完成验证码的验证
```

```
$.validator.addMethod("validateVerifyCode", function(value, element, param){
 return new RegExp(/^[\u4e00-\u9fa5]{4,6}$/).test(value);
}, "验证码输入错误");
$().ready(function() {
//获取验证码
$('#getCheckCode').click(function(){
 $(this).css('display','none');
 $('#vcode').attr('src','verifyCode.php?getcode=1&t='+Math.floor(Math.random()*100));
 $('#vcode').css('display','inline-block');
});
//刷新验证码
$('#vcode').click(function () {
 $(this).hide()
   .attr('src', 'verifyCode.php?getcode=1&t='+Math.floor(Math.random()*100)).fadeIn();
});
// 验证表单提交的数据
$("#form1").validate({
      rules: {
        username: {
          required: true,
          rangelength:[6,50],
             validateUsersName:true,
             remote: {
                   url: "checklogin.php",  //后台处理程序
                   type: "post"            //数据发送方式
             }
        },
        userpwd: {
          required: true,
             rangelength:[6,50],
          validateUsersPWD: true
        },
        verifyCode: {
          required: true,
          rangelength:[4,6],
             validateVerifyCode:true,
             remote: {
                   url: "verifyCode.php",  //后台处理程序
                   type: "post"            //数据发送方式
             }
        }
      },
      messages: {
        username: {
          required: "请输入用户名",
          rangelength:$.validator.format("用户名长度为{0}~{1}个字符"),
             validateUsersName:"6~50 个字母、数字或下画线，字母开头",
             remote:"该用户名不存在！"
        },
```

```
            userpwd: {
              required: "请输入密码",
                rangelength:$.validator.format("密码长度为{0}~{1}个字符"),
              validateUsersPWD: "密码应为 6~50 位字母、数字或符号"
            },
            verifyCode: {
              required: "请输入验证码",
              rangelength:$.validator.format("验证码长度为{0}~{1}个字符"),
                validateVerifyCode:"验证码应为 4~6 个汉字",
                remote:"验证码输入错误，请重新输入！"
            }
          }
    });
  });
```

3. 运行效果

新闻系统新的登录主界面运行效果如图 8-8 所示。

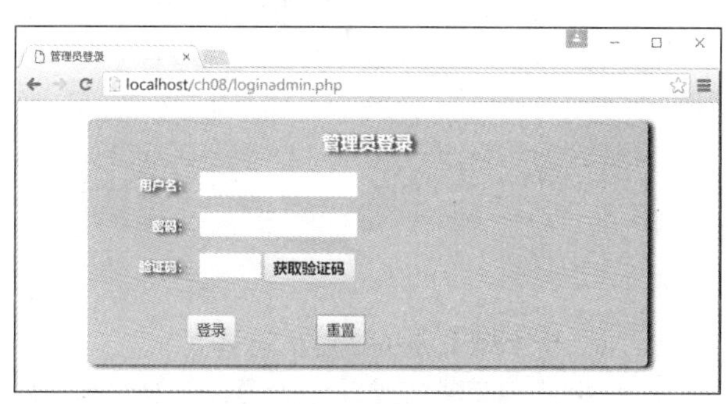

图 8-8　新闻系统新的登录主界面

任务二　实现中文 GIF 动态验证码

1. 任务分析

实现中文 GIF 动态验证码需要解决两大问题：一是随机生成中文验证码，二是中文验证码的动画显示。GIF 可以完成这一功能。

2. 代码实现

此中文 GIF 动态验证码程序是编者原创之作，可直接用于实际项目之中，其核心代码如下。

```
<?php

function getWord($num){          //生成汉字，参数$num 为汉字个数
  $b='';
  for ($i=0; $i<$num; $i++) {
 $b.=iconv('GB2312','UTF-8', chr(mt_rand(0xB0,0xD7)).chr(mt_rand(0xA1,0xF9)));    //第一种：从 GB2312 编码的汉字中随机取出一个，其中一级汉字 3755 个——0xB0A1~0xD7F9；二级汉字 3008 个——0xD8A1~0xF7FE。区号和位号分别加上 0xA0 就是 GB2312 编码
 //$b.=iconv("UCS-2BE","UTF-8",dechex(mt_rand(0x4E00,0x9FA5)));        //第二种：利用 iconv()从 Unicode 编码的汉字中随机取出一个
 //$b.=(json_decode('["\u'.dechex(mt_rand(0x4E00,0x9FA5)).'"]',true))[0];       //第三种：利用 json_decode()从 Unicode 编码的汉字中随机取出一个
 //$c=mt_rand(0x4E00,0x9FA5);$b.=chr(0xE0|$c>>0x0C).chr(0x80|$c>>0x06&0x3F).chr(0x80|$c&0x3F);
```

```
//第四种：通过直接计算从 Unicode 编码的汉字中随机取出一个
    //以上方案，可任选其一。这里推荐第一种，以减少生僻字
    }
    return $b;
    }
    /*
    ImageCode()：生成包含中文验证码的 GIF 图片函数
    @参数 $string 中文字符串
    @参数 $width 宽度
    @参数 $height 高度
    */
    function ImageCode($string,$width=75,$height=25){
      if(empty($string)) {
     exit("验证码不能为空！");
     }
      $authstr = $string;
      $board_width=$width;
      $board_height=$height;
      //生成一个 32 帧的 GIF 动画
      for($i=0;$i<32;$i++){
        ob_start();
        $image=imagecreate($board_width,$board_height);
        imagecolorallocate($image,0,0,0);
        //设定文字颜色数组
        $colorList[]=ImageColorAllocate($image,15,73,210);
        $colorList[]=ImageColorAllocate($image,0,64,0);
        $colorList[]=ImageColorAllocate($image,0,0,64);
        $colorList[]=ImageColorAllocate($image,0,128,128);
        $colorList[]=ImageColorAllocate($image,27,52,47);
        $colorList[]=ImageColorAllocate($image,51,0,102);
        $colorList[]=ImageColorAllocate($image,0,0,145);
        $colorList[]=ImageColorAllocate($image,0,0,113);
        $colorList[]=ImageColorAllocate($image,0,51,51);
        $colorList[]=ImageColorAllocate($image,158,180,35);
        $colorList[]=ImageColorAllocate($image,59,59,59);
        $colorList[]=ImageColorAllocate($image,0,0,0);
        $colorList[]=ImageColorAllocate($image,1,128,180);
        $colorList[]=ImageColorAllocate($image,0,153,51);
        $colorList[]=ImageColorAllocate($image,60,131,1);
        $colorList[]=ImageColorAllocate($image,0,0,0);
        $fontcolor=ImageColorAllocate($image,0,0,0);
        $gray=ImageColorAllocate($image,245,245,245);
        $color=imagecolorallocate($image,255,255,255);
        $color2=imagecolorallocate($image,255,0,0);
        imagefill($image,0,0,$gray);
        $space=15;                                   //字符间距
     putenv('GDFONTPATH='.realpath('./font/'));     //设置字体搜索目录
     $font=array('msyhbd.ttc',                      /*微软雅黑*/
          'STXINGKA.TTF',                           /*华文行楷*/
```

```
            'simsun.ttc'/*宋体和新宋体*/);
        if($i>0){        //屏蔽第一帧
          $top=0;    //缺失此项，致命错误
          for($k=0;$k<strlen($authstr);$k++){
            $colorRandom=mt_rand(0,sizeof($colorList)-1);
            $float_top=rand(0,4);
            $float_left=rand(0,3);
          $size=mt_rand(13,15);        //字体大小，根据 GD 版本不同，以像素大小（GD1）或点大小（GD2）指定
          $angle=mt_rand(0,30);        //以角度制表示的角度，0° 表示从左向右读的文本，更高数值表示逆时针旋转，
例如 90° 表示从下向上读的文本

    imagettftext($image,$size,$angle,$space*$k,$top+$float_top+15,$colorList[$colorRandom],$font[mt_
rand(0,count($font)-1)],mb_substr($authstr,$k,1));                //支持中文
          }
        }
        for($k=0;$k<20;$k++){
          $colorRandom=mt_rand(0,sizeof($colorList)-1);
          imagesetpixel($image,rand()%70,rand()%15,$colorList[$colorRandom]);
        }
        // 添加干扰线
        for($k=0;$k<3;$k++){
          $colorRandom=mt_rand(0,sizeof($colorList)-1);
          $todrawline = rand(0,1);
      //$todrawline=1;
          if($todrawline){

imageline($image,mt_rand(0,$board_width),mt_rand(0,$board_height),mt_rand(0,$board_width),mt_rand(0,$
board_height),$colorList[$colorRandom]);
          }else{
            $w=mt_rand(0,$board_width);
            $h=mt_rand(0,$board_width);
            imagearc($image,$board_width-floor($w / 2),floor($h / 2),$w,$h, rand(90,180),rand(180,270),
$colorList[$colorRandom]);
          }
        }
        imagegif($image);
        imagedestroy($image);
        $imagedata[]=ob_get_contents();
        ob_clean();
        ++$i;
      }
      $gif=new GIFEncoder($imagedata);
      header('Content-type:image/gif');
      echo $gif->GetAnimation();
    }
    /* 调用 */
    include_once("admin_session.php");
    $len = mt_rand(4,6);   //生成验证码位数：4~6 位的变长验证码
    $w=15*$len;                //计算显示验证码的 GIF 动画宽度
```

```
$_SESSION['timestamp'.session_id()] = time();           //设置有效时间
$checkCode=getWord($len);                               //获得验证码
$_SESSION['code'.session_id()]=$checkCode;              //记录验证码
ImageCode($checkCode,$w);                               //显示 GIF 动画
exit();
}
if(isset($_POST['verifyCode']) && preg_match("/^[\x{4e00}-\x{9fa5}]{4,6}$/u",urldecode($_POST["verifyCode"])))
{
include_once("admin_session.php");
$times=5;          //验证码超时失效：此处超时时间设置为 5 分钟
if((time()-$_SESSION['timestamp'.session_id()])>=60*$times)
  {
  echo "false";
  exit();
  }
if(hash_equals(strtolower($_POST["verifyCode"]), strtolower($_SESSION['code'.session_id()])))
  echo "true";
else
  echo "false";
exit();
}
?>
```

3．运行效果

在浏览器中访问 http://localhost/ch08/loginadmin.php，单击“获取验证码”，输入用户名、密码和验证码，再单击网页空白处，可见实时验证通过，如图 8-9 所示。至此，升级新闻系统登录模块项目成功实现。

图 8-9　新闻系统新登录模块通过验证

【小结及提高】

本项目通过面向对象编程技术，包括类的声明、类的实例化与访问、抽象类、接口、特性集合类、匿名类、内置类、PHP 重要关键字、魔术方法以及单例模式的应用等，结合随机数生成技术、汉字编码技术，编写了中文 GIF 动态验证码生成器程序，升级了新闻系统登录模块，增强了新闻系统的安全性。

【项目实训】

项目 8 【项目实训】

1. 实训要求

编写一个常用表单验证类。

2. 步骤提示

可在一个 PHP 文件中编写常用表单验证类，其方法包括验证指定长度的字母与数字组合、指定长度的数字、指定长度的汉字、18 位身份证号码、电子邮件地址、电话号码、邮政编码、URL，注意类名与方法名全部用中文，实例化类并进行测试。

习题

一、不定项选择题

1. 下列说法正确的是（　　）。

A. 类名可以是中文　　B. 属性名可以是中文
C. 方法名可以是中文　　D. 魔术方法名可以是中文

2. 面向对象的三大特点是（　　）。

A. 封装　　B. 继承　　C. 多态　　D. 克隆

3. 特性集合类主要解决的问题是（　　）。

A. 封装　　B. 单一继承　　C. 多重继承　　D. 多态

4. 用来声明抽象类的关键字是（　　）。

A. abstract　　B. interface　　C. static　　D. final

5. 下列关于方法重载的说法中，正确的是（　　）。

A. 方法名相同，参数个数不同可以形成方法重载
B. 方法名相同，参数的类型不同可以形成方法重载
C. 方法名相同，参数的类型排列顺序不同可以形成方法重载
D. 方法名相同，返回值类型不同可以形成方法重载

二、操作题

1. 编写项目中提到的用户检查程序“checklogin.php”，注意需要与登录页面互动。
2. 修改项目中提到的 Session 设置程序“admin_session.php”，注意需要与中文 GIF 动态验证码中设置的一致。
3. 编写项目中提到的登录模块样式表“login.css”，注意页面美化。
4. 编写项目中提到的登录模块中的服务器端验证程序“loginend.php”，注意考虑客户端不支持 JavaScript 的情况。
5. 将项目中提到的登录模块升级方法与新闻系统全面融合，打造出一个更加安全的系统。
6. 用 MySQLi 类重写 PHP 单例模式示例。

项目9 电子商务系统开发

09

【项目导入】

云林科技将在网上实时发布公司的产品，需要开发一个电子商务系统，唐经理把任务交给技术部黎工来完成，并提出如下需求：首先，要有美观的界面，可以方便地进行各种操作；其次，要有功能完善的后台系统，让产品发布和管理变得轻松，管理员只需设置产品名称、产品型号、产品图片、产品描述等内容，系统就能自动生成对应的产品页面。电子商务系统前台首页如图 9-1 所示。

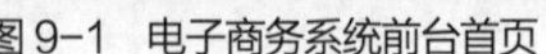
图 9-1　电子商务系统前台首页

【项目分析】

想要完成此项目，除需要综合运用前面学习的所有知识外，还需要用到软件系统的设计方法、数据库和数据表的设计与创建方法、电子商务系统后台管理的设计方法以及各种浏览器兼容技术等。本项目将运用这些知识来完成云林科技的电子商务系统项目，提高综合编程能力。

【知识目标】

- 学习软件系统的设计。
- 学习数据库和数据表的设计与创建。
- 学习电子商务系统后台管理的设计。
- 学习 PHP 在线支付接口程序开发。
- 学习整个电子商务系统的设计与制作实现过程。

【能力目标】

- 能够熟练掌握软件系统的设计方法。
- 能够熟练掌握数据库和数据表的设计与创建方法。
- 能够掌握电子商务系统后台管理的设计方法。
- 能够掌握 PHP 在线支付接口程序开发方法。
- 能够熟悉整个电子商务系统的设计与制作实现过程。

【素质目标】

培养爱国情怀，增强文化自信。

【项目实现】电子商务系统开发

接到项目后，黎工分析了项目要求，把此项目整体分成 20 个任务来实现：系统功能设计、数据库设计、后台管理系统设计、管理员管理、网站栏目管理、后台权限管理、新闻信息管理、商品管理、购物车设置、支付系统设置、前台显示系统设计、模板解析、购物车、会员注册、会员登录、收银台、在线支付、会员订单管理、后台订单管理和后台会员管理。

任务一　系统功能设计

电子商务系统从广义上讲，是商务活动中各参与方和支持企业进行交易活动的电子技术手段的集合。从狭义上讲，电子商务系统是指企业、消费者、银行、政府等在互联网和其他网络的基础上，以实现企业电子商务活动为目标，为满足企业生产、销售、服务等生产和管理的需求，支持企业对外业务协作，从运作、管理和决策等层面全面提高企业信息化水平，为企业提供具备商业智能的计算机网络系统。

电子商务系统一般分为前台显示系统和后台管理系统。前台显示系统最有代表性的是网站首页设计和网站内页设计。网站首页的效果见图 9-1。

网站首页主要展示网站的重要信息，如“最新产品”“电子产品”“特价产品”“新闻动态”等，网站内页主要显示产品信息、新闻信息和购物车信息等。网站内页的效果如图 9-2 所示。

图 9-2　电子商务系统前台内页

后台管理系统主要完成下面的功能。

1. 管理员登录

在登录页面，用户输入信息后，验证程序进行密码比对，如果正确，则成功登录到后台进行相应的操作；否则显示错误信息并跳转回登录页面。

2. 网站栏目管理

网站栏目管理包括添加网站栏目、修改网站栏目和删除网站栏目，比如，栏目“系统简介”“在线商城”“新闻动态”“图片新闻”“购物指南”，以及网站链接“网站首页”“查看购物车”“查看订单”等的添加、修改与删除。

3. 在线商城管理

在线商城管理包括会员管理、商品管理、订单管理、购物车设置、支付系统设置。

4. 多页新闻信息管理

多页新闻信息管理包括“新闻动态”“图片新闻”新闻类型栏目内容的添加、修改与删除。

5. 单页新闻信息管理

单页新闻信息管理包括“系统简介”“购物指南”单页新闻栏目内容的添加、修改与删除。

任务二 数据库设计

1. 任务分析

数据库设计对电子商务系统的实现起着至关重要的作用。根据系统功能设计，规划如下数据表。

（1）管理员表 zidb_manager

管理员表用于保存电子商务系统后台的管理员账号，为了防止明文密码存储带来安全隐患，这里对密码进行 SHA-512 加密处理。本着实用的目的，表的字段较多，其结构如表 9-1 所示。

表 9-1 管理员表

字段名	数据类型	描述
key_users	int(10) unsigned	主键 ID，自动增长
id	varchar(50)	用户名，唯一约束
password	varchar(128)	加密后的密码
grade	enum('user','head','section','division','admin')	管理员等级（管理员角色）
power	enum('0','1')	是否通过审查
exp_count	int(10) NOT NULL	登录次数
login_time	varchar(20)	最后登录时间

（2）栏目信息表 zidb_item_info

栏目信息表用于保存电子商务系统的栏目信息，如栏目“系统简介”“在线商城”“新闻动态”“图片新闻”“购物指南”的设置信息，其结构如表 9-2 所示。

表 9-2 栏目信息表

字段名	数据类型	描述
item_id	int(10) unsigned	主键 ID，自动增长
powerurl	enum('0','1')	是否为自定义链接
sort	enum('1','0')	是否为系统栏目
item_type	varchar(10)	栏目类型

续表

字段名	数据类型	描述
place	enum('all','top','left', 'middle','right')	栏目可以放置的位置，如顶部、左侧、右侧等
caption	varchar(50)	栏目标题
pages_control	enum('0','1')	是否分页
hyperlink	varchar(100)	链接地址

（3）自定义栏目信息表 zidb_custom_item_info

自定义栏目信息表用于保存新闻类型栏目的详细信息，其结构如表 9-3 所示。

表 9-3　自定义栏目信息表

字段名	数据类型	描述
custom_item_id	int(10) unsigned	主键 ID，自动增长
custom_item_title	varchar(100)	所属栏目分类
caption	varchar(50)	栏目标题
content	longtext	栏目内容
itemsymbol	varchar(50)	链接按钮（小图片）
iconograph	varchar(50)	大图片
iconograph_align	varchar(10)	图片对齐方式
totaltimes	int(10)	访问次数
create_time	datetime	创建时间
update_time	datetime	修改时间

（4）模板信息表 zidb_template_info

模板信息表用于保存网站模板的具体信息，如首页模板、内页模板等，其结构如表 9-4 所示。

表 9-4　模板信息表

字段名	数据类型	描述
template_id	int(10) unsigned	主键 ID，自动增长
template_selected	enum('0','1')	模板选择标志
template_name	varchar(10)	模板名称
template_content	text	模板原始内容
template_content_new	text	模板最新内容

（5）会员信息表 zidb_users

会员信息表非常重要，这里对表中密码字段的内容进行 SHA-512 加密处理是为了防止明文密码存储带来安全隐患。本着实用的目的，表的字段较多，其结构如表 9-5 所示。

表 9-5　会员信息表

字段名	数据类型	描述
key_users	int(10) unsigned	主键 ID，自动增长
user_name	varchar(50)	用户名，唯一约束

续表

字段名	数据类型	描述
user_passwd	varchar(128)	加密后的密码
receive_name	varchar(50)	收货人姓名
receive_telephone	varchar(20)	收货人电话
receive_email	varchar(30)	收货人电子邮件地址
receive_address	varchar(100)	收货人地址
receive_zip	char(6)	收货人邮编
exp_count	int(10) NOT NULL	登录次数
login_time	varchar(20)	最后登录时间

（6）商品类别表 zidb_goods_class_info

商品类别表用于存储商品的一级分类以及下级分类，其结构如表 9-6 所示。

表 9-6　商品类别表

字段名	数据类型	描述
goods_class_id	int(10) unsigned	主键 ID，自动增长
class_name	varchar(30)	商品类别名称
class_name_parent	varchar(30)	商品类别的父级名称
goods_class_pic	varchar(50)	商品类别图标

（7）商品信息表 zidb_goods

商品信息表用于存储商品的详细信息，其结构如表 9-7 所示。

表 9-7　商品信息表

字段名	数据类型	描述
key_goods	int(10) unsigned	主键 ID，自动增长
goods_code	varchar(30)	商品标识码
goods_name	varchar(30)	商品名称
class_name	varchar(30)	商品种类
breaf_desc	varchar(100)	简略描述
goodsdesc	text	详细描述
formerly_price	int(10)	商品原价
current_price	int(10)	商品现价
goods_count	int(10)	商品数量
goods_symbol	varchar(50)	商品缩略图
goods_pic	varchar(50)	商品图片
special_tag	enum('0','1')	是否为特价产品

（8）商品购买信息表 zidb_shopping

商品购买信息表用于存储用户所购商品的详细信息，其结构如表 9-8 所示。

表 9-8　商品购买信息表

字段名	数据类型	描述
key_shopping	int(10) unsigned	主键 ID，自动增长
key_requests	int(10) unsigned	订单信息主键值
session_key	varchar(32)	客户临时身份标识号
key_users	int(10) unsigned	客户信息主键值
key_goods	int(10) unsigned	商品信息主键值
goods_num	int(10) unsigned	商品数量
current_price	int(10)	商品当前单价
date_created	varchar(20)	记录的创建时间
date_finished	varchar(20)	记录的终结时间

（9）订单信息表 zidb_requests

订单信息表用于存储用户的订单，其结构如表 9-9 所示。

表 9-9　订单信息表

字段名	数据类型	描述
key_requests	int(10) unsigned	主键 ID，自动增长
session_key	varchar(32)	客户临时身份标识号
key_users	int(10) unsigned	客户信息主键值
fee	int(10) unsigned	交易额
deliver_method	varchar(50)	送货方式
pay_method	varchar(50)	支付方式
status	varchar(15)	订单当前状态
date_created	varchar(20)	订单创建时间
date_finished	varchar(20)	订单终结时间
actual_pay	varchar(50)	实际支付方式
trxid	varchar(64)	交易流水号

除了上面的 9 个表，为了更好地完成网上交易，还设计了网站基本信息表 zidb_site_info、网站用户控制表 zidb_web_user_info、网站子栏目分类信息表 zidb_caption_info、购物车定制表 zidb_cart_config、支付方式定制表 zidb_payment_mode、送货方式定制表 zidb_deliver_mode、后台权限设置表 zidb_power 共 16 个表。

2. 代码实现

使用 MySQL 数据库来创建电子商务系统设计的数据库和 16 个数据表。

（1）用“root”登录 MySQL 服务器，创建名为“zidbshop”的数据库，其“排序规则”选择“utf8mb4_unicode_ci”。

（2）执行文件“D:\PHP\ch08\sql\zidbshop.sql”中的所有 SQL 语句，完成数据表的创建以及管理员的设置（用户名为“zidb”，密码为“zidb319”，并给予查询、添加、修改、删除、索引、建立临时表等权限）。

3. 运行效果

构建好的数据表如图 9-3 所示。

表	操作						行数	类型	排序规则	大小
zidb_caption_info	★	浏览	结构	搜索	插入	清空	删除	10	InnoDB	utf8mb4_unicode_ci	0 字节
zidb_cart_config	★	浏览	结构	搜索	插入	清空	删除	1	InnoDB	utf8mb4_unicode_ci	0 字节
zidb_custom_item_info	★	浏览	结构	搜索	插入	清空	删除	23	InnoDB	utf8mb4_unicode_ci	0 字节
zidb_deliver_mode	★	浏览	结构	搜索	插入	清空	删除	5	InnoDB	utf8mb4_unicode_ci	0 字节
zidb_goods	★	浏览	结构	搜索	插入	清空	删除	9	InnoDB	utf8mb4_unicode_ci	0 字节
zidb_goods_class_info	★	浏览	结构	搜索	插入	清空	删除	3	InnoDB	utf8mb4_unicode_ci	0 字节
zidb_item_info	★	浏览	结构	搜索	插入	清空	删除	8	InnoDB	utf8mb4_unicode_ci	0 字节
zidb_manager	★	浏览	结构	搜索	插入	清空	删除	1	InnoDB	utf8mb4_unicode_ci	0 字节
zidb_payment_mode	★	浏览	结构	搜索	插入	清空	删除	5	InnoDB	utf8mb4_unicode_ci	0 字节
zidb_power	★	浏览	结构	搜索	插入	清空	删除	18	InnoDB	utf8mb4_unicode_ci	0 字节
zidb_requests	★	浏览	结构	搜索	插入	清空	删除	0	InnoDB	utf8mb4_unicode_ci	0 字节
zidb_shopping	★	浏览	结构	搜索	插入	清空	删除	0	InnoDB	utf8mb4_unicode_ci	0 字节
zidb_site_info	★	浏览	结构	搜索	插入	清空	删除	1	InnoDB	utf8mb4_unicode_ci	0 字节
zidb_template_info	★	浏览	结构	搜索	插入	清空	删除	2	InnoDB	utf8mb4_unicode_ci	0 字节
zidb_users	★	浏览	结构	搜索	插入	清空	删除	0	InnoDB	utf8mb4_unicode_ci	0 字节
zidb_web_user_info	★	浏览	结构	搜索	插入	清空	删除	1	InnoDB	utf8mb4_unicode_ci	0 字节
16 张表	总计							87	InnoDB	utf8mb4_unicode_ci	0 字节

图 9-3　电子商务系统的所有数据表

任务三　后台管理系统设计

后台管理系统包括管理员登录、网站栏目管理、栏目信息管理、商品管理、会员管理、订单管理、购物车设置、支付系统设置、网站基本信息设置等。

为了更方便地进行系统程序设计，设置其根目录为“D:\PHP\ch09”。

后台管理系统文件有点多，具体请参见电子素材，主要文件清单如表 9-10 所示。

表 9-10　后台管理系统主要文件清单

编号	文件名（含相对路径）	功能
1	css/admin.css	样式表，后台管理主框架共用
2	css/chaoshi.css	样式表，后台共用
3	css/login.css	样式表，后台共用
4	js/jquery-1.12.4.js	jQuery 库，前后台共用
5	js/jquery.validate.js	jQuery 验证插件，前后台共用
6	js/additional-methods.js	jQuery 验证插件，前后台共用
7	js/messages_zh.js	jQuery 验证插件，前后台共用
8	js/sha512.js	SHA-512 客户端加密库，前后台共用
9	js/jquery.validate.login.js	jQuery 验证自定义函数库，后台共用
10	js/ajaxadmin.js	AJAX 验证函数，后台共用
11	webuser.php	数据库连接设置，前后台共用
12	web_user.php	网站重要参数设置，前后台共用
13	mysql.php	连接 MySQL 服务器，前后台共用
14	charset.php	设置字符集，前后台共用
15	common.inc.php	基本函数库，前后台共用
16	admin_session.php	Session 设置，后台共用
17	admin2.php	对不支持框架<frameset>的浏览器可替代文件 admin.php
18	clearBOM.php	清理工具，用来批量清除文件目录下所有文件的头部 BOM（字节顺序标记）
19	admin.php	后台管理首页，主框架
20	admin_top.php	后台管理首页，顶部框架
21	admin_left.php	后台管理首页，左侧框架
22	config.php	后台管理首页，右侧框架

续表

编号	文件名（含相对路径）	功能
23	loginadmin.php	管理员登录入口
24	loginend.php	管理员登录验证
25	password.php	管理员密码修改入口
26	updatepassword.php	管理员密码修改处理
27	logout.php	管理员退出登录
28	info.php	管理员资料修改入口
29	infoend.php	管理员资料修改处理
30	verifyCode.php	中文 GIF 动态验证码生成程序
31	checklogin.php	AJAX 验证管理员用户名
32	file_manager.php	上传文件管理
33	power.php	后台栏目权限验证
34	main_page_name.php	前台内页文件名设置
35	is_item_one.php	判断栏目是否为单页
36	editor/editor.php	HTML 在线编辑器
37	customitem.php	网站栏目添加、修改与删除
38	customitemend.php	网站栏目添加、修改与删除处理
39	custom_item_check.php	新闻类栏目下级分类重名检查
40	custom_item_fun.php	新闻类栏目下级分类相关函数库
41	custom_item_more.php	新闻类栏目信息管理
42	custom_item_more_edit.php	新闻类栏目信息添加、修改与删除
43	show_info.php	新闻类栏目信息查看
44	custom_item_one.php	单页新闻修改
45	custom_item_one_end.php	单页新闻修改处理
46	site_info.php	网站基本信息修改
47	siteinfoend.php	网站基本信息修改处理
48	shop/common.inc.shop.php	在线商城基本函数库
49	shop/shopmanager.php	在线商城商品管理
50	shop/shopmanageredit.php	在线商城商品添加、修改与删除
51	shop/goodsinfo.php	在线商城商品信息查看
52	shop/goods_class_pic.php	在线商城商品分类图标上传与修改
53	shop/usermanager.php	在线商城会员管理
54	shop/mailtousers.php	在线商城会员邮件群发
55	shop/mailtousersend.php	在线商城会员邮件群发处理
56	shop/order.php	在线商城订单管理
57	shop/orderinfolist.php	在线商城订单信息
58	shop/dispaffirminfo.php	在线商城订单确认信
59	shop/affirminfo.php	在线商城显示订单确认信
60	shop/admin_config.php	在线商城今日订单管理
61	shop/cartconfig.php	在线商城购物车设置
62	shop/cartconfigend.php	在线商城购物车设置处理
63	shop/deliversystem.php	在线商城支付系统设置
64	shop/deliversystemedit.php	在线商城支付系统详细设置
65	shop/deliversystemend.php	在线商城支付系统详细设置处理

续表

编号	文件名（含相对路径）	功能
66	shop/alipay	支付宝支付官方接口原始程序
67	shop/wxpay	微信支付官方接口原始程序
68	shop/yeepayCommon.php	易宝支付公共函数文件
69	shop/merchantProperties.php	易宝支付商家属性文件
70	shop/req.php	易宝支付请求文件
71	shop/callback.php	易宝支付结果返回文件
72	shop/queryOrd.php	易宝支付查询接口主程序
73	shop/HttpClient.class.php	易宝支付公共函数文件
74	shop/refundOrd.php	易宝支付退款主程序
75	power_admin.php	管理员权限设置
76	power_admin_end.php	管理员权限设置处理
77	font	中文验证码字库

下面分步讲解后台管理系统的实现。由于篇幅所限，本项目代码请参见电子素材。

任务四　管理员管理

1. 任务分析

管理员管理包括管理员登录、管理员权限管理、管理员修改密码、管理员退出登录、管理员主界面、增加管理员、修改管理员、删除管理员等。由于篇幅所限，其他功能请参见电子素材，这里只对管理员登录进行讲解。

2. 代码实现

管理员登录由登录表单页面“loginadmin.php”和表单验证页面“loginend.php” 组成，代码请参见电子素材。

3. 运行效果

在浏览器地址栏中输入 http://localhost/ch09/loginadmin.php，运行结果如图 9-4 所示。

图 9-4　管理员登录表单页面

输入用户名“zidbadmin”、密码“zidb319”，以及中文验证码，经“loginend.php”程序验证后即可登录电子商务系统后台，如图 9-5 所示。

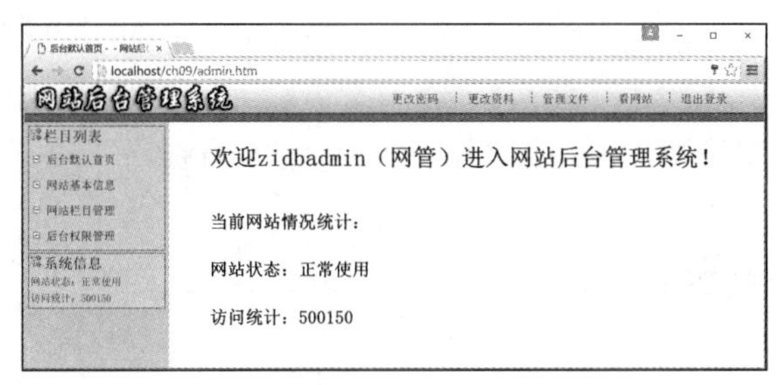

图 9-5　电子商务系统后台默认页面

任务五　网站栏目管理

1. 任务分析

网站的栏目根据每个网站的不同设计由后台产生，这样网站后台管理系统可以适应各种网站，可以用此网站后台生成多个不同的网站，大大提高程序员的工作效率。

2. 代码实现

网站栏目管理主界面“customitem.php”可以展示现有的栏目分类，并且带有添加、修改和删除的链接，以便于相关管理，代码请参见电子素材。

网站栏目管理处理程序为“customitemend.php”，代码请参见电子素材。

3. 运行效果

单击网站左侧的“网站栏目管理”，运行网站栏目管理主界面“customitem.php”，效果如图 9-6 所示。

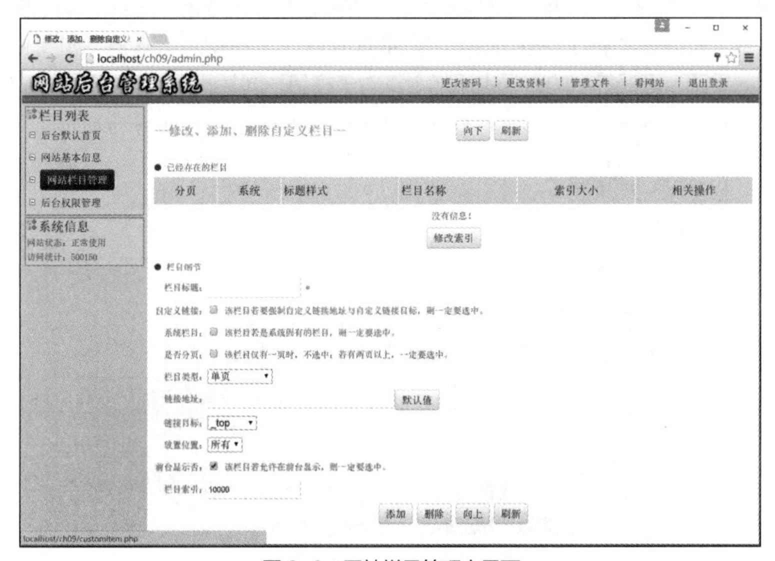

图 9-6　网站栏目管理主界面

任务六　后台权限管理

1. 任务分析

权限管理是所有后台管理系统都会涉及的重要组成部分，主要目的是对整个后台管理系统进行权限控制，避免因权限控制缺失或操作不当引发风险问题，如操作错误、数据泄露等。本系统权限可以基于用户进行管理，也可以基于角色进行管理。默认情况下，本系统设计为基于角色来管理相关用户的权限。

2. 代码实现

后台权限管理由权限管理表单页面“power_admin.php”和表单验证页面“power_admin_end.php”

组成，代码请参见电子素材。

3. 运行效果

单击网站左侧的“后台权限管理”，运行文件“power_admin.php”后，其效果如图 9-7 所示。

请选择用户类别：==请选择==
==请选择==
user[用户等级]
head[用户等级]
section[用户等级]
division[用户等级]
完成

图 9-7 后台权限管理主界面

任务七 新闻信息管理

1. 任务分析

新闻信息是电子商务系统的重要组成部分，包括多页新闻信息和单页新闻信息两大类。多页新闻信息包括新闻动态、图片新闻等，单页新闻信息包括系统简介、购物指南等，它们都可以助力网络销售，所以新闻信息管理也是至关重要的。

2. 代码实现

（1）多页新闻信息管理

多页新闻信息管理主界面“custom_item_more.php”可以添加下级子栏目，可以展示现有的新闻信息，并且带有添加、修改和删除的链接，以便于相关管理，代码请参见电子素材。

（2）单页新闻信息管理

单页新闻信息管理主界面“custom_item_one.php”会在进入栏目时自动搜索系统中有没有该栏目，若没有，则自动添加一个空的栏目，若有则直接读取信息。要添加或者删除单页新闻信息，只有在栏目管理中进行。它的核心代码与多页新闻信息管理的类似，其代码请参见电子素材。

3. 运行效果

单击后台管理系统左侧的“新闻动态”链接后，再单击“添加新闻动态”按钮以运行该文件，输入相关的信息并上传两张图片，再单击“添加”按钮，经验证后即可成功添加一条新闻信息，如图 9-8 所示。类似地，根据网站首页设计效果图，可把其余的新闻也添加上。对于栏目“图片新闻”，也可根据需求添加。

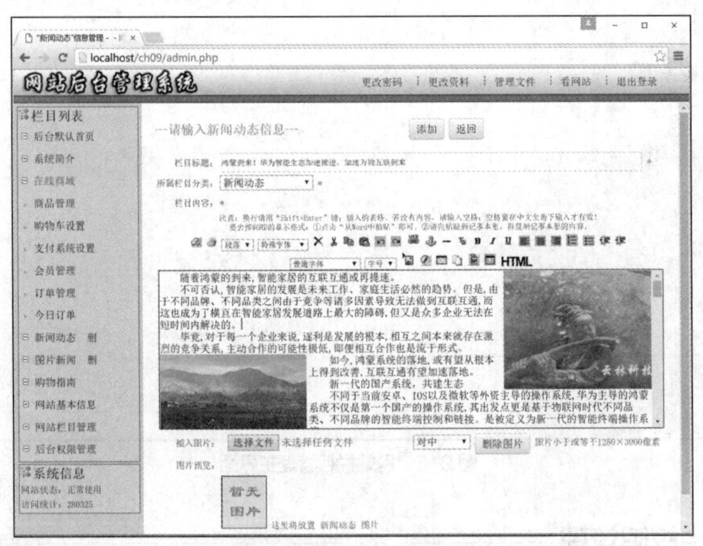

图 9-8 多页新闻信息管理

任务八 商品管理

1. 任务分析

商品管理是电子商务系统的核心功能，是电子商务系统设计的关键。商品管理包括商品管理主界面、商品信息添加、商品信息修改、商品信息删除等。

2. 代码实现

以下是商品管理主界面和商品信息管理的实现代码，其他功能代码请参见电子素材。

（1）商品管理主界面

商品管理主界面“shop/shopmanager.php”主要包括商品分类的添加、修改与删除，以及商品信息的显示、搜索、添加、删除与修改的入口。商品管理首要的是商品种类的管理，代码请参见电子素材。

（2）商品信息管理

商品信息管理的入口在商品管理主界面，其处理程序为“shop/shopmanageredit.php”，可以实现商品的添加、修改和删除，以及商品数量的修改，代码请参见电子素材。

3. 运行效果

以下是商品管理主界面和商品信息添加程序的运行效果。

（1）商品管理主界面

单击后台管理系统左侧的“商品管理”链接，以运行商品管理主界面程序，在“添加商品种类（根类）”按钮前输入商品分类名称，如“出版音像”“旅游产品”“电子产品”，再单击此按钮即可成功添加商品分类，效果如图 9-9 所示。

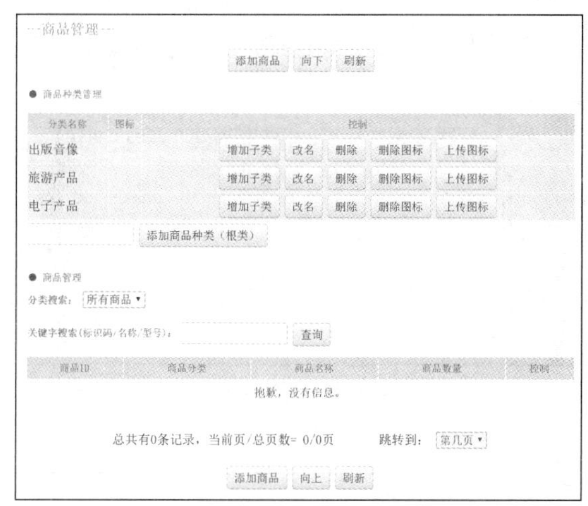

图 9-9　商品管理主界面-添加商品种类

（2）商品信息添加

单击商品管理主界面中的“添加商品”按钮，输入相关的信息并上传两张图片，再单击“添加”按钮，经验证后即可成功添加一条商品信息，如图 9-10 所示。类似地，根据网站设计效果图，可添加其余的商品信息。

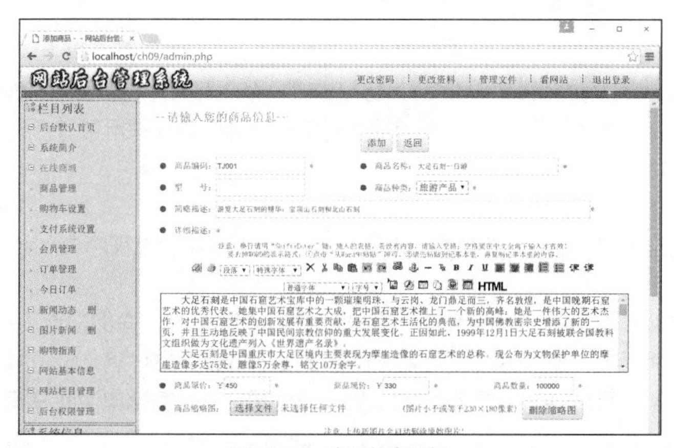

图 9-10　商品信息添加

任务九 购物车设置

1. 任务分析

购物车相当于现实中超市的购物车，不同的是一个是实体车，另一个是虚拟车。用户可以在网站的不同页面之间跳转，以选购喜爱的商品。当用户单击购买时，该商品可保存到购物车中，最后将选中的所有商品放在购物车中并统一到收银台结账，这样可尽量让客户体验到现实生活中购物的感觉。

2. 代码实现

购物车设置程序是“cartconfig.php”，可以展示现有的购物车定制信息，并带有修改的链接，以便于相关管理，代码请参见电子素材。

3. 运行效果

单击后台管理系统左侧的“购物车设置”链接，以运行购物车设置程序，结果如图 9-11 所示。选择想要显示的项目后单击“确认”按钮，经购物车处理程序验证后保存即可。

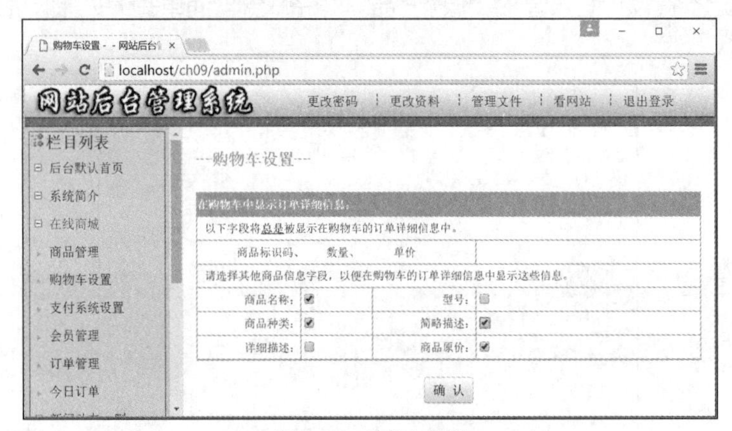

图 9-11 购物车设置

任务十 支付系统设置

1. 任务分析

支付模块是电子商务系统的核心。第三方支付平台有很多，而且第三方支付平台对于商家接入都会有一些开发文档和示范作为指引。本系统集成了易宝支付、招商银行在线支付，提供了支付宝和微信支付的官方源程序，但没有集成到系统中，预留了聚合支付的接口。本模块可以设置前台所能显示的支付方式，这样就可以根据各自的具体情况真正地定制支付系统了。

2. 代码实现

支付系统设置程序是“shop/deliversystem.php”，其相关的处理程序有“shop/ deliversystemedit.php”“shop/ deliversystemend.php”，可以展示现有的支付系统定制信息，并且带有修改的链接，以便于相关管理，代码请参见电子素材。

3. 运行效果

单击后台管理系统左侧的“支付系统设置”链接，以运行支付系统设置程序“shop/deliversystem.php”，其效果如图 9-12 所示。

根据实际情况，选择所需要的选项后单击“确认”按钮，即可进入详细设置页面，以对相关的情况进行修改。若选择了“招商银行在线支付”，则需要到招商银行申请商户号码（6 位数字），以及得到相应的开户银行代码（4 位数字）；若选择了“易宝支付”，则需要到易宝支付官网申请商户编号以及相应的密钥，如图 9-13 所示。

图 9-12　支付系统设置

图 9-13　支付系统具体设置

任务十一　前台显示系统设计

前台显示系统主要完成商品的展示、新闻类信息的显示以及商品在线交易等。前台显示系统使用了当前比较流行的模板解析技术，不过本系统采用自定义模板解析技术，不需要别人的框架来支持。前台显示系统文件清单如表 9-11 所示。

表 9-11　前台显示系统文件清单

编号	文件名（含相对路径）	功能
1	css/common.css	样式表，前台共用
2	css/user.css	样式表，前台共用
3	css/chaoshi.css	样式表，前后台共用
4	js/LoadPrint.js	前台 JavaScript 输出程序
5	js/ResizeAllImg.js	前台 JavaScript 图片自动缩放程序
6	js/handleevent.js	前台 JavaScript 图片特效程序
7	js/jquery-1.12.4.js	jQuery 库，前后台共用
8	js/jquery.validate.js	jQuery 验证插件，前后台共用
9	js/additional-methods.js	jQuery 验证插件，前后台共用
10	js/messages_zh.js	jQuery 验证插件，前后台共用
11	js/sha512.js	SHA-512 客户端加密库，前后台共用
12	js/jquery.validate.user.js	jQuery 验证自定义函数库，前台共用
13	image/banner.jpg	网站横幅图片

续表

编号	文件名（含相对路径）	功能
14	image/menu_bg.jpg	菜单背景图片
15	image/icon1.jpg	信息列表图片
16	image/noimage.gif	图片新闻、产品无图片时的默认图片
17	webuser.php	数据库基本设置，前后台共用
18	web_user.php	网站重要参数设置，前后台共用
19	mysql.php	连接 MySQL 服务器，前后台共用
20	charset.php	设置字符集，前后台共用
21	common.inc.php	基本函数库，前后台共用
22	user_session.php	Session 设置，前台共用
23	user_session_do.php	Session 处理，前台共用
24	fun.php	前台显示系统自定义函数库
25	templates.php	前台模板解析主程序
26	index.php	前台首页模板解析程序
27	p.php	前台内页模板解析程序及接口程序
28	show.php	多页新闻类信息显示程序
29	uc.php	计数器
30	shop/fun.shop.php	在线商城前台基本函数库
31	shop/common.inc.shop.php	在线商城函数库，前后台共用
32	shop/zhuce.php	在线商城会员注册入口
33	shop/regist.php	在线商城会员注册处理
34	shop/checkname.php	在线商城会员注册时用户名验证
35	shop/index_login.php	在线商城会员登录入口
36	shop/login.php	在线商城会员登录处理
37	shop/user_logout.php	在线商城会员退出登录
38	shop/user_password.php	在线商城会员密码修改入口
39	shop/updateuserpwd.php	在线商城会员密码修改处理
40	shop/user_xiugai.php	在线商城会员资料修改入口
41	shop/user_update.php	在线商城会员资料修改处理
42	shop/user_getpwd.php	在线商城会员找回密码入口
43	shop/user_getnewpwd.php	在线商城会员找回密码处理
44	shop/shopping.php	在线商城购物车
45	shop/bank.php	在线商城收银台－确认订单
46	shop/pay_method.php	在线商城收银台－选择送货方式与支付方式
47	shop/buy.php	在线商城收银台－生成订单
48	shop/index_order.php	在线商城用户订单管理
49	shop/user_orderinfolist.php	在线商城用户订单信息
50	shop/yeepayCommon.php	易宝支付公共函数文件
51	shop/merchantProperties.php	易宝支付商家属性文件
52	shop/req.php	易宝支付支付请求文件
53	shop/callback.php	易宝支付支付结果返回文件
54	autoindex.php	自动生成静态首页插件
55	index.html	由 autoindex.php 自动生成的静态首页

下面分步讲解实现方法：从任务十二到任务二十。由于篇幅有限，本项目代码请参见电子素材。

任务十二　模板解析

1．任务分析

电子商务系统的界面包括首页和内页，其中首页很重要，是该系统的门面；内页一般是根据首页的风格来制作的，但它与首页也有些不同，所以某些模块需要进行个性化设计。制作模板一般根据需求，用 Photoshop 之类的软件设计效果图，客户满意并确认后再据此制作成 HTML 页面，进而制作成模板页面，随后可用 PHP 程序解析模板，动态生成网站前台页面。

2．代码实现

以下是网站首页模板、网站内页模板、模板解析主程序、网站首页模板解析程序、网站内页模板解析程序和商品信息页模板解析程序的代码实现。

（1）网站首页模板

网站首页模板文件为“tp_home.htm”，代码请参见电子素材。

（2）网站内页模板

网站内页模板文件为“tp_main.htm”，代码请参见电子素材。

（3）模板解析主程序

模板解析主程序是“templates.php”，它是前台页面正常显示的关键。注意，在调用模板解析主程序前，其相关的变量应该正确赋值，否则相关内容是空白的。其代码请参见电子素材。

（4）网站首页模板解析程序

网站首页模板解析程序为“index.php”，代码请参见电子素材。

（5）网站内页模板解析程序

网站内页模板解析程序为“p.php”，代码请参见电子素材。

（6）商品信息页模板解析程序

商品信息页模板解析程序为“shop/goodsinfo.php”，代码请参见电子素材。

3．运行效果

网站前台显示系统可以直接解析网站首页模板文件“tp_home.htm”和网站内页模板文件“tp_main.htm”，但安全起见，可以将模板内容存入数据库中，具体操作为：用 phpMyAdmin 登录数据库“zidbshop”，进入模板信息表“template_info”插入模板数据，其中网站首页模板命名为“home”，网站内页模板命名为“main”，然后删除相关的 HTML 文件。

在浏览器地址栏中输入 http://localhost/ch09/index.php，网站首页运行效果如图 9-1 所示。从网站首页单击“在线商城”，以运行 p.php，其效果如图 9-14 所示。

图 9-14　网站内页示例

从网站首页单击“特价产品”图片，以运行“shop/goodsinfo.php”，其效果如图 9-15 所示。

图 9-15　商品信息页示例

任务十三　购物车

1. 任务分析

购物车是电子商务系统最重要的模块之一。本系统中的购物车采用 Session 与数据库相结合的方式来实现，这样用户可以不用注册与登录就可以向购物车中添加商品、修改商品和删除商品。

2. 代码实现

购物车主程序是“shop/shopping.php”，代码请参见电子素材。

3. 运行效果

从商品信息页单击“加入购物车”，以运行该文件，其效果如图 9-16 所示。对于购物车中的商品，可以修改购买数量，可以将其删除，也可以选择继续购物并添加其他商品。

图 9-16　购物车

任务十四　会员注册

1. 任务分析

会员注册是电子商务系统的核心功能之一，也是本系统必须实现的功能。会员注册项的设计不能太多，也不能太少，以 6～8 项为宜。

2. 代码实现

会员注册主程序是“shop/zhuce.php”，代码请参见电子素材。

3. 运行效果

在购物车页面单击“到收银台”按钮，可以跳转到会员登录与注册的入口页面；再单击“注册新用户”按钮可以弹出新用户注册页面，其效果如图 9-17 所示。输入相关信息，经会员注册处理程序“shop/regist.php”验证后即可成功注册成为会员。注意，注册成功后会自动登录当前系统并跳转到注册入口前的页面，这样方便用户结算。

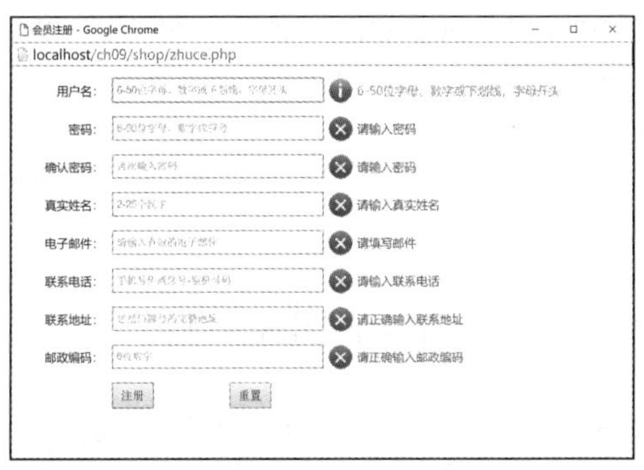

图 9-17　会员注册

任务十五　会员登录

1. 任务分析

会员登录也是电子商务系统的核心功能之一。本系统对于刚注册的新用户会要求手动登录，当用户下次访问本系统购物时就可以自动登录了。

2. 代码实现

会员登录主程序为“shop/index_login.php”，代码请参见电子素材。

3. 运行效果

当会员登录失效或者退出登录时，单击“到收银台”按钮或者“查看订单”链接，都可运行会员登录主程序“shop/index_login.php”，其效果如图 9-18 所示。输入相关信息，经登录处理程序“shop/login.php”验证后即可成功登录系统。

图 9-18　会员登录

任务十六　收银台

1. 任务分析

收银台是电子商务系统的核心功能之一，也是电子商务系统设计的关键。收银台一般包括商品确认、选择送货方式与支付方式、生成订单等几个步骤。

2. 代码实现

以下是商品确认、选择送货方式与支付方式、生成订单的代码实现。

（1）商品确认

商品确认主程序是“shop/bank.php”，虽然其代码稍多，但其原理简单，就是读取购物车中的所有产品信息，让用户确认是否有误，其具体代码略。

（2）选择送货方式与支付方式

选择送货方式与支付方式主程序是“shop/pay_method.php”，它读取后台关于支付系统的有效设置，让用户选择，其具体代码略。

（3）生成订单

生成订单主程序为“shop/buy.php”，代码请参见电子素材。

3. 运行效果

以下是商品确认、选择送货方式与支付方式、生成订单的运行效果。

（1）商品确认

在购物车中单击“到收银台”按钮，即可进入商品确认页面，其效果如图 9-19 所示。

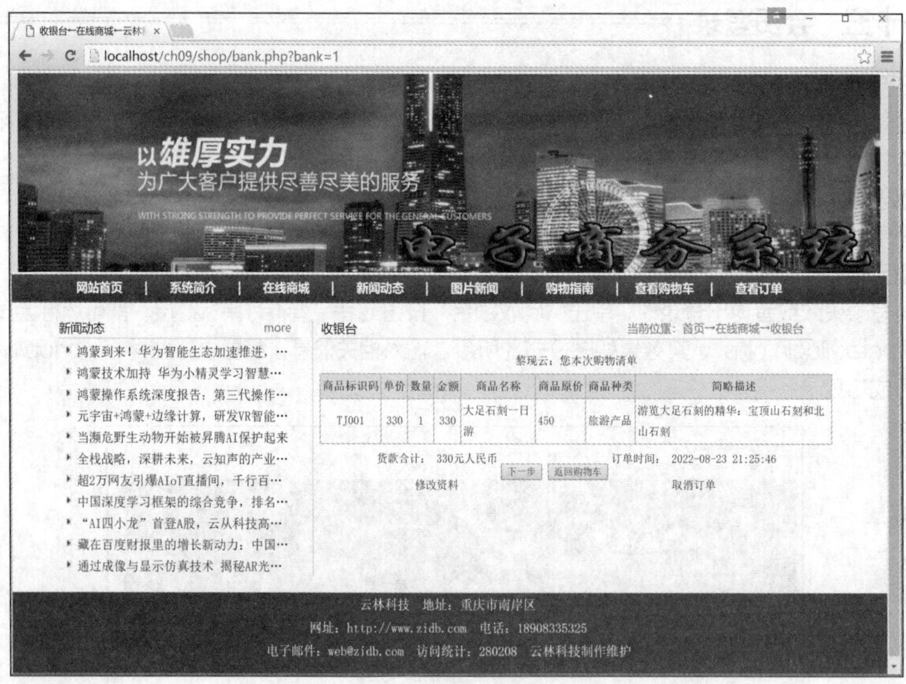

图 9-19　商品确认

（2）选择送货方式与支付方式

在图 9-19 中单击“下一步”按钮，即可进入送货方式与支付方式的选择页面，如图 9-20 所示。

（3）生成订单

在图 9-20 中单击“下订单”按钮，即可生成订单，初步完成购物，如图 9-21 所示。

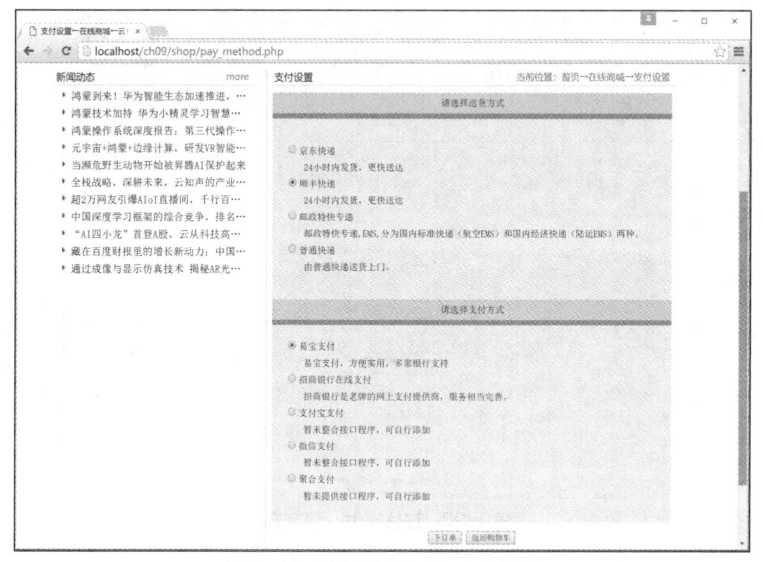

图 9-20　选择送货方式与支付方式

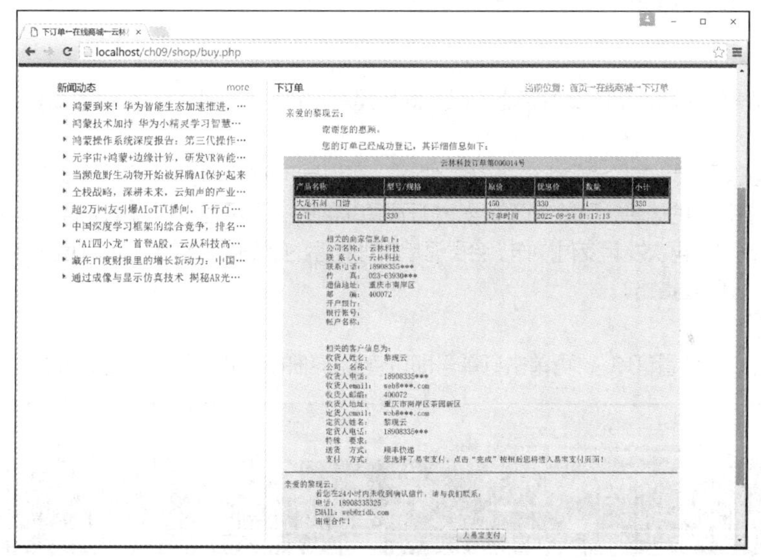

图 9-21　生成订单

任务十七　在线支付

1. 任务分析

在线支付是电子商务系统中非常重要的一步。本系统已经集成易宝支付、招商银行在线支付接口，申请有效的账号即可使用。另外，预留了支付宝支付、微信支付、聚合支付的接口，其中支付宝支付和微信支付已有官方的开发示范程序包，可以根据需求自行集成相关接口。

2. 代码实现

现以易宝支付为例，相关接口可以设置在生成订单的页面以及订单详细信息页面，代码请参见电子素材。

3. 运行效果

若支付方式选择了易宝支付，那么在生成订单的页面以及订单详细信息页面均有“去易宝支付”按钮，单击它即可前往易宝支付官网，其效果如图 9-22 所示。完成支付后会跳转回商户网站，根据支付结果做进一步处理。

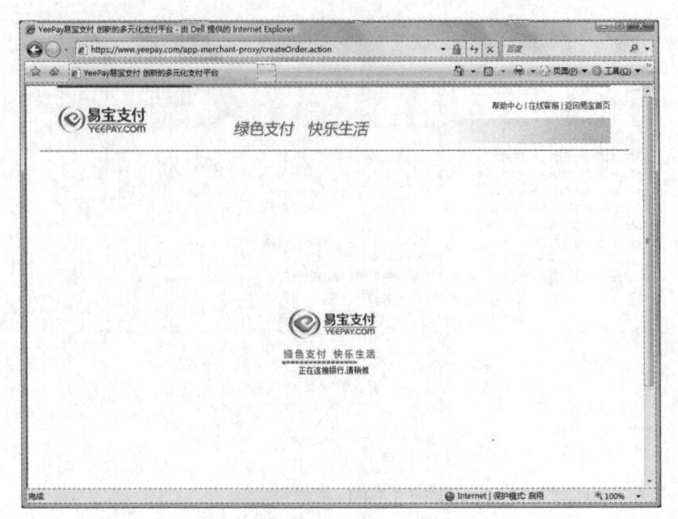

图 9-22　在线支付：易宝支付

任务十八　会员订单管理

1. 任务分析

会员订单管理需要查询订单的支付状态，以及商品是否发货、是否退货、是否退款等，也非常重要。

2. 代码实现

会员订单管理主程序是“shop/index_order.php”，可以展示现有的订单，并显示订单号、订单状态、订单金额等信息。要查看详细的信息，可单击订单号，打开订单详细信息显示程序“shop/user_orderinfolist.php”。若订单没有付款，则可以再次发起支付操作。会员订单管理程序的代码虽然较多，但难度较小，所有涉及的难点在前面已经讲解过，此处省略。

3. 运行效果

单击导航栏上的“查看订单”，再单击订单号即可查看详细的订单信息，其效果如图 9-23 所示。

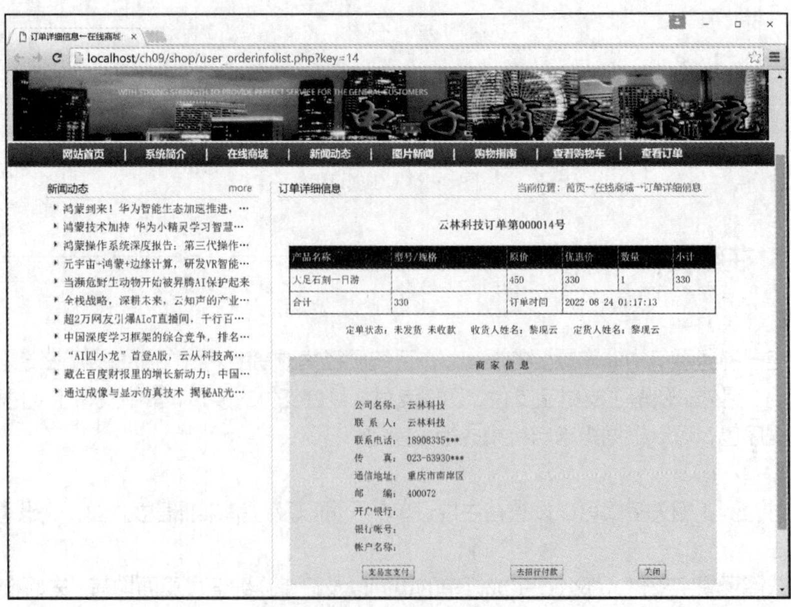

图 9-23　查看订单详细信息

任务十九　后台订单管理

1. 任务分析

后台订单管理是电子商务系统的重要组成部分，前面的任务没有讲到是因为还没有数据。现在用户选购了商品，系统有了有效订单，就可以进行有效管理了。

2. 代码实现

后台订单管理主程序是“shop/order.php”，可以管理所有的订单、重发订单确认信、收货确认、收款确认、删除订单以及易宝支付结果查询，代码请参见电子素材。

3. 运行效果

单击后台管理系统左侧的“订单管理”链接，以运行“shop/order.php”，其效果如图 9-24 所示。

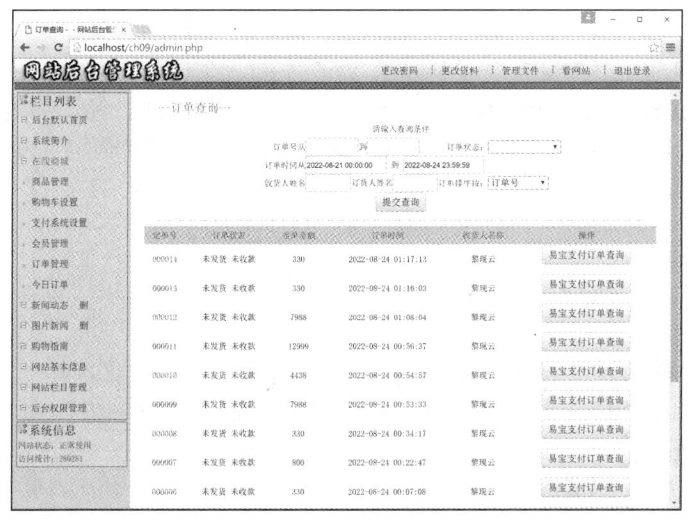

图 9-24　后台订单管理

任务二十　后台会员管理

1. 任务分析

会员管理包括给会员群发邮件、删除会员、查看会员的详细信息等。

2. 代码实现

后台会员管理主程序是“shop/usermanager.php”，代码请参见电子素材。

3. 运行效果

单击后台管理系统左侧的“会员管理”链接，以运行该文件，其效果如图 9-25 所示。

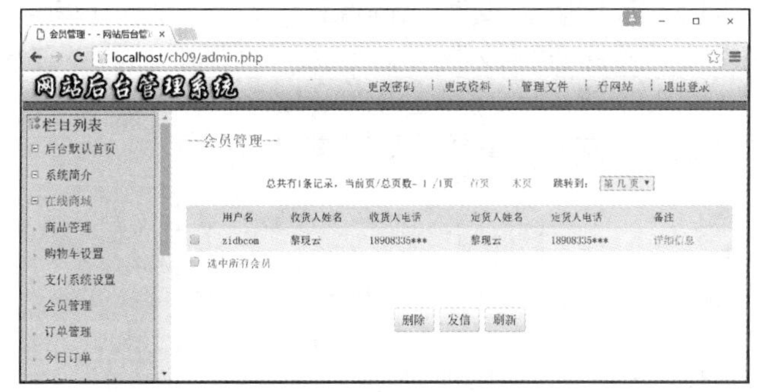

图 9-25　会员管理主界面

【小结及提高】

本项目设计了电子商务系统，从系统功能设计、数据库设计到后台管理系统设计、前台显示系统设计等，帮助读者了解结构化程序设计的特点，以及使用面向对象编程的好处，加深对 PHP+MySQL+CSS+JavaScript+HTML 编程的理解。总之，我们只有沉下心来研究，才会有更大的突破。

为了方便大家调试程序，这里特意导出完整的数据库保存为“sql/zidbshopall.sql”。不过，只有大家多多动手练习，才能收获更多。

【项目实训】

微课

项目 9 【项目实训】

1. 实训要求

添加管理员管理主界面程序。

2. 步骤提示

电子商务系统仅用 SQL 语句设置了一个管理员。为了更好地管理电子商务系统，我们可以添加管理员管理主界面程序“manager_list.php”，包括读取现有的管理员，并给出添加管理员（文件“manager_add.php”）、修改管理员（文件“manager_update.php”）、删除管理员（文件“manager_del.php”）的链接。注意要与权限管理结合起来。

习题

一、填空题

1. 商务活动中各参与方和支持企业进行交易活动的电子技术手段的集合称为________。
2. 购物车系统可以采用________与________相结合的方式来实现。

二、不定项选择题

1. 一般电子商务系统应具有的功能有（　　）。
   A. 用户管理　　B. 商品管理　　C. 网上订购　　D. 网上支付
2. 电子商务系统具有（　　）的特点。
   A. 交易虚拟化　　B. 交易效率高　　C. 交易成本高　　D. 交易透明化
3. 电子商务系统中“商品管理”栏目一般具有（　　）功能。
   A. 商品信息添加　　B. 商品信息修改　　C. 商品信息删除　　D. 商品信息查询

三、操作题

1. 实现栏目“购物指南”的修改。
2. 实现栏目“图片新闻”的管理。
3. 编写项目实训中提到的添加管理员（文件“manager_add.php”）程序。注意，添加时需查询数据库是否有同名的管理员，若有则不允许添加。
4. 编写项目实训中提到的修改管理员（文件“manager_update.php”）程序。
5. 编写项目实训中提到的删除管理员（文件“manager_del.php”）程序。注意，在删除时需保证数据库中至少要有一名管理员，否则退出系统后就不能正常登录系统了。
6. 支付宝支付、微信支付，任选其一，集成到系统中并测试。

项目10 微信小程序开发

10

【项目导入】

云林科技想快速提高商品销售的业绩，需要上线微信小程序，唐经理把任务交给技术部黎工来完成，并提出如下需求：首先，要有美观的界面，可以方便地进行各种操作；其次，要求电子商务系统不要修改太多，因此仅添加支持微信小程序的 API 就可以了。电子商务系统微信小程序默认首页如图 10-1 所示。

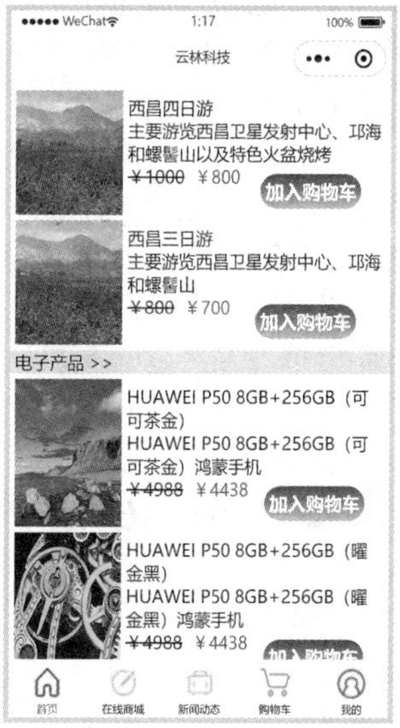

图 10-1　电子商务系统微信小程序默认首页

【项目分析】

想要完成此项目，仅靠前面项目学习的基础知识还远远不够，还要用到 HTML5 页面布局技术、CSS3 页面美化技术和 JavaScript 技术等。本项目将学习 WXML、WXSS、JavaScript、JSON 等的不同之处，以及微信小程序特殊的开发和运行环境等。再综合运用这些知识来完成云林科技的电子商务系统微信小程序项目，提高编程能力。

【知识目标】

- 学习微信小程序的基本概念。
- 学习微信小程序开发准备：申请账号、架设开发者服务器、安装微信开发者工具。
- 学习微信小程序开发基础：新建页面、导航设计、常用 API。
- 学习部署 PHP+MySQL 设计的可供微信小程序调用的后台 API。
- 学习微信小程序的发布。

【能力目标】

- 能够掌握微信小程序的基本概念。
- 能够掌握微信小程序开发准备：申请账号、架设开发者服务器、安装微信开发者工具。
- 能够掌握微信小程序开发基础：新建页面、导航设计、常用 API。
- 能够掌握部署 PHP+MySQL 设计的可供微信小程序调用的后台 API。
- 能够掌握微信小程序的发布。

【素质目标】

培养创新意识、创新精神、创新方法。

【知识储备】

10.1 微信小程序简介

微信小程序是小程序的一种，是一种不用下载就能使用的应用，也是一项创新。经过几年的发展，已经构造了新的微信小程序开发环境和开发者生态，有超过 150 万的开发者加入。

微信小程序开发门槛相对较低，难度不及 App，能够满足基础应用。微信小程序能够实现消息通知、线下扫码、微信公众号关联等七大功能。其中，通过微信公众号关联，用户可以实现微信公众号与微信小程序之间相互跳转。因微信小程序不存在入口，故这种跳转能优化用户体验，也方便微信小程序使用者向品牌粉丝转化。

微信小程序支持的开发语言有 JavaScript 和 TypeScript。TypeScript 是 JavaScript 的一个超集，是 JavaScript 加上可选的静态类型和基于类的面向对象编程构成的，所以任何现有的 JavaScript 程序都可以运行在 TypeScript 环境中。TypeScript 是为大型应用开发而设计的，并且可以编译为 JavaScript。JavaScript 简称 JS，是一种具有函数优先的轻量级、解释型、即时编译型的编程语言。JavaScript 的最新标准是 2015 年 6 月 17 日欧洲计算机制造商协会（European Computer Manufactuers Association，ECMA）国际组织发布的 ECMAScript 2015（通常称为“ECMAScript 6”或“ES2015”）。本书基于通用性考虑，选择 JavaScript 作为微信小程序的开发语言。

想要开发微信小程序，还需要掌握 HTML5 和 CSS3。微信小程序的开发与普通网页的开发类似，但也不尽相同。微信小程序运行在微信环境中，无法调用文档对象模型（Document Object Model，DOM）和浏览器对象模型（Browser Object Model，BOM）的 API，但可调用微信环境中提供的 API，如地理定位、扫码、支付等。普通网页的开发只需使用浏览器，并搭配上一些辅助工具或者编辑器即可。微信小程序的开发则有所不同，需要经过申请微信小程序账号、安装微信小程序开发者工具、创建和配置微信小程序项目等过程方可完成。

10.2 微信小程序开发准备

开发微信小程序需要做一些准备工作，包括申请账号、架设 PHP 开发者服务器、安装微信开发者工具等。

10.2.1 申请账号

对于微信小程序的开发，若以个人名义并且已有个人的微信号，则不必再注册，直接登录微信公众平台即可申请小程序 ID，否则需要按照以下步骤申请账号。

（1）使用浏览器访问微信公众平台官方首页，如图 10-2 所示，单击右上角的“立即注册”按钮。

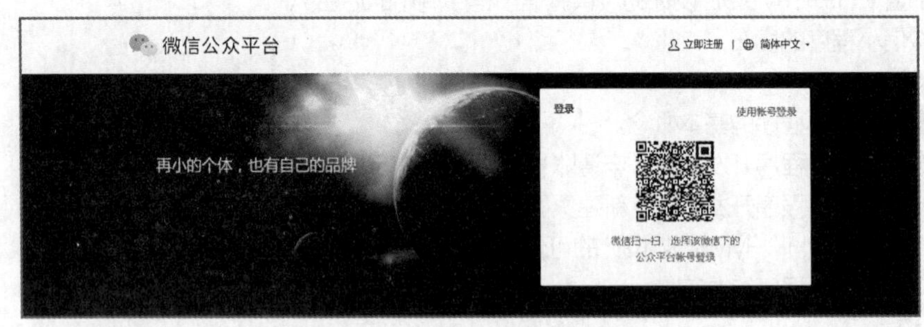

图 10-2 微信公众平台官方首页

（2）进入“选择注册的账号类型”页面后单击“小程序”，进入图 10-3 所示页面。

（3）在“账号信息”页面填写未被微信公众平台注册、未被微信开发平台注册、未被个人微信号绑定的邮箱，输入自行设定的密码以及验证码，勾选同意服务条款的复选框，即可进入“邮箱激活”页面。

（4）登录刚刚填写的邮箱，查收激活邮件，单击激活链接，进入“信息登记”页面。

（5）注册国家或地区，一般选择默认即可。主体类型可以根据自己的具体情况，选择“个人”“企业”“政府”“媒体”“其他组织”，然后完善相关的填写即可。

（6）若选择个人类型，则需注意个人类型暂不支持微信认证、微信支付及高级接口功能。

（7）若选择企业类型，则需填写企业名称和注册号，同时要选择注册方式：向腾讯公司小额打款验证或者微信验证，前者需要企业对公账户向腾讯公司小额打款，后者需支付 300 元的审核费用。接下来要填写管理员信息，最后需使用管理员的微信来扫码认证。

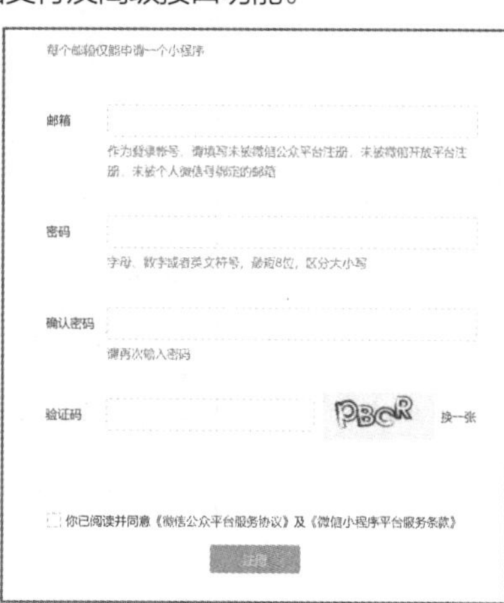

图 10-3　微信公众平台-注册-账号信息

10.2.2　架设开发者服务器

为了完成电子商务系统利用微信小程序进行营销，需要使用 PHP+MySQL 架设开发者服务器，以满足微信小程序的数据存取要求。

在云服务器商，如华为云（见图 10-4）、腾讯云、微信云托管、阿里云申请一台有独立公网 IP 地址的云服务器，接着架设 PHP+MySQL 服务器（具体方法见前面的相关内容），并安装安全套接字层（Secure Socket Layer，SSL）证书，绑定独立的域名，然后到工信部备案，备案通过后就可以开通服务器了。

图 10-4　华为云

注意，在国内架设好网站并绑定域名，外网不一定能访问，云服务器商往往把相应的端口禁用了，需要备案通过后才会开放。另外，云服务器商往往还安装有防火墙，需要手动开启相关端口，外网才可以正常访问服务器。

申请 SSL 证书时不要选择“WoSign CA Free SSL/StartCom”证书，这是因为：Chrome 56 开始停止信任 2016 年 10 月 21 日后签发的“WoSign CA Free SSL/StartCom”证书；Chrome 57 进一步扩大限制范围，Alexa 排名 100 万外的网站都不能使用“WoSign CA Free SSL/StartCom”证书，无论证书何时签发。

10.2.3　安装微信开发者工具

使用浏览器访问图 10-5 所示的页面，根据各自具体的操作系统选择不同的版本，这里选择“稳定版 Stable Build(1.06.2208010)”中的“Windows 64”，单击其链接即可下载。

双击刚刚下载的文件“wechat_devtools_1.06.2208010_win32_x64.exe”，在弹出的窗口中单击“下一步”按钮，随后选择“我接受”，进入安装位置的选择，选择默认后单击“安装”按钮开始安装，等待几分钟后，弹出完成安装的提示，单击“完成”按钮，默认会运行微信开发者工具，当然也可以取消默认运行而后自行运行。

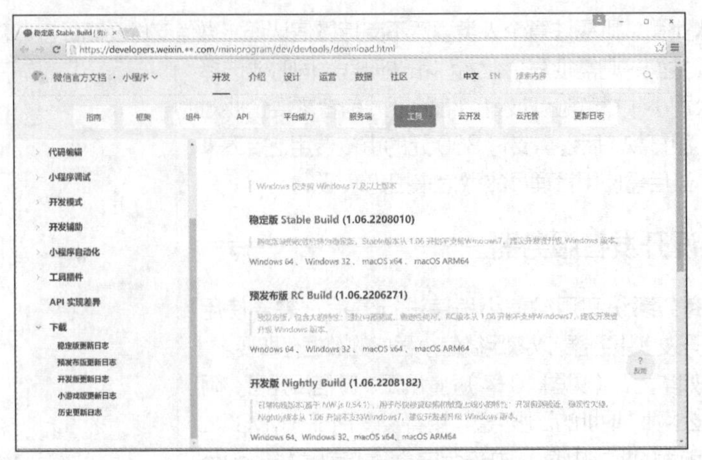

图 10-5　微信开发者工具下载

第一次运行微信开发者工具需要用手机微信扫描二维码登录，如图 10-6 所示。这说明微信小程序的开发是实名的。

使用手机微信扫描二维码，显示“扫描成功”，如图 10-7 所示。在手机上点击“确认登录”按钮即可成功登录，登录成功后默认界面如图 10-8 所示。

图 10-6　微信开发者工具登录二维码

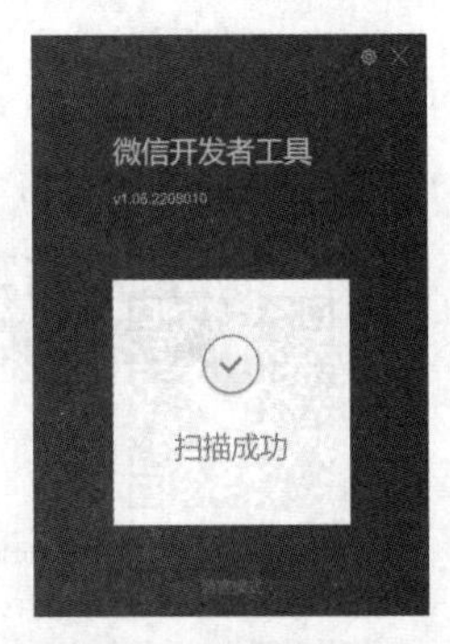

图 10-7　使用手机微信扫码成功提示

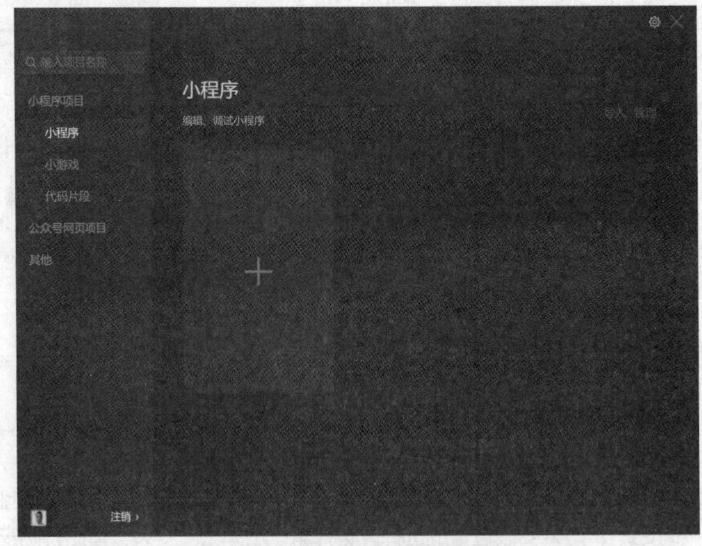

图 10-8　微信开发者工具默认界面

10.2.4 第一个微信小程序

单击图 10-8 中的加号，创建小程序，如图 10-9 所示。在“目录”文本框中选择一个新建的目录，如“D:\PHP\ch10\wxmp01”，此时“项目名称”默认变为“wxmp01”，也可以自行修改项目名称。在“AppID”中需输入开发者的 AppID，为了实训方便，单击右边的“测试号”链接即可。(注意，测试号在创建小程序应用时随机生成，不需要注册，且只能用于初期学习使用，和测试号关联的小程序不能发布，也不能使用云开发功能。)“开发模式”保持默认的“小程序”，“后端服务”选择“不使用云服务”，“模板选择”选中“JavaScript-基础模板”。最后单击“确定”按钮。

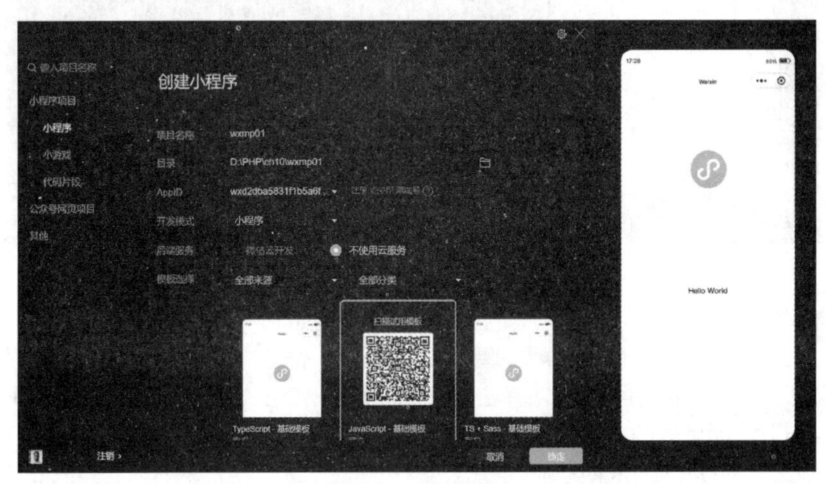

图 10-9 创建小程序

创建小程序成功后的界面如图 10-10 所示，窗口左上角显示的头像是登录微信开发者工具的用户微信头像，窗口左侧显示小程序的预览效果，右侧显示项目架构。

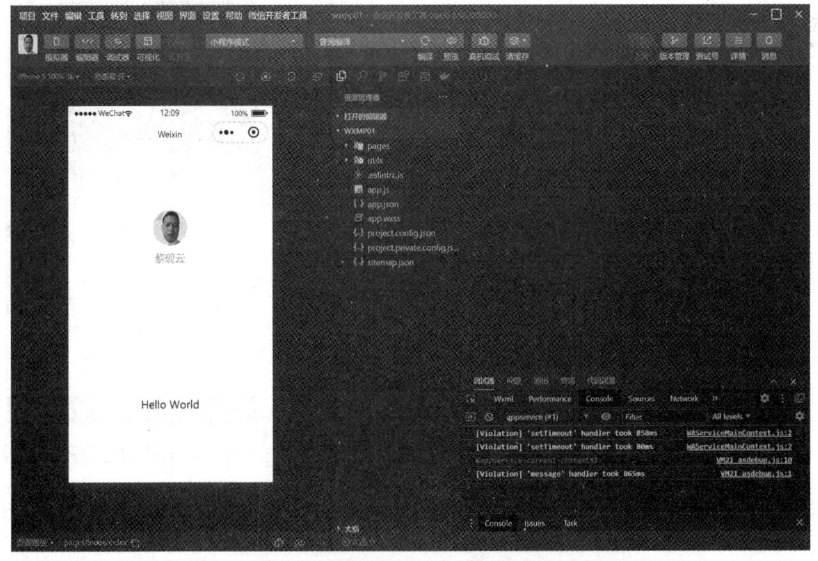

图 10-10 创建小程序成功后的界面

大部分功能在 PC 上预览效果即可，若要在手机上预览效果，则应先确认手机微信正在前台运行，然后在工具栏中单击“预览”后，依次点击“自动预览”“启动手机端自动预览”“编译并预览”，如图 10-11 所示，这时手机上就会出现预览效果了。

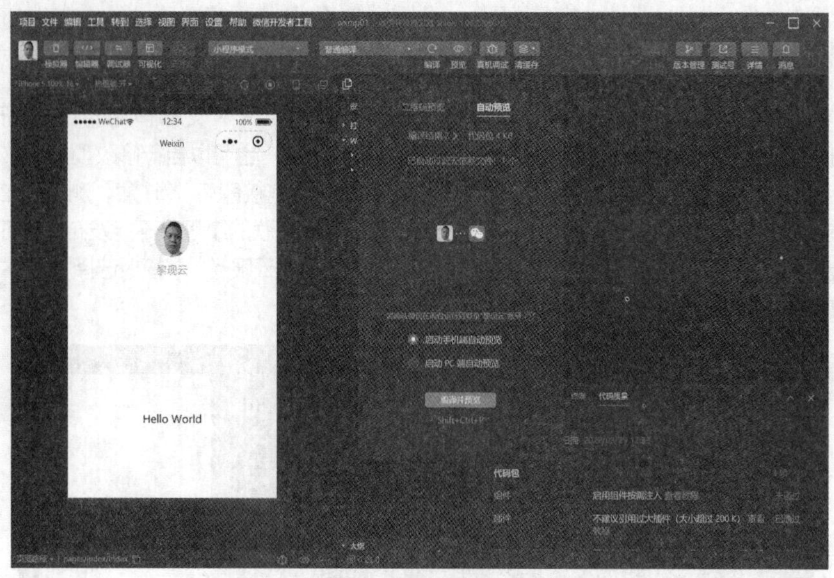

图 10-11　项目预览

手机预览效果如图 10-12 所示。为了方便后续开发和测试，如 API 访问等，需要将手机切换到调试模式。点击图 10-12 中的 •●• 图标，出现的界面如图 10-13 所示，点击“开发调试”，在随后的界面中点击“打开调试”，手机窗口将自动关闭。回到 PC，单击“编译并预览”按钮，手机上即可再次显示项目的运行效果，这时其显示界面右下角显示“vConsole”，表示处于调试模式。可以点击显示界面右上角的 •●• 图标，点击“开发调试”后点击“关闭调试”来关闭调试模式。

图 10-12　手机预览效果

图 10-13　在手机上打开调试模式

可以在“最近使用的小程序”中找到正在开发的小程序，一般名称以“wxid_...”开头的小程序即我们正在开发的小程序。

10.3 微信小程序开发基础

微信小程序有特定的目录结构、特定的运行环境，以及特定的页面构成规则等，我们在开发前需要了解、深入掌握。

10.3.1 微信小程序目录结构

微信小程序包含一个描述整体程序的 App 和多个描述各自页面的 Page，例如，第一个微信小程序的目录结构如图 10-14 所示。

微信小程序主体部分由 3 个文件组成，必须放在项目的根目录，如表 10-1 所示。

表 10-1 微信小程序主体部分

文件	是否必需	作用
app.js	是	小程序逻辑
app.json	是	小程序公共配置
app.wxss	否	小程序公共样式表

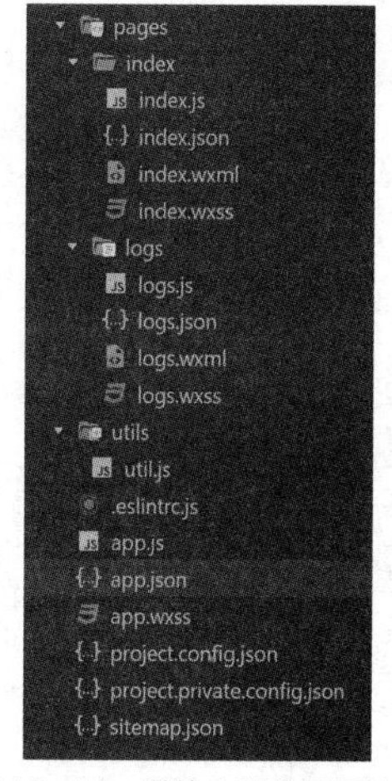

图 10-14 微信小程序目录结构

另外，项目根目录下还有项目配置文件 project.config.json、项目私有配置文件 project.private.config.json、页面收录设置文件 sitemap.json。

一个微信小程序页面由 4 个文件组成，如表 10-2 所示，它们一般放在目录“pages”中以页面名字命名的文件夹中，例如，第一个微信小程序的 index 页面放在目录“pages/index”中。

表 10-2 微信小程序页面构成

文件	是否必需	作用
js	是	页面逻辑
wxml	是	页面结构，相当于 HTML
json	否	页面配置
wxss	否	页面样式表，相当于 CSS

10.3.2 微信小程序页面构成

微信小程序页面由 4 个文件构成，分别是页面逻辑文件 index.js、页面配置文件 index.json、页面结构文件 index.wxml 和页面样式文件 index.wxss。以第一个微信小程序为例，来看一看相关文件的内容。

1. 页面逻辑文件 index.js

页面逻辑文件 index.js 的内容如下，它与普通网页中的 JS 文件还是有较大差别的。

```
//index.js
//获取应用实例
const app = getApp()

Page({
  data: {
    motto: 'Hello World',
    userInfo: {},
    hasUserInfo: false,
    canIUse: wx.canIUse('button.open-type.getUserInfo'),
    canIUseGetUserProfile: false,
    canIUseOpenData: wx.canIUse('open-data.type.userAvatarUrl') && wx.canIUse('open-data.type.user
NickName')      //如需尝试获取用户信息，则可改为 false
```

```
  },
  //事件处理函数
  bindViewTap() {
    wx.navigateTo({
      url: '../logs/logs'
    })
  },
  onLoad() {
    if (wx.getUserProfile) {
      this.setData({
        canIUseGetUserProfile: true
      })
    }
  },
  getUserProfile(e) {
    //推荐使用 wx.getUserProfile()获取用户信息
    wx.getUserProfile({
      desc: '展示用户信息', //声明获取用户个人信息后的用途
      success: (res) => {
        console.log(res)
        this.setData({
          userInfo: res.userInfo,
          hasUserInfo: true
        })
      }
    })
  },
  getUserInfo(e) {
    //不推荐使用 getUserInfo()获取用户信息
    console.log(e)
    this.setData({
      userInfo: e.detail.userInfo,
      hasUserInfo: true
    })
  }
})
```

2. 页面配置文件 index.json

页面配置文件 index.json 的内容如下，它通常用来定义页面的相关配置，如背景颜色、文字颜色等。

```
{
  "usingComponents": {}
}
```

3. 页面结构文件 index.wxml

页面结构文件 index.wxml 的内容如下，它的结构类似于 HTML，但不可以操作 DOM；它有大量的<view>标签，相当于普通网页中的<div>标签。另外，还有<input>、<button>、<radio>、<checkbox>等标签也是网页开发中常用的。

```
<!--index.wxml-->
<view class="container">
  <view class="userinfo">
```

```
        <block wx:if="{{canIUseOpenData}}">
          <view class="userinfo-avatar" bindtap="bindViewTap">
            <open-data type="userAvatarUrl"></open-data>
          </view>
          <open-data type="userNickName"></open-data>
        </block>
        <block wx:elif="{{!hasUserInfo}}">
          <button wx:if="{{canIUseGetUserProfile}}" bindtap="getUserProfile"> 获取头像昵称 </button>
          <button wx:elif="{{canIUse}}" open-type="getUserInfo" bindgetuserinfo="getUserInfo"> 获取头像昵称
</button>
          <view wx:else> 请使用 1.4.4 及以上版本基础库 </view>
        </block>
        <block wx:else>
          <image bindtap="bindViewTap" class="userinfo-avatar" src="{{userInfo.avatarUrl}}"
mode="cover"></image>
          <text class="userinfo-nickname">{{userInfo.nickName}}</text>
        </block>
      </view>
      <view class="usermotto">
        <text class="user-motto">{{motto}}</text>
      </view>
    </view>
```

不过，小程序标签语言（Weixin Markup Language，WXML）语法与 HTML 语法终究还是有一些不一样的，如表 10-3 所示。

表 10-3　WXML 语法与 HTML 语法对照表

WXML 语法	HTML 语法
<view></view>	<div></div>
<text></text>	<h1>~<h6>、<p>、<span>
<input />	<input type="text" />
<checkbox />	<input type="checkbox" />
<radio />	<input type="radio" />
<view bindtap="changeImage"></view>	<input type="file" />
<picker range="{{area}}"> <view>{{area[index]}}</view> </picker>	<select> <option></option> <option></option> </select>
<navigator url="#" redirect></navigator>	<a href="#"></a>
<image mode="aspectFill" src="" />	<img src="">
<icon></icon>	<i class="icon"></i>

4. 页面样式文件 index.wxss

页面样式文件 index.wxss 的内容如下，它与普通网页中的 CSS 基本类似。

```
/**index.wxss**/
.userinfo {
  display: flex;
  flex-direction: column;
```

```
    align-items: center;
    color: #aaa;
}

.userinfo-avatar {
    overflow: hidden;
    width: 128rpx;
    height: 128rpx;
    margin: 20rpx;
    border-radius: 50%;
}

.usermotto {
    margin-top: 200px;
}
```

10.3.3 微信小程序运行环境

微信小程序可以运行在多种平台上：iOS/iPadOS 微信客户端、Android 微信客户端、HarmonyOS 微信客户端、Windows 微信客户端、macOS 微信客户端、微信小程序硬件框架和用于调试的微信开发者工具等。

在不同运行环境下，脚本执行环境以及用于组件渲染的环境是不同的，性能也略有差异，具体如下。

（1）在 iOS、iPadOS 和 macOS 上，微信小程序逻辑层的 JavaScript 代码运行在 JavaScriptCore 中，视图层是由 WKWebView 来渲染的，运行环境有 iOS 14、iPad OS 14、macOS 11.4 等。

（2）在 HarmonyOS/Android 上，微信小程序逻辑层的 JavaScript 代码运行在 V8 中，视图层是由基于 Mobile Chromium 内核的微信自研 XWeb 引擎来渲染的。

（3）在 Windows 上，微信小程序逻辑层的 JavaScript 代码和视图层都是由 Chromium 内核来渲染的。

（4）在微信开发者工具上，微信小程序逻辑层的 JavaScript 代码运行在 NW.js 中，视图层是由 Chromium Webview 来渲染的。

注意，JavaScriptCore 无法开启 JIT 编译，同等条件下的性能要明显低于其他平台。

微信小程序尽管在各个平台上的运行环境十分相似，但还是有一些区别。

（1）JavaScript 语法和 API 支持不一致：可以通过开启 ES6 转 ES5 的功能来规避，此外微信小程序基础库内置了必要的 JS 库 Polyfill 来弥补 API 的差异。

（2）微信样式语言（WeiXin Style Sheets，WXSS）渲染表现不一致：可以通过开启样式补全来规避大部分问题，并且在各平台端分别检查微信小程序的真实表现。

10.3.4 微信小程序全局配置

微信小程序全局配置文件是 app.json，它包括微信小程序所有页面路径、界面表现、网络超时时间、底部标签等，它的内容为一个 JSON 对象。例如，第一个微信小程序的全局配置文件的代码如下。

```
{
  "pages":[
    "pages/index/index",
    "pages/logs/logs"
  ],
  "window":{
    "backgroundTextStyle":"light",
    "navigationBarBackgroundColor": "#fff",
```

```
        "navigationBarTitleText": "Weixin",
        "navigationBarTextStyle":"black"
    },
    "style": "v2",
    "sitemapLocation": "sitemap.json"
}
```

具体说明如下。

（1）pages 字段注册当前微信小程序的所有页面，第一个页面是当前微信小程序的默认页面。

（2）window 字段定义当前微信小程序所有页面的顶部背景颜色、文字内容、文字颜色。

（3）style 字段的值为“v2”，表示启用新版的组件样式。

（4）sitemapLocation 字段指明页面收录设置文件“sitemap.json”的位置，默认为“sitemap.json”即在“app.json”同级目录下名字为“sitemap.json”的文件。

10.3.5 微信小程序新建页面

微信小程序新建页面的步骤如下。

（1）打开第一个微信小程序或直接创建一个新的项目。

（2）在目录树中选择“pages”文件夹并单击鼠标右键，在弹出的快捷菜单中选择“新建文件夹”命令，如图 10-15 所示。输入文件夹名称“p”。

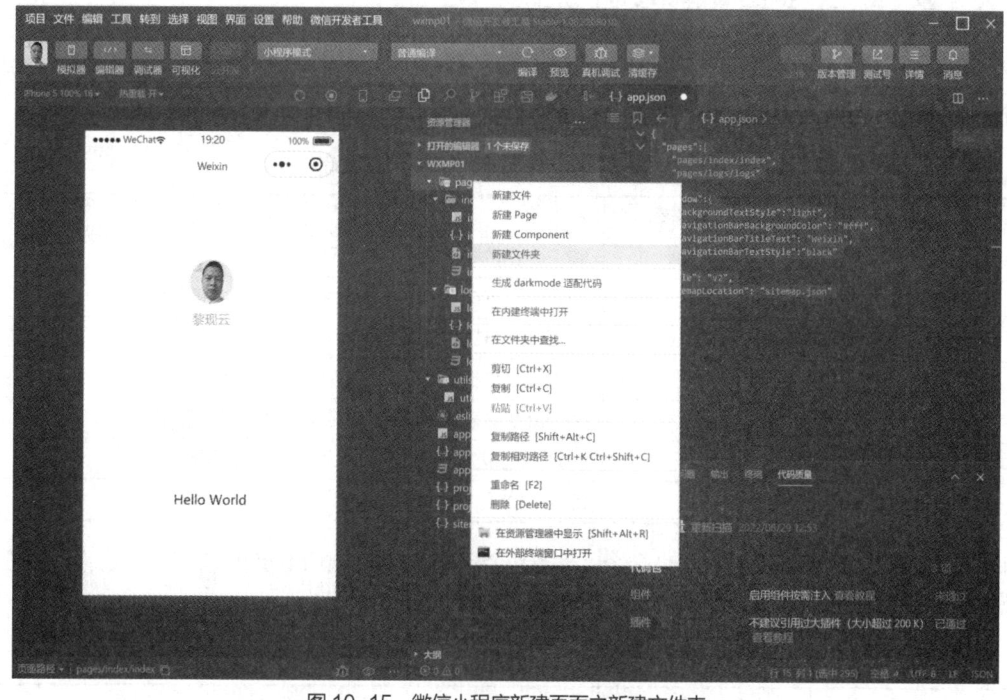

图 10-15 微信小程序新建页面之新建文件夹

（3）在目录树中选择“p”文件夹并单击鼠标右键，在弹出的快捷菜单中选择“新建 Page”命令，如图 10-16 所示。输入页面名称“p”，页面名称通常和文件夹的名称相同（不是必须）。

在“p”文件夹下将自动生成 4 个文件，分别为“p.js”“p.json”“p.wxml”“p.wxss”。

使用同样的方法可以建立页面 show、goods、shopping、myorder。按“Ctrl+S”组合键保存所有文件，微信小程序会自动运行，若要删除页面，则先要删除页面文件夹，再删除页面的注册代码。

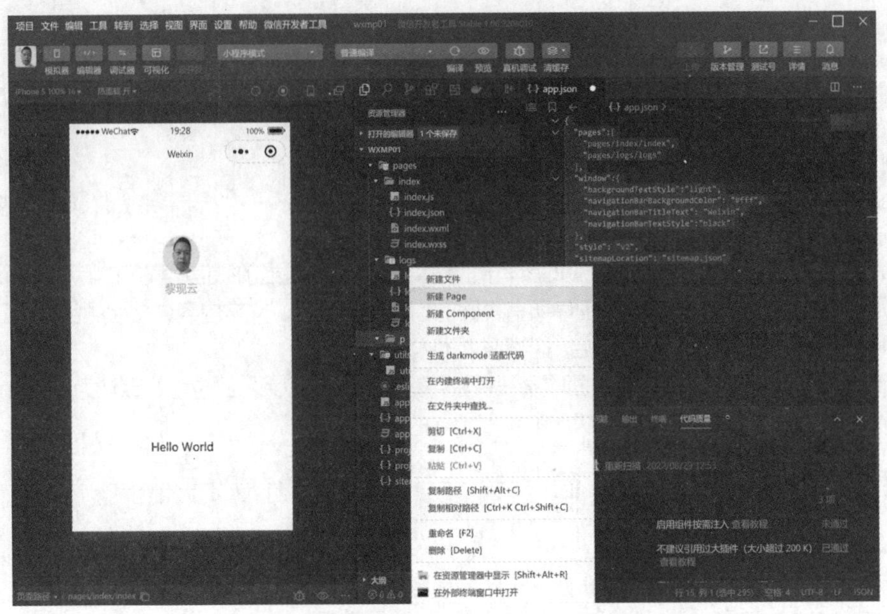

图 10-16　微信小程序新建页面之新建 Page

10.3.6　微信小程序导航栏设计

微信小程序导航栏实际上是一个多标签应用，可以通过 tabBar 配置项指定导航栏的表现形式，以及切换标签时显示的对应页面。微信小程序 tabBar 配置项如表 10-4 所示。

表 10-4　微信小程序 tabBar 配置项

属性	是否必填	描述
color	是	tabBar 上的文字默认颜色，仅支持十六进制颜色
selectedColor	是	tabBar 上的文字选中时的颜色，仅支持十六进制颜色
backgroundColor	是	tabBar 的背景色，仅支持十六进制颜色
borderStyle	否	tabBar 上边框的颜色，仅支持 black/white（黑色/白色）
list	是	tabBar 的列表，最少 2 个，最多 5 个 tab（导航栏）
position	否	tabBar 的位置，仅支持 bottom/top（底部/顶部）
custom	否	自定义 tabBar

list 可以接收一个数组，需配置最少 2 个，最多 5 个标签，标签的顺序与数组的顺序一致，数组中的每个项都是一个对象。微信小程序 tabBar 配置项 list 属性如表 10-5 所示。

表 10-5　微信小程序 tabBar 配置项 list 属性

属性	是否必填	描述
pagePath	是	页面路径，必须先在 pages 中定义
text	是	导航栏上按钮的文字
iconPath	否	图片路径，icon 大小限制为 40KB，建议尺寸为 81×81px，不支持网络图片。当 position 为 top 时，不显示 icon
selectedIconPath	否	选中时的图片路径，icon 大小限制为 40KB，建议尺寸为 81×81px，不支持网络图片。当 position 为 top 时，不显示 icon

将一个微信小程序的 index 页面放在目录“pages/index”中。

可按如下步骤设置第一个微信小程序底部导航栏。

（1）将按钮图片文件复制到文件夹“wxmp01/images”下。

（2）修改 app.json 文件，在代码“"style": "v2"”之前输入如下代码，设置底部导航栏。

```
"tabBar": {
    "position":"bottom",
    "borderStyle": "white",
    "list": [
      {
        "pagePath": "pages/index/index",
        "text": "首页",
        "iconPath": "images/home.png",
        "selectedIconPath": "images/home1.png"
      },
      {
        "pagePath": "pages/shopping/shopping",
        "text": "购物车",
        "iconPath": "images/car.png",
        "selectedIconPath": "images/car1.png"
      },
      {
        "pagePath": "pages/myorder/myorder",
        "text": "我的",
        "iconPath": "images/my.jpg",
        "selectedIconPath": "images/my1.jpg"
      }
    ]
  },
```

（3）保存文件，底部导航栏运行结果如图 10-17 所示。注意，可观察到底部有 3 个标签，选中“首页”标签将显示“index”对应的内容，选中“购物车”标签将显示“shopping”对应的内容，选中“我的”标签将显示“myorder”对应的内容，并可观察到图标的变化。

图 10-17　微信小程序导航栏设计

10.3.7　微信小程序常用 API

微信小程序开发框架提供了丰富的原生 API，可方便地调用微信提供的功能，如获取用户信息、支付、本地存储等。

微信小程序 API 一般有如下 4 种类型。

（1）事件监听 API

事件监听 API 是以 on 开头的 API，用来监听某个事件是否触发，如 wx.onSocketOpen、wx.onCompassChange 等，它们接收一个回调函数作为参数，当事件触发时会调用这个回调函数，并将相关数据以参数形式传入。

（2）同步 API

同步 API 是以 Sync 结尾的 API，如 wx.setStorageSync、wx.getSystemInfoSync 等，它们的运行结果可以直接通过函数返回值获取，若出错则抛出异常。

（3）异步 API

大多数 API 是异步 API，如 wx.request、wx.login 等，它们通常接收一个对象类型的参数。

（4）界面交互 API

界面交互 API 用于实现一些简单的人机交互界面，包括模态对话框 wx.showModal、loading 提示框 wx.showLoading、消息提示框 wx.showToast、动态设置当前页面的标题 wx.setNavigationBarTitle、操作菜单 wx.showActionSheet、为 tabBar 某一项右上角添加文本 wx.setTabBarBadge、显示 tabBar 某一项右上角红点 wx.showTabBarRedDot、相册选择图片或相机拍照 wx.chooseImage、扫码 wx.scanCode 等，它们通常接收一个对象作为参数。

【例 1】实现常用地图操作的功能。

（1）打开前面修改过的第一个微信小程序项目。

（2）将文件 p.wxml 的代码修改为如下代码并保存。

```
<map id="myMap" longitude="106.670747" latitude="29.556237" scale="14" controls="{{controls}}" bindcontroltap="controltap" markers="{{markers}}" bindmarkertap="markertap" polyline="{{polyline}}" bindregionchange="regionchange" show-location style="width: 100%; height: 300px;"></map>
<view>
  <button bindtap="chooseLocation">选择当前位置</button>
</view>
<view>
  <button bindtap="getLocation">获取当前位置</button>
</view>
<view>
  <button bindtap="includePoints">缩放地图</button>
</view>
<view>
  <button bindtap="moveToLocation">移到当前位置</button>
</view>
```

（3）将文件 p.wxss 的代码修改为如下代码并保存。

```
view {
    padding: 5px;
}
```

（4）将文件 p.js 中“data:”和“onReady:”之间的代码修改为如下代码并保存。

```
data: {
 markers: [{
   iconPath: '/images/b3.jpg',
   id: 0,
   latitude: 29.556237,
   longitude: 106.670747,
   width: 22,
   height: 21
 }],
 polyline: [{
   points: [{
      longitude: 106.670747,
      latitude: 29.556237
```

```
    }, {
        longitude: 106.670747,
        latitude: 29.556237
    }],
    color: '#FF0000DD',
    width: 2,
    dottedLine: true
}],
controls: [{
    id: 1,
    iconPath: '/images/b2.jpg',
    position: {
        left: 0,
        top: 300 - 50,
        width: 22,
        height: 21
    },
    clickable: true
}]
  },
  regionchange(e) {
console.log(e.type)
  },
  markertap(e) {
console.log(e.markerId)
  },
  controltap(e) {
console.log(e.controlId)
  },
  chooseLocation: function () {
var _this = this;
wx.chooseLocation({
  success: function (res) {
      console.log(res)
  },
  complete(r) {
      console.log(r)
  }
})
  },
  getLocation: function () {
wx.getLocation({
  type: 'gcj02', //wgs84 返回 GPS 坐标，gcj02 返回可用于 wx.openLocation 的坐标
  success(res) {
      const latitude = res.latitude
      const longitude = res.longitude
      const speed = res.speed
      const accuracy = res.accuracy
      wx.openLocation({
```

```
            latitude,
            longitude,
            scale: 18
          })
        }
      })
    },
   /**
    * 生命周期函数——监听页面加载
    */
   onLoad(options) {

   },

   /**
    * 生命周期函数——监听页面初次渲染完成
    */
   onReady: function () {
    this.mapCtx = wx.createMapContext('myMap')
    },
    moveToLocation: function () {
    this.mapCtx.moveToLocation()
    },
    includePoints: function () {
    this.mapCtx.includePoints({
      padding: [10],
      points: [{
          latitude: 29.556237,
          longitude: 106.670747,
      }, {
          latitude: 29.556237,
          longitude: 106.670747,
      }]
    })
    },
```

（5）将文件 app.json 中“"tabBar":”的代码修改为如下代码并保存。

```
 "permission": {
  "scope.userLocation": {
        "desc": "你的位置信息将用于小程序位置接口的效果展示"
  }
 },
 "tabBar": {
  "position": "bottom",
  "borderStyle": "white",
  "list": [
        {
              "pagePath": "pages/index/index",
              "text": "首页",
```

```
            "iconPath": "images/home.png",
            "selectedIconPath": "images/home1.png"
        },
        {
            "pagePath": "pages/show/show",
            "text": "最新产品",
            "iconPath": "images/b3.jpg",
            "selectedIconPath": "images/b3s.jpg"
        },
        {
            "pagePath": "pages/p/p",
            "text": "常用地图",
            "iconPath": "images/b2.jpg",
            "selectedIconPath": "images/b2s.jpg"
        },
        {
            "pagePath": "pages/shopping/shopping",
            "text": "购物车",
            "iconPath": "images/car.png",
            "selectedIconPath": "images/car1.png"
        },
        {
            "pagePath": "pages/myorder/myorder",
            "text": "我的",
            "iconPath": "images/my.jpg",
            "selectedIconPath": "images/my1.jpg"
        }
    ]
},
```

（6）依次点击“预览”“自动预览”“启动手机端自动预览”“编译并预览”，若手机微信是在当前窗口，则自动展示项目窗口，这里点击“常用地图”，如图 10-18 所示。读者可点击其他按钮，自行观察运行结果。

图 10-18　微信小程序常用地图操作

10.3.8　部署 PHP+MySQL 设计的后台 API

自行部署后台 API 最重要的是将输出的信息进行 JSON 编码。

JS 对象简谱（JavaScript Object Notation，JSON）是一种轻量级的数据交换格式。它基于 ECMAScript 的一个子集，采用完全独立于编程语言的文本格式来存储和表示数据。它的层次结构简洁、清晰，因此成为理想的数据交换语言。它易于人阅读和编写，同时易于机器解析和生成，并可有效提升网络传输效率。

JSON 是道格拉斯·克罗克福德（Douglas Crockford）在 2001 年开始推广使用的数据交换格式，在 2006 年正式成为主流的数据交换格式。

JSON 是一个标记符的序列，是一个序列化的对象或数组。

在 PHP 中可以使用函数 json_encode()进行 JSON 编码，使用函数 json_decode()进行 JSON 解码。

【例 2】部署和使用商品信息 API。

（1）打开前面修改过的第一个微信小程序项目。

（2）新建文件“D:\PHP\ch10\product.php”，编写如下代码并保存。

```
<?php
define('ROOT', realpath('../ch09/'));
require(ROOT."/user_session.php");                //包含头文件
require(ROOT."/common.inc.php");
require(ROOT."/mysql.php");                       //连接到 MySQL 服务器
header("Content-type:text/html;charset=utf-8");   //设置编码格式
if(empty($_REQUEST["text"]))
  $text="在线商城";
else
  $text=$_REQUEST["text"];
if(empty($_REQUEST["field_name"]))
  $field_name="在线商城";
else
  $field_name=$_REQUEST["field_name"];
if(!empty($_REQUEST["cur_page"]))
  $cur_page=$_REQUEST["cur_page"];
if(!empty($_POST["key_words"]))
  $key_words=$_POST["key_words"];
include_once(ROOT."/shop/fun.shop.php");          //网站前台主函数
include_once(ROOT."/fun.php");
function businessfun1($field_name,$text)
{       //重写特价产品、产品信息及产品分类信息显示模块
global $link;
global $tb_prefixion;
global $key_words;
global $cur_page;
global $field_name_str;
global $shopping_name;
global $updir;
include(ROOT."/main_page_name.php");
include(ROOT."/charset.php");
$records_per_page = 4;                            //显示的记录数目
$selected="key_goods,goods_code,goods_name,breaf_desc,formerly_price,current_price,goods_symbol";
$order_by="goods_code ASC".(empty($_GET["allflag"])?" limit 0,".(empty($_GET["prenum"])?$records_
per_page:(int)$_GET["prenum"]):"");               //定义商品显示顺序
if(isset($field_name) && ($field_name!=$shopping_name) && ($field_name!="特价产品") &&
($field_name!="商品搜索"))
  {   //判断当前状况
   $field_name_str="class_name='$field_name'";
   get_all_sub_class_name_while($field_name);
   $query = "select $selected from ".$tb_prefixion."goods where $field_name_str ORDER BY $order_by";
  }
else if(isset($key_words) && ($key_words!=""))
   $query = "select $selected from ".$tb_prefixion."goods where goods_code like '%$key_words%' or
goods_name like '%$key_words%' or speciality like '%$key_words%' or class_name like '%$key_words%' or
breaf_desc like '%$key_words%' ORDER BY $order_by";
else if(isset($field_name) && ($field_name=="特价产品"))
```

```
        $query = "select $selected from ".$tb_prefixion."goods where special_tag='1' ORDER BY $order_by";
    else if(isset($field_name) && ($field_name==$shopping_name))
        $query = "select $selected from ".$tb_prefixion."goods ORDER BY $order_by";
    else
        return array();                          //非以上情况，不可能出现
    $result = mysqli_query($link,$query);        //得到查询结果
    $num = mysqli_num_rows($result);
    if($num==0)
        return array();                          //如果结果为 0，则直接返回
    else
        return mysqli_fetch_all($result,MYSQLI_ASSOC);
    }
    $show_content=businessfun1($field_name,$text);
    echo json_encode($show_content,JSON_UNESCAPED_UNICODE);
    ?>
```

（3）在浏览器中访问“http://localhost/ch10/product.php”，其结果如下。

[{"key_goods":"1","goods_code":"LY001","goods_name":"西昌四日游","breaf_desc":"主要游览西昌卫星发射中心、邛海和螺髻山以及特色火盆烧烤","formerly_price":"1000","current_price":"800","goods_symbol":"20220818132906t2j1pa.jpg"},{"key_goods":"2","goods_code":"LY002","goods_name":"西昌三日游","breaf_desc":"主要游览西昌卫星发射中心、邛海和螺髻山","formerly_price":"800","current_price":"700","goods_symbol":"20220818132803t2j1pa.jpg"},{"key_goods":"3","goods_code":"LY003","goods_name":"西昌二日游","breaf_desc":"主要游览西昌卫星发射中心和邛海","formerly_price":"550","current_price":"500","goods_symbol":"20220818132710t2j1pa.jpg"},{"key_goods":"4","goods_code":"LY004","goods_name":"西昌一日游","breaf_desc":"主要游览西昌卫星发射中心","formerly_price":"300","current_price":"280","goods_symbol":"20220818132254t2j1pa.jpg"}]

（4）在浏览器中访问“http://localhost/ch10/product.php?field_name=特价产品”，其结果如下。

[{"key_goods":"5","goods_code":"TJ001","goods_name":"大足石刻一日游","breaf_desc":"游览大足石刻的精华：宝顶山石刻和北山石刻","formerly_price":"450","current_price":"330","goods_symbol":"20220818125640t2j1pa.jpg"}]

（5）将文件 app.js 中“globalData”部分的代码修改为如下代码并保存。

```
  globalData: {
    userInfo: null,
    apiurl: 'http://localhost/'
  }
```

（6）将文件 show.js 中“data:”和“onLoad:”部分的代码修改为如下代码并保存。

```
data: {
    imgroot: getApp().globalData.apiurl + 'ch09/down/',
    show: [],
    elec: [],
    spec: []
},
loadShow: function () {
    var _self = this;
    wx.request({
      url: getApp().globalData.apiurl + 'ch10/product.php',
      method: "GET",
      header: {
        "Context-Type": "json"
      },
      success: function (res) {
```

```
            _self.setData({ show: res.data })
          }
        })
      },
      loadElec: function () {
        var _self = this;
        wx.request({
          url: getApp().globalData.apiurl + 'ch10/product.php?field_name=电子产品',
          method: "GET",
          header: {
            "Context-Type": "json"
          },
          success: function (res) {
            _self.setData({ elec: res.data })
          }
        })
      },
      loadSpec: function () {
        var _self = this;
        wx.request({
          url: getApp().globalData.apiurl + 'ch10/product.php?field_name=特价产品',
          method: "GET",
          header: {
            "Context-Type": "json"
          },
          success: function (res) {
            _self.setData({ spec: res.data })
          }
        })
      },
      addShopping: function (e) {
      var _self = this;
        wx.request({
          url: getApp().globalData.apiurl + 'ch10/shopping.php',
          method: 'POST',
          data: {
            goods_num: e.currentTarget.dataset.num,
            key: e.currentTarget.dataset.key
          },
          header: {
            'content-type': 'application/x-www-form-urlencoded'
          },
          success: function (res) {
            wx.showToast({
              title: res.data.status,
              duration: 2000
            });
            wx.reLaunch({
              url: '../shopping/shopping',
```

```
            })
        }
      })
    },

  /**
   * 生命周期函数——监听页面加载
   */
  onLoad: function (options) {
      this.loadShow();
      this.loadElec();
      this.loadSpec();
    },
```

（7）将文件 show.wxml 的代码修改为如下代码并保存。

```
  <view wx:for="{{show}}" wx:key='index'>
  <view style="display:flex;margin:5px">
  <view style="width:100px;height:auto">
      <image style="height:100%;width:100%" src="{{imgroot + item.goods_symbol}}"></image>
  </view>
  <view style="flex:1;margin:5px">
      <navigator url="../info/info?key={{item.key_goods}}">
      <view>{{item.goods_name}}</view>
      <view>{{item.breaf_desc}}</view>
      <view class="del">￥{{item.formerly_price}}</view>
      <view class="red">￥{{item.current_price}}</view></navigator>
      <view><button  data-key="{{item.key_goods}}"  data-num="1"  bindtap="addShopping">加入购物车
</button></view>
  </view>
  </view>
  </view>
  <view class="title">电子产品 >></view>
  <view wx:for="{{elec}}" wx:key='index'>
  <view style="display:flex;margin:5px">
  <view style="width:100px;height:auto">
      <image style="height:100%;width:100%" src="{{imgroot + item.goods_symbol}}"></image>
  </view>
  <view style="flex:1;margin:5px">
      <navigator url="../info/info?key={{item.key_goods}}">
      <view>{{item.goods_name}}</view>
      <view>{{item.breaf_desc}}</view>
      <view class="del">￥{{item.formerly_price}}</view>
      <view class="red">￥{{item.current_price}}</view></navigator>
      <view><button  data-key="{{item.key_goods}}"  data-num="1"  bindtap="addShopping">加入购物车
</button></view>
  </view>
  </view>
  </view>
  <view class="title">特价产品 >></view>
```

```
    <view wx:for="{{spec}}" wx:key='index'>
    <view style="display:flex;margin:5px">
    <view style="width:100px;height:auto">
        <image style="height:100%;width:100%" src="{{imgroot + item.goods_symbol}}"></image>
    </view>
    <view style="flex:1;margin:5px">
        <navigator url="../info/info?key={{item.key_goods}}">
        <view>{{item.goods_name}}</view>
        <view>{{item.breaf_desc}}</view>
        <view class="del">￥{{item.formerly_price}}</view>
        <view class="red">￥{{item.current_price}}</view></navigator>
        <view><button  data-key="{{item.key_goods}}"  data-num="1"  bindtap="addShopping">加入购物车
</button></view>
    </view>
    </view>
    </view>
```

（8）在文件 app.wxss 的最后添加如下代码并保存。

```
    .title{
        padding-left: 5px;
    }
    .del{
        text-decoration:line-through;/*删除线*/
        float: left;
        padding-right: 20rpx;
    }
    .red{
        color: #f00;
    }
```

（9）运行微信小程序，并切换到“最新产品”，可以看到图 10-20 所示的效果。

注意，要在手机端也能正常查看微信小程序中的产品图片，需要把 app.js 中 apiurl 主机名“localhost”换成手机可直接访问的内网 IP 地址，如 192.168.3.87，可以借助 IP 地址相关命令查询并获得主机 IP 地址。

微信开发者工具中有“模拟器”“编辑器”“调试器”，它们默认是打开的，也可以关闭。调试器功能强大，可以查看当前页面运行时生成的 WXML 和 Consol。若当前页面调用了 API，则可以切换到“Network”选项卡，选中某个 API，可以查看它的“Headers”“Preview”“Response”“Cookies”等信息，充分利用这些工具即可完成程序调试。另外还有“真机调试”，可以查看手机调试的信息，它与调试器类似，也是很好的辅助工具。

10.3.9 微信小程序发布

微信小程序一般可分为开发版、体验版、审核版、正式版。

微信小程序在发布前需要进行充分的用户体验测试并完善体验，最后还要做如下检查。

（1）若微信小程序使用 Flex 布局，并且想兼容 iOS 8 以下的系统，则需要检查上传微信小程序包时开发者工具是否已经开启“上传代码时样式自动补全”。

（2）微信小程序使用的服务器接口应该为超文本传输安全协议（HyperText Transfer Protocol Secure，HTTPS），并且对应的网络域名确保已经在微信小程序管理平台配置好。

（3）在测试阶段不要打开微信小程序的调试模式进行测试，因为在调试模式下，微信不会校验域名合法性，容易导致开发者误以为测试通过，导致正式版微信小程序因为遇到非法域名而无法正常工作。

（4）发布前检查微信小程序使用到的网络接口已经部署好，并且评估好服务器的机器负载情况。

可以利用调试器中的“Audits”进行体验评分，据此进行改进与完善。

当体验版微信小程序进行充分检查和测试后达到发布状态时，项目管理者可以在微信小程序管理平台进行提交审核的操作，提交审核后，微信审核团队会根据相关的运营规范进行提审微信小程序的审核。审核通过之后，项目管理者可以随时发布自己的微信小程序。

微信小程序提供了两种发布模式：全量发布和分阶段发布。全量发布是指发布微信小程序之后，所有用户访问微信小程序时都会使用当前最新的发布版本。分阶段发布是指分不同时间段来控制部分用户使用最新的发布版本。分阶段发布也称为灰度发布。一般来说，普通微信小程序发布时采用全量发布即可；当微信小程序承载的功能越来越多，使用的用户越来越多时，采用分阶段发布是一个非常好的控制风险的办法。因为随着程序的复杂度提高以及影响面的扩大，新版本的代码改动或多或少会带来 bug，作为服务方当然不希望异常的服务状态一下子扩散到整个用户群，这时应该通过分阶段发布来逐步观察服务的稳定性，再决定是否进行全量发布。

注意，并非全量发布之后，用户就会立即使用到最新版本的微信小程序，这是因为微信客户端存有旧版本的微信小程序包缓存。用户在使用微信小程序时会优先打开本地的微信小程序包，微信客户端在某些特定的时机异步更新最新的微信小程序包。一般情况下全量发布 24 小时后，所有用户才会真正使用到最新版本的微信小程序。

很多场景下用户会通过扫码快速进入一个微信小程序，在微信小程序设计的初期，微信小程序管理平台提供了二维码形式。为了让用户在扫码之前就有明确的预期，微信设计了微信小程序码。

微信小程序码在样式上更具辨识度和视觉冲击力，相对于二维码来说，微信小程序的品牌形象更加清晰、明显，可以帮助项目管理者更好地推广微信小程序。项目管理者在发布微信小程序后，微信小程序管理平台会提供对应的微信小程序码的预览和下载，项目管理者可以自行下载以便于推广。

【项目实现】基于微信小程序的电子商务系统开发

接到项目后，黎工分析了项目要求，把此项目整体分成两个任务来实现：电子商务系统微信 API 开发和电子商务系统微信小程序页面设计。

任务一　电子商务系统微信 API 开发

1. 任务分析

电子商务系统微信 API 开发主要包括商品列表 API 开发、商品信息 API 开发、购物车 API 开发、我的订单 API 开发，以及新闻列表 API 开发、新闻信息 API 开发、用户登录 API 开发、用户注销 API 开发等。前面已经讲解了商品列表 API 开发，此处省略。

2. 代码实现

由于篇幅所限，故只完成电子商务系统首页、商品信息页的完整实现，购物车、我的订单只实现部分功能，其余的请读者自行完善。

（1）商品信息 API 开发

新建文件“D:\PHP\ch10\goods.php”，编写如下代码并保存。

```
<?php
define('ROOT', realpath('../ch09/'));
require(ROOT."/user_session.php");                  //包含头文件
require(ROOT."/common.inc.php");
require(ROOT."/mysql.php");                         //连接到 MySQL 服务器
header("Content-type:text/html;charset=utf-8");     //设置编码格式
$ret=array();
if(!empty($_GET["key"]))
```

```
        {
        $key=(int)$_GET["key"];
        $query = "select * from ".$tb_prefixion."goods where key_goods='$key' limit 1";
        $result = mysqli_query($link,$query);
        $num = mysqli_num_rows($result);
        if($num==1)
          $ret=mysqli_fetch_all($result,MYSQLI_ASSOC);
        }
    $json=json_encode($ret,JSON_UNESCAPED_UNICODE);
    $json=preg_replace("'<div>(.*?)<\\\/div>'si","\$1\\r\\n",$json);//HTML 标签处理
    $json=preg_replace("'<b>(.*?)<\\\/b>'si","\$1",$json);
    $json=preg_replace("'<div>(.*?)<\\\/div>'si","\$1",$json);
    $json=preg_replace("'<br>'si","",$json);
    echo $json;
    ?>
```

（2）新闻列表 API 开发

由于篇幅所限，具体代码详见本书配套的源程序文件“D:\PHP\ch10\news.php”，下同。

（3）新闻信息 API 开发

（4）购物车 API 开发

（5）用户登录 API 开发

（6）我的订单 API 开发

（7）用户注销 API 开发

3. 运行效果

以下是相关 API 的运行效果。

（1）商品信息 API

在浏览器中访问“http://localhost/ch10/goods.php?key=1”，其结果如下。

[{"key_goods":"1","goods_code":"LY001","goods_name":"西昌四日游","speciality":"","class_name":"旅游产品","breaf_desc":"主要游览西昌卫星发射中心、邛海和螺髻山以及特色火盆烧烤","goodsdesc":"　　西昌，位于川西高原的安宁河平原（四川第二大平原）腹地，是凉山彝族自治州的州府所在地，也是攀西地区的政治、经济、文化及交通中心，川滇结合处的重要城市，是四川打造的攀西城市群中的核心力量。\r\n　　西昌是一个少数民族聚居的城市，有汉、彝、回、藏等 28 个民族，以汉族人口居多，少数民族占总人口的 18.77%。\r\n　　境内有中国四大航天基地之一的西昌卫星发射中心。\r\n　　西昌属于热带高原季风气候区，素有小“春城”之称，蕴藏着丰富的气候资源，具有冬暖夏凉、四季如春、雨量充沛、降雨集中、日照充足、光热资源丰富等特点。白天太阳辐射强，昼夜温差大。\r\n　　旅游景点\r\n　　邛海泸山旅游风景区\r\n　　被评为国家 4A 级风景区。位于西昌城南 5km，濒临邛海，拔地而起的泸山，海拔为 2 317m，以“半壁撑霄汉，宁城列画屏”的气势与邛海构成川西南一大景区之一，被誉为“川南胜境”，亦被誉为“蓬莱遗胜”。\r\n　　邛海\r\n　　是四川省第二大淡水湖，距市中心 7km，卧于泸山东北麓，山光云影，一碧千顷，邛海水质清澈透明，面积约为 31km²。湖畔现有邛海公园、邛海宾馆、月色风情小镇、观海湾——天下第一缸、青龙寺、月亮湾和新沙滩景观、莲池、阳光度假村、萝莎玫瑰园、老海亭遗址、核桃村观赏园和省体委水上运动学校等精品景点。\r\n　　螺髻山\r\n　　位于西昌城南 30km 处，地跨西昌、德昌、普格二县一市，主峰海拔 4 359m，南北绵延 100km，因山形似螺髻而得名。\r\n","consignment":"1","formerly_price":"1000","current_price":"800","goods_count":"9999","goods_symbol":"20220818132906t2j1pa.jpg","goods_pic":"20220818132906bdt2j1.jpg","special_tag":"0"}]

（2）新闻列表 API

在浏览器中访问“http://localhost/ch10/news.php”，其结果如下。

[{"custom_item_id":"13","custom_item_title":"鸿蒙到来！华为智能生态加速推进，加速万物互联到来","itemsymbol":""},{"custom_item_id":"12","custom_item_title":"鸿蒙技术加持 华为小精灵学习智慧屏助力孩子实现自主学习新方式","itemsymbol":""},{"custom_item_id":"11","custom_item_title":"鸿蒙操作系统深度报告：第三代操作系统的大时代正在来临","itemsymbol":""},{"custom_item_id":"10","custom_item_title":"元宇宙+鸿蒙+边缘计算，研发 VR 智

能大脑模块，为华为提供 AI 解决方案","itemsymbol":""},{"custom_item_id":"9","custom_item_title":"当濒危野生动物开始被昇腾 AI 保护起来","itemsymbol":""}]

（3）新闻信息 API

在浏览器中访问“http://localhost/ch10/detail.php?key=12”，结果如下。

[{"custom_item_id":"12","custom_item_title":"鸿蒙技术加持 华为小精灵学习智慧屏助力孩子实现自主学习新方式","content":" 鸿 蒙 技 术 加 持 华 为 小 精 灵 学 习 智 慧 屏 助 力 孩 子 实 现 自 主 学 习 新 方 式","iconograph":"","iconograph_align":"","update_time":"2022-08-17 10:36:21"}]

其余 API 一般情况下需以 POST 方式访问，所以此处略过。

任务二　电子商务系统微信小程序页面设计

1. 任务分析

新建一个微信小程序项目 zidbshop，创建首页、商品信息页、新闻信息页、购物车、用户登录页、我的订单页，初步形成电子商务系统微信小程序。

2. 代码实现

以下是微信小程序项目 zidbshop 的相关实现代码。

（1）新建微信小程序项目 zidbshop

新建微信小程序项目 zidbshop，使其不使用云服务、不使用模板，如图 10-19 所示。

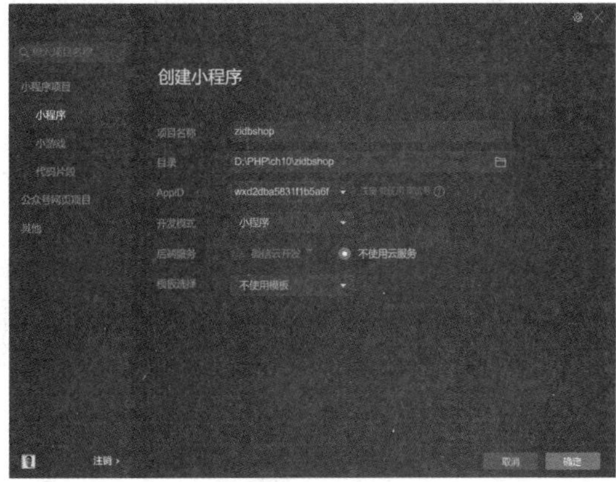

图 10-19　新建微信小程序项目 zidbshop

建成后的项目就是一个空项目，只有一个空白的默认首页 index。

（2）新建微信小程序相关页面

首先删除系统新建的默认首页 index，然后根据前面的方法新建微信小程序的首页 index、在线商城页 product、新闻动态页 news、商品信息页 goods、新闻信息页 detail、购物车页 cart、用户登录页 userlogin、我的订单页 myorder。

（3）设计微信小程序底部导航栏

把项目 wxmp01 中的 images 文件夹复制到本项目的根目录中，将 app.json 文件中“"window"”与“"style": "v2"”之间的代码换成如下代码，设置底部导航栏，并设置顶部导航栏默认显示的信息为“云林科技”。

```
"window": {
 "backgroundTextStyle": "light",
 "navigationBarBackgroundColor": "#fff",
 "navigationBarTitleText": "云林科技",
 "navigationBarTextStyle": "black"
},
"tabBar": {
 "position": "bottom",
 "borderStyle": "white",
 "list": [
    {
        "pagePath": "pages/index/index",
        "text": "首页",
        "iconPath": "images/home.png",
        "selectedIconPath": "images/home1.png"
    },
    {
        "pagePath": "pages/product/product",
```

```
                "text": "在线商城",
                "iconPath": "images/b3.jpg",
                "selectedIconPath": "images/b3s.jpg"
            },
            {
                "pagePath": "pages/news/news",
                "text": "新闻动态",
                "iconPath": "images/b2.jpg",
                "selectedIconPath": "images/b2s.jpg"
            },
            {
                "pagePath": "pages/cart/cart",
                "text": "购物车",
                "iconPath": "images/car.png",
                "selectedIconPath": "images/car1.png"
            },
            {
                "pagePath": "pages/myorder/myorder",
                "text": "我的",
                "iconPath": "images/my.jpg",
                "selectedIconPath": "images/my1.jpg"
            }
        ]
    },
```

（4）设计微信小程序首页

① 将文件 app.js 的代码修改为如下代码并保存。点击“详情”按钮，选中“本地设置”标签，选中“不校验合法域名、web-view（业务域名）、TLS 版本以及 HTTPS 证书”复选框。

```
// app.js
App({
    globalData: {
        userInfo: null,
        apiurl: 'http://localhost/',
        userid:"",
        username:"",
        sid:""
    }
})
```

② 修改文件 index.js 中“data:”和“onLoad:”部分的代码，具体代码略。

③ 修改文件 index.wxml 的代码，具体代码略。

④ 修改文件 app.wxss 的代码，具体代码略。

（5）设计微信小程序在线商城页

① 修改文件 product.js 中“data:”和“onLoad:”部分的代码，具体代码略。

② 将文件 product.wxml 的代码修改为如下代码并保存。

```
<view wx:for="{{prod}}" wx:key='index'>
<view style="display:flex;margin:5px">
 <view style="width:100px;height:auto">
     <image style="height:100%;width:100%" src="{{imgroot + item.goods_symbol}}"></image>
```

```
        </view>
        <view style="flex:1;margin:5px">
            <navigator url="../goods/goods?key={{item.key_goods}}">
            <view>{{item.goods_name}}</view>
            <view>{{item.breaf_desc}}</view>
            <view class="del">￥{{item.formerly_price}}</view>
            <view class="red">￥{{item.current_price}}</view></navigator>
            <view><button data-key="{{item.key_goods}}" data-num="1" bindtap="addShopping" class="btn">加
入购物车</button></view>
        </view>
    </view>
    </view>
```

（6）设计微信小程序新闻动态页

① 修改文件 news.js 中“data:”和“onLoad:”部分的代码，具体代码略。

② 将文件 news.wxml 的代码修改为如下代码并保存。

```
    <view class="white">
      <block wx:for="{{news}}" wx:key="index">
        <navigator url="../detail/detail?key={{item.custom_item_id}}">
          <view class="news"><image style="width: 8px;height: 8px;" src="../../images/icon1.jpg"></image>
{{item.custom_item_title}}</view>
        </navigator>
      </block>
    </view>
```

（7）设计微信小程序商品信息页

① 在文件 goods.js 中“Page”前面添加如下代码。

```
    var key = 0,
      _self;
```

② 修改文件 goods.js 中“data:”和“onLoad:”部分的代码，具体代码略。

③ 将文件 goods.wxml 的代码修改为如下代码并保存。

```
    <view style="padding:10px;line-height:2em">
     <block wx:for="{{info}}" wx:key="index">
            <view class="center weight">{{item.goods_name}}</view>
            <image style="width:100%" mode="widthFix" src="{{imgroot + item.goods_pic}}"></image>
            <view>{{item.breaf_desc}}</view>
              <view class="center">
            <view class="left">编号：{{item.goods_code}}</view>
            <view class="del">￥{{item.formerly_price}}</view>
            <view class="red">￥{{item.current_price}}</view>
              </view>
            <view><button data-key="{{item.key_goods}}" data-num="1" bindtap="addShopping" class="btn">加
入购物车</button></view>
            <view class="title center">产品详情</view>
            <view><text user-select="true">{{item.goodsdesc}}</text></view>
     </block>
    </view>
    <import src="../../utils/footer.wxml"/>
    <template is="footer"/>
```

④ 上面提到的文件 footer.wxml 是模板文件，在没有底部导航栏时可作为导航栏使用，其代码如下。

```
<template name="footer">
<view class="clear1 blank"></view>
<view class="footer">
    <view class="button1" bindtap="gohome">首页</view>
    <view class="button1" bindtap="goshop">在线商城</view>
    <view class="button1" bindtap="gonews">新闻动态</view>
    <view class="button1" bindtap="gocart">购物车</view>
    <view class="button1" bindtap="gomy">我的</view>
</view>
</template>
```

（8）设计微信小程序新闻信息页

① 在文件 detail.js 中“Page”前面添加如下代码。

```
var key = 0,
  _self;
```

② 修改文件 detail.js 中“data:”和“onLoad:”部分的代码，具体代码略。

③ 将文件 detail.wxml 的代码修改为如下代码并保存。

```
<view>
  <block wx:for="{{info}}" wx:key="index">
      <view class="center weight">{{item.custom_item_title}}</view>
      <view class="title center">{{item.update_time}}</view>
      <image src='{{imgroot + item.iconograph}}' wx:if="{{item.iconograph != ''}}" style='width:100%;' 
mode='widthFix'></image>
      <view><text user-select="true">{{item.content}}</text></view>
  </block>
</view>
<import src="../../utils/footer.wxml"/>
<template is="footer" />
```

（9）设计微信小程序购物车页

① 修改文件 cart.js 中“data:”和“onLoad:”部分的代码，具体代码略。

② 将文件 cart.wxml 的代码修改为如下代码并保存。

```
<form bindsubmit="formSubmit">
<view class="clear weight">
    <text class="cc1">删除</text>
    <text class="cc2">产品</text>
    <text class="cc3">产品信息</text>
    <text class="cc4">数量</text>
    <text class="cc5">小计</text>
</view>
<view class="clear">
  <block wx:for="{{info}}" wx:key="index">
    <view class="clear">
    <view class="cc1 top50">
        <icon wx:if="{{item.selected}}" type="success_circle" size="20" bindtap="bindCheckbox" data-
index="{{index}}"/>
        <icon wx:else type="circle" size="20" bindtap="bindCheckbox" data-index="{{index}}"/>
    </view>
    <view class="cc2"><image style="width:100px" mode="widthFix" src="{{imgroot + item.goods_symbol}}">
```

```
</image></view>
          <view class="cc3">
               <view>{{item.goods_name}}</view>
               <view>¥{{item.current_price}}</view>
          </view>
          <view class="cc4 top50"> <input type="number" data-index="{{index}}" value="{{item.goods_num}}"
bindchange="bindInput" class="border1" /></view>
          <text class="cc5 top50">{{item.goods_num*item.current_price}}</text>
          </view>
        </block>
      </view>
      <view class="clear weight right"><input  value="update_product" name="action" style="display: none;"
/><text wx:if="{{total}}">合计 {{total}} 元人民币</text></view>
      <view class="footer1">
          <view bindtap="bindSelectAll" class="pad10">
           <icon wx:if="{{selectedAllStatus}}" type="success_circle" size="20"/>
           <icon wx:else type="circle" size="20" />
           <text class="font28">全选</text>
         </view>
          <button formType="submit" class="btn2">更新</button>
          <view class="button2" bindtap="goshop">继续购物</view>
          <view class="button2">到收银台</view>
      </view>
      </form>
```

（10）设计微信小程序用户登录页

① 可从下面的网址中下载表单验证文件 WxValidate.js，下载后将其复制到文件夹“utils”中。

```
https://git***.com/wux-weapp/wx-extend/blob/master/src/assets/plugins/wx-validate/WxValidate.js
```

② 将项目 9 中的文件 sha512.js 复制到文件夹 utils 中，并在其最后添加如下代码并保存。

```
module.exports={
    CryptoJS: CryptoJS
}
```

③ 在文件 userlogin.js 的最前面添加如下代码并保存。

```
import WxValidate from '../../utils/WxValidate';
```

④ 修改文件 userlogin.js 中“data:”和“onLoad:”部分的代码，具体代码略。

⑤ 将文件 userlogin.wxml 的代码修改为如下代码并保存。

```
<form bindsubmit="formSubmit">
  <view>
    <view class="left">用户名：</view>
    <input name="username" placeholder="请输入用户名" value="" />
  </view>
  <view>
    <view class="left">密　码：</view>
    <input name="password" placeholder="请输入密码" value="" password="true" />
  </view>
  <view>
    <button formType="submit" class="btn1">登录</button>
  </view>
  <view class="center">注册新用户</view>
```

```
  <view class="center link" bindtap="goshop">先去逛逛</view>
</form>
<import src="../../utils/footer.wxml"/>
<template is="footer"/>
```

（11）设计微信小程序"我的订单页"

① 修改文件 myorder.js 中"data:"和"onShow:"之间的代码，具体代码略。

② 新建文件 utils/tools.wxs，并将其代码修改为如下代码并保存。

```
var pad=function (num, n) {
    var len = num.toString().length;
    while(len < n) {
      num = "0" + num;
      len++;
    }
    return num;
};
module.exports = {
    pad: pad
  }
```

③ 将文件 myorder.wxml 的代码修改为如下代码并保存。

```
<view class="center weight">{{username}}的订单</view>
<wxs module="tools" src="../../utils/tools.wxs"></wxs>
<view class="clear">
    <text class="dd1">订单号</text>
    <text class="dd2">订单状态</text>
    <text class="dd3">订单金额</text>
    <text class="dd5">收货人</text>
</view>
<view class="clear">
  <block wx:for="{{info}}" wx:key="index">
    <view class="clear">
    <text class="dd1">{{tools.pad(item.key_requests,5)}}</text>
    <text class="dd2">{{item.status}}</text>
    <text class="dd3">{{item.fee}}</text>
    <text class="dd5">{{item.receive_name}}</text>
    </view>
  </block>
</view>
<view class="clear"><button class="btn" bindtap="userLogout">退出登录</button></view>
```

3. 运行效果

编译微信小程序项目 zidbshop 并运行，其默认首页运行效果如图 10-1 所示。点击最下面的导航栏中的"在线商城"图标，可得其运行效果如图 10-20 所示。点击"西昌四日游"，可得其运行效果如图 10-21 所示。点击"新闻动态"，可得其运行效果如图 10-22 所示。点击新闻标题，可得其运行效果如图 10-23 所示。

在微信小程序默认首页、在线商城页、商品详情页都可以点击"加入购物车"将商品加入购物车中，其效果如图 10-24 所示。点击底部导航栏中的"我的"，输入用户名与密码登录后，可得其运行效果如图 10-25 所示。至此，电子商务系统微信小程序项目基本成功实现。

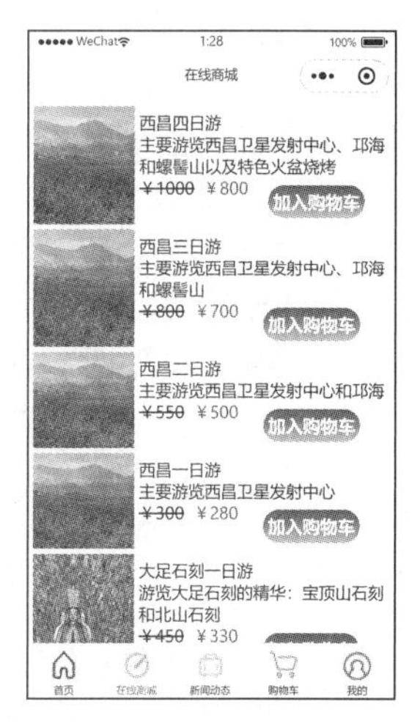

图 10-20　微信小程序在线商城栏目

图 10-21　微信小程序商品详细信息

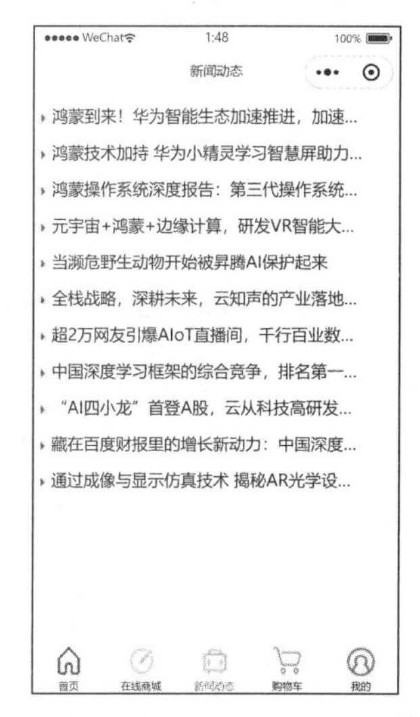

图 10-22　微信小程序新闻动态栏目

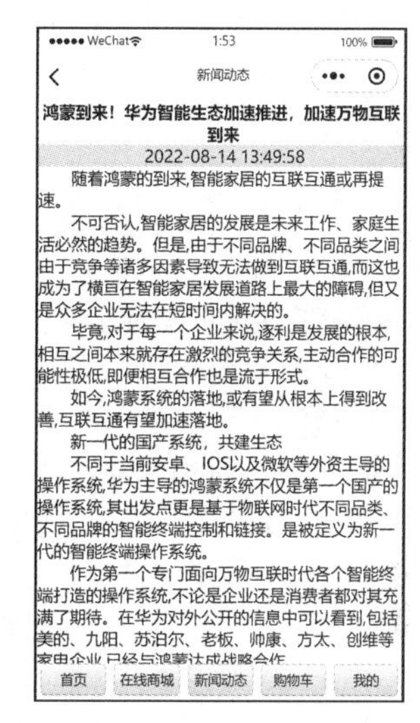

图 10-23　微信小程序新闻详细信息

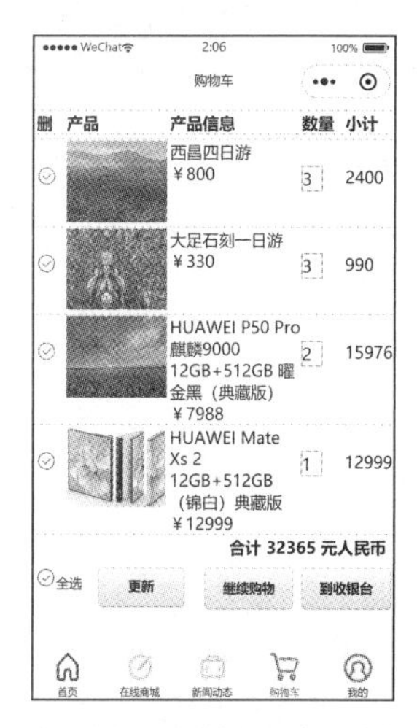

图 10-24　微信小程序购物车

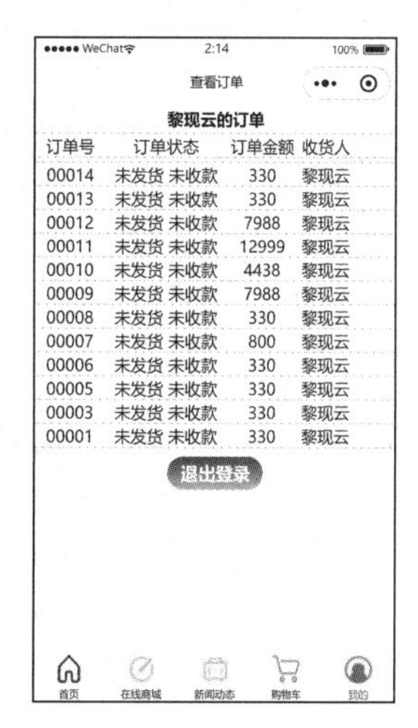

图 10-25　微信小程序-我的-查看订单

【小结及提高】

本项目给电子商务系统增加了微信小程序，突破了瓶颈，使一般 PC 端的信息也可很好地在移动端展示，特别是和微信结合起来后，所做的事可以更多，也更方便。大家在编写微信小程序的过程中会发现它与传统的 HTML5+CSS3+JavaScript 编程是不太一样的，也会遇到很多困难。在开发过程中，我们深入研究了基于微信编程的特点，特别是 WXML+WXSS+JavaScript 的技术特点，也将遇到的问题一个一个解决掉，最后使电子商务系统增加了微信小程序的版本，使该系统在移动端也能正常运行，给用户提供了方便、快捷的浏览体验。

【项目实训】

微课

项目 10 【项目实训】

1. 实训要求

完成收银台的编程。

2. 步骤提示

结合项目 9 的相关程序编写收银台的 API，可以分为购物清单、选择支付方式、选择收货方式、生成订单、在线支付几个步骤，完全可以参考 PC 端的商务流程来完成任务。

习题

一、填空题

1. 微信小程序是一种____________________应用。
2. 开发微信小程序要做些准备工作有__________、__________和安装微信开发者工具等。
3. 微信小程序 API 一般有__________、__________、__________和界面交互 4 种类型。

二、不定项选择题

1. 微信小程序可以完成的功能有（　　）。
   A. 对话分享　B. 搜索查找　C. 线下扫码　D. 消息通知
2. 微信小程序页面包含的文件有（　　）。
   A. WXML　B. WXSS　C. JS　D. JSON
3. 在进行微信小程序开发前，需要先注册（　　）并安装微信开发者工具。
   A. AppID　B. 微信公众号　C. 企业微信　D. 服务号
4. 微信小程序主体部分由 3 个文件组成，而且必须放在项目的根目录下，这 3 个文件是（　　）。
   A. app.php　B. app.js　C. app.json　D. app.wxss
5. 微信小程序和（　　）是并行的体系。
   A. 微信订阅号　B. 微信服务号　C. 微信企业号　D. 微信号

三、操作题

1. 编写项目中的收银台页面“bank”，注意需要与购物车对接。
2. 修改项目中的支付方式与收货方式页面“paymethod”。
3. 编写项目中的生成订单页面“buy”。
4. 编写项目中的查看详细订单信息页面“userorderinfo”。
5. 编写项目中的微信支付页面“pay”。
6. 编写项目中的用户注册页面“sign”。